Gitarren

Gitarren

ALLE MODELLE UND HERSTELLER

Ein Dorling Kindersley Buch

Dieser Band erscheint in der Reihe V.I.P. style
V.I.P. ist ein Imprint der Paul Zsolnay Verlag Ges.m.b.H., Wien

Deutsche Erstausgabe
Aus dem Englischen von Astrid Hartwig

Druck und Bindung: VPM Rastatt
Printed in Germany 1992
ISBN 3-552-0573-6

where there's music there's
Harmony

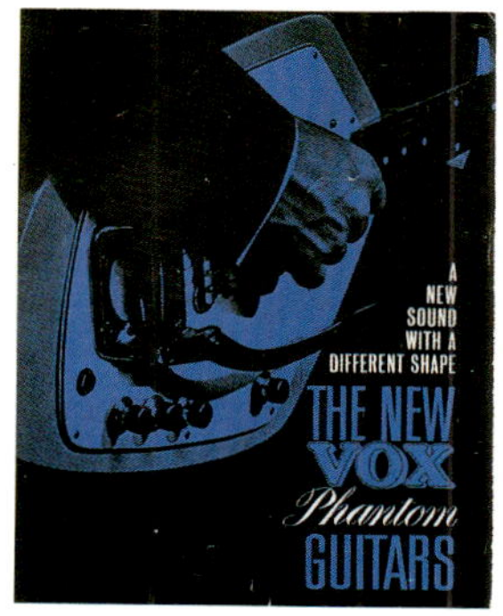

A NEW SOUND WITH A DIFFERENT SHAPE
THE NEW
VOX
Phantom
GUITARS

Vega
instruments

Fender
STRATOCASTER

EINLEITUNG

Dieses Buch erzählt die Geschichte der Gitarre. Es enthält Abbildungen von mehr als 450 Instrumenten, eine Auswahl, die von seriengefertigten Gitarren für Anfänger bis hin zu maßgeschneiderten Sonderanfertigungen für Berufsgitarristen reicht. Was sie alle miteinander verbindet, ist die Eigenschaft, in geübten Händen Musik zu erzeugen. Anders ausgedrückt: Ohne Musiker hätte sich kein Musikinstrument entwickeln können. Deswegen haben wir Zitate von sechs Gitarristen ausgewählt, die dazu beitragen sollen, die faszinierende Geschichte des vielseitigsten Instruments der Welt in Szene zu setzen.

„Gitarristen brauchen schon lange einen Fürsprecher, jemanden, der der Welt erklärt, daß ein Gitarrist nicht bloß ein Roboter ist, der auf einem Gerät herumzupft, um den Rhythmus zu halten."
Charlie Christian, **Down Beat**, Dezember 1939

Fischgräten-Intarsien, Martin D-28.

„Ich habe nur unermüdlich die subtile Schönheit der Gitarre erforscht und Millionen für sie begeistert. Das ist mein einziges Verdienst."
Andres Segovia in seiner Autobiographie, 1976

Stromberg Ultra-Deluxe.

„Seien wir doch realistisch: die Gitarre ist ein Gerät, das die größte Blasphemie auf Erden bedeuten kann. Deswegen mag ich sie. Der abscheuliche Klang einer zu lauten E-Gitarre – das ist es, was ich mir unter Spaß vorstelle."
Frank Zappa, **Sound International**, April 1979

„Manche Songs scheinen allein für die Gitarre geschrieben zu sein. Nehmen wir zum Beispiel 'You Really Got Me' oder 'Substitute'. Ich bin sicher, man könnte sie auch für Keyboards arrangieren. Aber das wäre einfach nicht das gleiche."
Jerry Harrison von Talking Heads, in **One Two Testing**, März 1985

Chet Atkins: "Jeder hat seine persönliche Note ..."

„Alle Kinder bastelten sich eine Gitarre. Meine bestand aus einer Kiste und einem Stück Holz für den Hals. Ich konnte nicht viel damit anfangen, aber so lernt man eben."
Muddy Waters, in **Conversation With The Blues** von Paul Oliver, 1965

Gibson Firebird VII.

„Manchmal spinge ich auf die Gitarre, manchmal reibe ich die Saiten über die Bünde. Je mehr ich reibe, desto heulender der Klang. Ich spiele die Gitarre mit den Zähnen oder mit dem Ellbogen. Ich kann mich gar nicht an alles erinnern, was ich schon gemacht habe ... Und wenn ich spiele, sehen die Leute nur, was ihre Augen sehen. Ihre Ohren vergessen sie dabei."
Jimi Hendrix, in **Hendrix** von Chris Welch, 1972

Um die Geschichte der Gitarre zu illustrieren, haben wir umfangreiches Material zusammengetragen – die beste Gitarrensammlung, die je in einem Buch erschienen ist. Wir stellen Ihnen Gitarren vor vom späten 16. Jahrhundert bis hin zum späten 20. Jahrhundert, von preiswerten Akustikgitarren bis zu teuren Instrumenten, die Kombinationen aus Gitarre und Synthesizer sind. Dies alles von den verschiedensten Herstellern. Dieses Buch zeigt Hohlkorpus-, Semi-Solid- und Solid-Gitarren und -Bässe, akustische, elektrische und die Kombination aus beiden. Sie werden phantastische Gitarren entdecken, verrückte Gitarren, Gitarren, bei denen Ihnen der Atem stockt, und auch solche, über die Sie schmunzeln werden. Hier finden Sie alles: berühmte und alltägliche Gitarren, wertvolle und geschundene, Gitarren aus Museen und Gitarren von der Bühne, Gitarren, die die Pop-Charts aufschreien ließen und andere, die das Ohr verwöhnen.

Einfach, aber schön: eine Martin D-42.

Von Gitarren und Menschen

Das Prinzip der Gitarre ist im Grunde einfach – deshalb stellt es für jeden Gitarrenbauer eine Herausforderung dar, ganz gleich, ob er eine, 1.000 oder 100.000 Gitarren herstellen will. Wie verbessert man ein so unkompliziertes und zweckmäßiges Objekt? Viele haben sich dieser Herausforderung gestellt, alle mit dem Ziel, ein optimales Instrument für den Gitarristen zu entwerfen. Einige von ihnen waren Musiker, wie der erfinderische, richtungsweisende Les Paul, die die Bedürfnisse des Musikers direkt bei der Konstruktion der Gitarre umsetzen konnten. Andere Hersteller waren Ingenieure, die ihre Erfahrung mit dem Rohmaterial oder mit Elektronik an einem Objekt anwenden wollten, das Handwerk, Wissenschaft und Kunst miteinander verbindet. So auch der Radiomechaniker Leo Fender, der in den 50er Jahren zeigte, wie die Gitarre im Zeitalter der Massenproduktion hergestellt werden kann.

Dieses Buch zeigt auf, wie Hunderte von Herstellern, ob in kleinen Werkstätten oder in Fabriken, ihre neuentwickelten Verbesserungen in die Praxis umgesetzt haben. Es wird deutlich, daß sich alle an den Grundentwurf der Gitarre gehalten haben. Einige Ideen haben sich durchgesetzt, der weitaus größere Teil jedoch scheiterte. Wir wollen sowohl die Erfolge als auch die Mißerfolge darstellen. Und natürlich auch Beispiele für die unzähligen Gitarren, die irgendwo dazwischen angesiedelt sind.

Italienische Hersteller entwickelten ab 1960 ihren eigenen Stil.

Grenzüberschreitungen

Die Gitarre ist ein reizvolles Musikinstrument. Wer sie zum erstenmal in die Hand nimmt, wird schnell in der Lage sein, einige Grundakkorde sauber zu spielen. Sie ist also ein für Anfänger relativ einfaches Instrument. Wie bei allen Instrumenten gibt es jedoch nur wenige Spieler, die es auf der Gitarre zum Meister gebracht haben. Gerade in diesem Widerspruch von Einfachem und Schwierigem liegt der Grund für die Popularität der Gitarre. Ein weiterer Grund ist ihre vielseitige musikalische Verwendbarkeit. Es ist zweifelhaft, ob irgendein anderes Instrument so regelmäßig in den verschiedensten Musikrichtungen benutzt wird, mit Ausnahme vielleicht der mit dem Oberbegriff "Percussion" bezeichneten Instrumente. Können Sie sich Rock, Flamenco oder Blues ohne Gitarre vorstellen? Heavy Metal, Rhythm'n'Blues, Country, Punk, Bluegrass, Jazz, Folk, Rock'n'Roll, Pop, Reggae oder, falls Sie sich noch daran erinnern, Skiffle? Auch die Konzertgitarre hat ihr eigenes Solorepertoire. Gelegentlich erhielt sie auch ihren Platz im Orchester, wie in den bekannten Werken des spanischen Komponisten Joaquin Rodrigo. Selbst das Klavier, der einzige ernsthafte Mitstreiter um den Titel "Populärstes Musikinstrument der Welt", taucht nicht in dieser Vielfalt von Stilrichtungen auf.

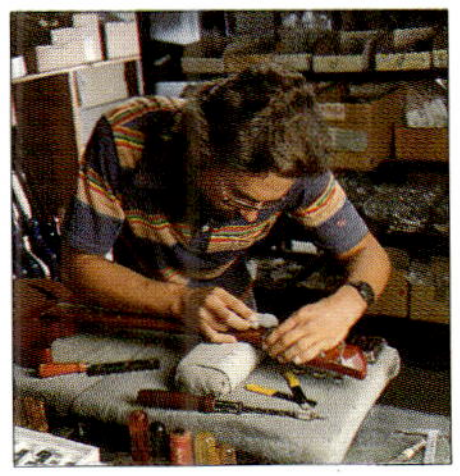

Das Handwerk lebt auch heute noch fort.

Die Vielseitigkeit der Gitarre läßt nun vermuten, sie würde eine Verbindung zwischen den verschiedenen musikalischen Richtungen herstellen können. Ein Austausch zwischen Musikern der im weitesten Sinne "klassischen" Musik und denen der "populären" Musik findet jedoch nur selten statt. Eric Clapton, sicher einer der bekanntesten Blues/Rock-Gitarristen unserer Zeit, zog mit seinem Konzert für Elektrikgitarre und Orchester große Zuschauermengen an. Es wurde 1989 von Michael Kamen für ihn geschrieben.
Ende der 70er Jahre gründete der namhafte Klassikgitarrist John Williams die Band Sky, eine Gruppe von Rockmusikern, mit denen er klassische Stücke modern aufarbeitete.
Diese beiden Beispiele sind jedoch Ausnahmen.
Nicht jeder ist zu der Erkenntnis bereit, daß Musik Musik ist und ein guter Musiker ein guter Musiker, unabhängig von der Stilrichtung.

Viele junge Gitarristen, besonders in den USA, sind äußerst motiviert, so viele Spieltechniken wie möglich zu erlernen. Sie füllen ihre Köpfe mit Tonleitern und Arpeggios in atemberaubender Geschwindigkeit. Außerdem versuchen sie ein breites Spektrum zu erreichen, wie ein Lehrer für Klassikgitarre aus New York GUITAR INTERNATIONAL 1984 erklärte: "Viele (meiner Studenten) engagieren sich in der Popmusik. Ich habe zwei oder drei, die ungeheuer gut spielen. Nebenbei spielen sie in Popgruppen. Das ist in Amerika keine Seltenheit."

Die negativen Auswirkungen dieser bewundernswerten Vielfalt zeigen sich erst, wenn die flügge gewordenen Spieler sich fragen, wie sie ihr Spiel über die bloße Technik hinaus gestalten sollen. Technik ist natürlich wichtig, aber nicht um den Preis der wertvollsten Gabe, die ein Gitarrist besitzen kann - Gefühl, Seele oder Feeling. Was auch immer es ist, Richard Thompson, ein hervorragender britischer Gitarrist und Songschreiber, drückte eine gängige Meinung in einem Interview mit dem Autor 1986 so aus: "Es gibt hier (in Großbritannien) mehr Innovation und neue Ideen in der Musik. In Amerika ist sie eher traditionell ... Es wird dort mehr Wert auf das musikalische Können gelegt. Das ist eine gute Sache, wenn man offen bleibt und sich nicht davon versklaven läßt. Manche amerikanische Gitarristen tun das aber. Sie können mit ihrer Technik bestechen, aber was sie wirklich ausdrücken mit ihrem Spiel, ist ziemlich bedeutungslos."

Dies soll selbstverständlich nicht als Kritik an ausschließlich amerikanischen Gitarristen ausgelegt werden. Auch anderswo sind diese Tendenzen zu erkennen.

Es liegt nur nahe, auf ein Land zu verweisen, in dem jedes Jahr Tausende vielversprechender junger Menschen zur Gitarre greifen.

Korpus mit F-Löchern für mehr Klangfülle.

Ein vielseitiges Instrument

Die Gitarre ist ein einzigartiges Musikinstrument. Wie kein anderes vereint es in einem handlichen Format melodisches, harmonisches und rhythmisches Potential. Selbst als Einzelinstrument bietet es eine bemerkenswerte Vielfalt an Harmonien. Der Spieler hat freien Zugriff zu über drei Oktaven (auf vielen modernen E-Gitarren sogar vier), so daß dem Vielklang nur durch die Fähigkeit des Gitarristen und den musikalischen Zusammenhang Grenzen gesetzt werden. Sehr wichtig sind auch die Sustain-Eigenschaften einer Gitarre. In einem Interwiew mit MAKING MUSIC 1989 drückte Julian Bream dies so aus: "Wenn man eine Saite anschlägt, klingt das immer etwas fremd, weil der Ton bereits in dem Moment verklingt, wo die Saite getroffen wird. Er hat etwas außerordentlich Vergängliches an sich, was für ein Orchesterinstrument untypisch ist, wenn man einmal von den Trommeln absieht."

Das musikalische Potential der Gitarre wurde von den Pionieren unter den Gitarristen stetig weiterentwickelt. Ein Beispiel: In den 80er Jahren wendeten viele Jazz- und Heavy-Metal-Gitarristen den beidhändigen Tapping-Stil an. Er bot ihnen die Möglichkeit, mit schnellen, violinähnlichen Sprüngen zu spielen. Mit normalen Spieltechniken wäre das unmöglich gewesen, wie Joe Satriani 1990 in einem Interview mit MAKING MUSIC erklärte: "Bei der Gitarre hast du vier Finger auf einem Bündel von Saiten, und wenn du zum Beispiel vom zweiten zum vierundzwanzigsten Bund springen willst, wird die abrupte Bewegung dein Spiel verderben. Mit dem Tapping konntest du plötzlich mühelos Sprünge spielen, ohne in deiner Bandbreite eingeschränkt zu sein."

Prospekte für schwedische Markengitarren.

Die Entstehung des Tapping ist auch deswegen interessant, weil es das ständige Zusammenspiel von Gitarristen und Gitarrenbauern verdeutlicht. Tapping profitiert von einem langen Griffbrett. Plötzlich hatten die meisten Gitarren 24 Bünde (manchmal sogar mehr). Doch was war zuerst da: die Bedürfnisse des Spielers oder eine völlig neue Art von Gitarre? Die Ursachen für solche Entwicklungen lassen sich oft nicht nachvollziehen. Ist es das neue Instrument, das den Spielstil beeinflußt, oder provozieren die Gitarristen mit ihren neuen Methoden die Entwicklung neuer Gitarren? Haben Floyd Rose und Dave Storey mit ihren Locking-Vibrato-Systemen die neue Generation von "Tapping"-Spielern ermuntert, extreme Vibrato-Techniken zu entwickeln? Oder wollten sie uns Vorrichtungen schaffen, die den Gitarristen neue Möglichkeiten eröffneten?

Sammler nennen diesen Humbucker „Zebra".

Haben die Tanzbandmusiker der 30er und 40er Jahre den Weg zur elektrisch verstärkten Gitarre gewiesen, oder waren es die Gitarrenhersteller, die sich neue Märkte erschließen wollten? Waren es Ende des 18. Jahrhunderts die Gitarristen oder die Gitarrenbauer, die entschieden, daß die sechssaitige Gitarre die zeitgenössischen Gitarren mit fünf oder sechs doppelsaitigen Chören ersetzen sollte? Es war immer eine Kombination aus beidem. Solange der Dialog zwischen Gitarristen und Herstellern andauert und jeder dem anderen zuhört, steht diesem Instrument noch eine große Zukunft bevor.

Rickenbacker: Neue Gitarren im Stil der 60er Jahre.

Das Volksinstrument

Seit dem 16. Jahrhundert ist die Gitarre mehr oder weniger in Mode; im 20. Jahrhundert aber ist sie zum populärsten aller Musikinstrumente geworden. In den USA war die Gitarre noch bis vor kurzem das meistgekaufte Instrument (seit 1985 haben die kleinen, tragbaren Keyboards die Spitze übernommen). Die National Association of Music Merchants (NAMM) veröffentlicht regelmäßig Statistiken über die Verkausziffern. 1989 registrierte sie über 1.400.000 verkauften Gitarren, gegenüber ca. 350.000 Holzblasinstrumenten, 320.000 Synthesizern und rund 138.000 Klavieren (die letzten beiden Zahlen enthalten Exporte). Die

Charlie Christian mit seiner Gibson ES150.

Verkaufszahl für tragbare Keyboards liegt bei über drei Millionen.

An den Statistiken der NAMM läßt sich auch der große Gitarrenboom in den frühen 70er Jahren ablesen, der 1972 seinen Höhepunkt erreichte. Im Kielwasser der Folk- und Rockmusik-Revolution, die die Jugend des Landes gefesselt hatte, wurden über 2.500.000 Gitarren verkauft. Danach gingen die Verkaufszahlen bis 1983 beständig zurück (was den wirtschaftlichen Abschwung und das Auftauchen der Keyboard-Instrumente widerspiegelt). Bis 1988 stiegen die Zahlen dann wieder an.

Vom Ministerium für internationalen Handel und Industrie in Japan liegen Verkaufsstatistiken vor, die Binnenmarkt und Exporte zusammenfassen. Danach wurden im April 1990 ca. 54.500 Gitarren verkauft, gefolgt von Synthesizern (26.500), Klavieren (25.000) und Holzblasinstrumenten (19.500). Unschlagbar an der Spitze liegen jedoch tragbare Keyboards (102.000) und elektronische Keyboards (166.000). Während der 80er Jahre gab die Gitarre ihre führende Rolle in der populären Musik an den Synthesizer und später an den Sampler ab (ein Gerät, das Klänge digital speichert und in jeder Tonhöhe auf einem Keyboard wiedergibt). Die Verwendung des Computers als Kompositionswerkzeug für Synthesizer und Sampler wurde inzwischen zur Alltäglichkeit. Diese Veränderung des musikalischen Schwerpunkts bei der Produktion populärer Musik bedeutet für manchen Gitarrenhersteller erhebliche wirtschaftliche Einbußen. Einige Hersteller versuchen Gitarren und Synthesizer zu verbinden und der Gitarre so einen Platz zwischen den Computern in den modernen Studios zu sichern. Andere versuchen, eine sichere "neue" Kombination zu finden, indem sie die Konstruktion der Klassikgitarre verwenden. Allan Holdsworth vertrat die Seite der Musiker, als er 1990 in GUITAR PLAYER zu Matt Resnicoff sagte: "Leider ist das Musikgeschäft der Musik voraus, die kleinen Leute müssen dagegen ankämpfen. Und genau das tun wir." Dieses Zitat trifft ebenso auf die Probleme der heutigen Gitarrenhersteller zu.

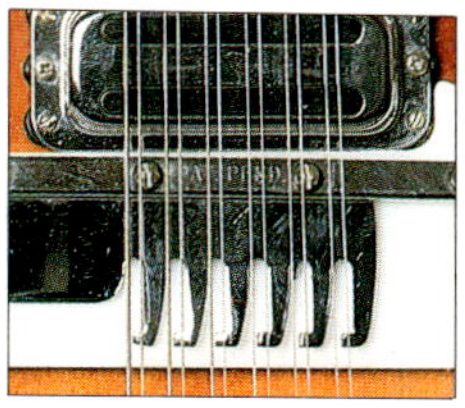

20er Jahre: Resonatoren sollten die Lautstärke verbessern.

Sammelobjekte

Viele Gitarren sind zum Sammelgegenstand geworden, als Musikinstrumente natürlich, aber auch als Geschichtsobjekte, vielleicht sogar als Gegenstände des Industriedesign oder als kulturelles Symbol. Wir haben uns bemüht, in diesem Buch nur echte Stücke zu zeigen und wenn möglich im Originalzustand - was den Sammler besonders interessiert -, ohne größere

Veränderungen oder Erneuerungen. Dem Musiker erscheint diese fanatische Forderung nach Echtheit absurd, aber jede Veränderung, auch wenn sie die Gitarre besser spielbar macht, senkt in den Augen des Sammlers ihren Wert. Im Extremfall sieht der Sammler darin einen unwiderruflichen Eingriff in die Vergangenheit. Alles hängt davon ab, zu welchem Zweck die Gitarre erworben wurde. Soll darauf gespielt werden, oder soll sie an der Wand hängen? Idealerweise sollte beides möglich sein.

1990 wurde eine Fender Stratocaster versteigert, die einst Jimi Hendrix gehört hatte. Die Beobachter, Sammler sowie Musiker hielten den Atem an, als der Zuschlag erteilt wurde: für nahezu 200.000 Pfund. Die Gitarre ging an einen Hendrix-Fan, der nicht Gitarre spielt und sonst auch keine Gitarren sammelt. Dieser Betrag war bei weitem der höchste, der je für eine Gitarre bezahlt wurde, und lag um das 200fache über dem normalen Marktwert für eine Stratocaster aus dieser Zeit. Warum? Ganz einfach: Sie hatte Jimi Hendrix gehört, der von vielen als der größte Rockgitarrist aller Zeiten angesehen wird. Allein diese Tatsache machte das Instrument so wertvoll. Als wolle man diesen Trend noch unterstreichen, wurde im selben Jahr eine Akustikgitarre für 275.000 Dollar versteigert. Auf diesem Instrument hatte einst Buddy Holly gespielt.

Die meisten Sammler weisen solche Wertsteigerungen, die allein durch die Vorbesitzer begründet sind, zurück. Sie sehen den Wert einer Gitarre in ihrer Qualität als Instrument, ihrem Zustand, ihrer Begehrtheit unter Sammlern, ihrem Alter und ihrer Seltenheit begründet. Erst zum Schluß fragen sie danach, wem das Instrument gehörte. Wenn Gitarren bei Sammlern in Mode kommen, bleiben Musiker nicht selten auf der Strecke, denn die Preise erreichen eine Höhe, die sich ein Musiker nicht leisten kann. Die auserlesensten Exemplare der Gibson Les Paul Standard (S. 82-83) können in den USA und anderswo leicht fünfstellige Summen erzielen. Somit ist es unwahrscheinlich, daß sie je wieder auf einer Bühne auftauchen. Einige der Gitarren sind bereits von Geldanlegern erworben worden, die darin kaum mehr sehen als einen Vermögensgegenstand mit einem bestimmten Marktwert. So werden seltene Instrumente immer häufiger, weit entfernt von jeder Bühne, im Banktresor verschlossen, eine Umgebung, die ihrer Natur wenig gerecht wird.

Ein Fender-Jubiläumsmodell.

Dem Umgang mit alten Gitarren haftet ein gewisser Snobismus an. “Gitarren werden heute nicht mehr so gebaut wie früher”, ist eine oft genannte Rechtfertigung dafür. Sicher gibt es viele Gründe für die Attraktivität eines alten oder gar veralteten Modells, aber nichts deutet darauf hin, daß alt notwendigerweise auch gut sein muß. “... das Alter ist nicht unbedingt ein Zeichen dafür, daß eine Gitarre gut ist - es hängt ganz davon ab, wie sie behandelt worden ist, und ob es überhaupt einmal eine gute Gitarre war”, sagte Hank Marvin 1983 in einem Interview mit John Tobler und Stuart Grundy in der BBC-Serie “Guitar Greats”.

Die Gitarrenhersteller werden bestätigen, daß zwei Gitarren, trotz exakt übereinstimmender Bauweise und gleichem Material, sehr unterschiedlich klingen können. Gehen wir einen Schritt weiter zur Massenproduktion. Auch in diesem ausgefeilten Produktionsprozeß treten Probleme auf, die beispielsweise in der Beschaffenheit des Holzes begründet sind, nicht zu vergessen die “Montagsprodukte”. Jedes Batch kann gute und schlechte Gitarren enthalten. Wer nun behauptet, eine alte, benutzte Gitarre wäre am besten, geht wohl von der Theorie aus, es müsse sich um ein gutes Instrument handeln, eben weil es gespielt worden ist. Es könnte aber auch ein schlechtes Instrument sein, was dem unbedachten Besitzer nicht aufgefallen ist. Der Zustand einer Gitarre ist also nicht unbedingt ein Indiz für ihre Qualität.

Wissenschaft und Kunst

Die Wissenschaft verrät uns ein wenig über die physikalischen Eigenschaften einer Gitarre, doch sie gerät schnell in Verlegenheit, wenn sie den Gitarrenherstellern Ratschläge erteilen soll. Es gibt natürlich Hersteller, die die Natur des Instruments nach wissenschaftlichen Methoden untersuchen und sich bei ihren Produktionsmethoden an die Ergebnisse dieser Forschung halten.

Vor nicht allzu langer Zeit probte ein führender Gitarrenhersteller die Zusammenarbeit mit Wissenschaftlern - die Musiker erreichte er mit seinen neuen Gitarren nicht. Gibson brachte 1977 die Mark-Series-Akustikgitarren auf den Markt. Für die vier neuen Modelle, die 35, 53, 72 und 81, wurden Werbebroschüren entworfen, in denen der Hersteller erklärte, in der Vergangenheit hätten sich Verbesserungen am Instrument durch Versuch und Irrtum und durch Glück ergeben. “Deswegen hat Gibson sich bei der Entwicklung einer besseren Akustikgitarre für eine neue Methode entschieden - die wissenschaftliche Methode.”

Für die zweijährigen Forschungen beschäftigte Gibson drei Wissenschaftler: einen Professor für akustische

Physik, der von üblichen Gitarren "Klanggraphiken" anlegte und analysierte; einen Chemophysiker (Direktor eines Instituts für Molekularbiologie) für den Konstruktionsentwurf; und einen Professor für Akustik, der neue wissenschaftliche Meßtechniken erfand. Trotz dieses Aufwands setzten sich die Gitarren nicht durch und wurden bald aus dem Programm genommen. Die Firma kehrte zu ihrer altbewährten Methode von Versuch und Irrtum (und Glück) zurück, und das mit guten Resultaten, wie die meisten Musiker bestätigen würden. Gibsons hochprofilierter Irrtum schreckte viele Hersteller von dem wissenschaftlichen Weg ab. Manche haben moderne Technologien wie computergesteuerte Produktionsbänder eingeführt, so daß in der Massenproduktion kein Handwerker mehr an einer einzelnen Gitarrendecke schnitzen wird. Auf diese Weise hat die Wissenschaft zumindest ihren Beitrag zu einem gleichmäßigeren Produktionsprozeß geleistet, wenn auch die Arbeitsabläufe immer noch im wesentlichen von Menschen bestimmt werden.

Baßgitarren aus Fernost, angelehnt an bekanntes Design.

In mancher Hinsicht war die Wissenschaft den Gitarrenherstellern aber auch durchaus von großem Nutzen. Ned Steinberger (S. 174) rüttelte gewiß die gesamte Gitarrenindustrie auf, als er zur Herstellung kleiner Gitarren ohne Headstock erfolgreich Kunststoff verwendete. Einen solchen Einfluß muß Greg Smallman (S. 25) auf die eher konservative Welt der Klassikgitarren erst noch ausüben, aber seine Verwendung von Kunstfasern für das Balkensystem von Konzertgitarren regt auch schon manchen Hersteller zum Umdenken an. Wenn man Wissenschaft und Kunst in Musikinstrumenten vereinen will, entsteht ein gewisses Unbehagen, das Professor Charles Taylor einmal sehr treffend formulierte. 1989 moderierte er eine Serie beim BBC. In seinem Vortrag über Saiteninstrumente stellte er zum Schluß Betrachtungen darüber an, wie die Wissenschaft den Herstellern helfen könnte, die Perfektion einer Stradivari, der Krönung des Geigenbaus, zu erreichen.

"Wir stehen immer noch ganz am Anfang der Entwicklung (der Saiteninstrumente)", sagte er. "Ich glaube, wir beginnen gerade erst, den Herstellern zu helfen, einheitlichere Instrumente zu bauen. Damit tragen wir noch lange nicht dazu bei, daß sie die Qualität einer Stradivari erreichen, weil wir nämlich offen gesagt gar nicht wissen, was die Qualität einer Stradivari ausmacht." Charles Taylor wählte die Stradivari als Beispiel, er hätte auch Torres, Martin oder Fender nennen können.

Gute Gitarrenkonstruktionen sind nicht meßbar, und das allein macht schon einen Teil ihrer Güte aus. Die endgültige Gitarre muß erst noch gebaut werden. Bis dahin macht Sie dieses Buch mit den meisten bereits existierenden Gitarren bekannt.

Cover-Kunst aus Deutschland

Sammler würden diese 1952 ersetzten Mechaniken ablehnen, Gitarristen schätzen sie.

Gibsons Chet Atkins: eine elektrisch verstärkte Klassikgitarre.

16. und 17. Jahrhundert

Um die moderne Gitarre, mit der sich dieses Buch hauptsächlich beschäftigt, besser zu verstehen, ist ein Rückblick auf ihre frühe Geschichte sinnvoll. Zunächst eine einfache Definition: Die Gitarre ist ein Zupfinstrument mit tailliertem Korpus und geschwungenen Seiten. Experten gehen davon aus, daß sich dieses Instrument nicht vor dem 15. Jahrhundert nachweisen läßt. Ähnliche Saiteninstrumente gab es jedoch schon lange vor dieser Zeit. Über sie kursieren eine Fülle von verschwommenen historischen Daten sowie die verwirrendsten Bezeichnungen, über die selbst die Fachleute noch streiten.
In diesem Buch befassen wir uns mit heute noch existierenden Gitarren. Eins der ältesten noch erhaltenen Instrumente ist auf dieser Seite (rechts) abgebildet. Es stammt aus dem späten 16. Jahrhundert.

Vierchörige Gitarre
Die frühen Gitarren hatten vier Chöre (mit bis zu drei Saiten). Sie wurden bis Ende des 17. Jahrhunders gebaut, obwohl sich längst die fünfchörige Gitarre entwickelt hatte. Die Abbildung wurde einem Buch von 1552 entnommen (rechts).

Bünde *Die frühen Instrumenten hatten meist acht bis zehn Darmbünde für die Zupftechnik.*

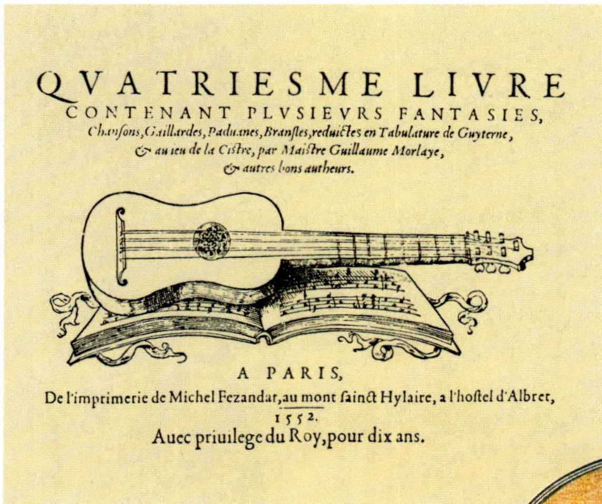

QVATRIESME LIVRE
CONTENANT PLVSIEVRS FANTASIES,
Chansons, Gaillardes, Paduanes, Branſles, reduictes en Tabulature de Guyterne,
& au ieu de la Cistre, par Maiſtre Guillaume Morlaye,
& autres bons autheurs.

A PARIS,
De l'imprimerie de Michel Fezandat, au mont ſainct Hylaire, a l'hoſtel d'Albret,
1552.
Auec priuilege du Roy, pour dix ans.

1614 Matteo Sellas fünfchörige Gitarre
Mitte des 16. Jahrhunderts hatte sich die fünfchörige Gitarre mit ihren vielseitigen, auf die zeitgenössische Musik ausgerichteten Stimmungen durchgesetzt. Sie war bis Ende des 18. Jahrhunderts

Stimmungen *Bis im 18. Jahrhundert war es üblich, die Saiten nicht nacheinander höher zu stimmen, sondern abwechselnd steigend und fallend.*

Saitenlänge *Bei dieser Gitarre 71 cm (Sattel bis Steg).*

Korpus *Matteo Sellas benutzte für diese Bodenkonstruktion gewölbte Sperrholzstreifen.*

1590 fünfchörige Gitarre
Wahrscheinlich das älteste erhaltene Instrument, nach Aussage seines Besitzers Robert Spencer. Entspricht in Konstruktion und Verzierung einer kleinen Gitarre, gebaut 1581 von dem Portugiesen Belchior Dias. (Royal College of Music, London).

Bünde *Die Gitarre hat zehn Darmbünde.*

Hals *Rekonstruktion des Originals. Die Saitenlänge beträgt 68 cm.*

Rosette *Originalrosette aus Schichtpergament. Sie zeigt die Anfänge des späteren Stufenmusters.*

Korpus *Die Decke ist rekonstruiert.*

Steg *Für diese Epoche typisch gestalteter Steg.*

1627 Giorgio Sellas chitarra batente
Die chitarra batente war zu jener Zeit in Italien sehr populär. Der Name bedeutet: mit Plektron gespielte Gitarre. Sie war mit Metallsaiten bespannt und hatte meist starre Bünde. Giorgio Sellas stammte aus derselben venetianischen Gitarrenbauerfamilie wie Matteo Sellas.

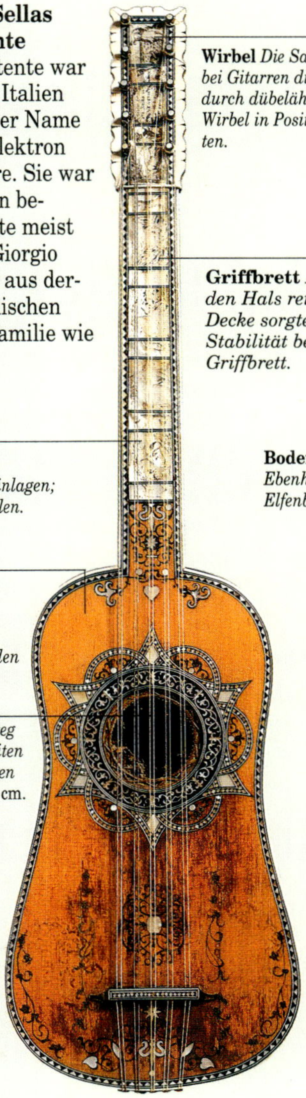

Wirbel *Die Saiten wurden bei Gitarren dieser Zeit durch dübelähnliche Wirbel in Position gehalten.*

Griffbrett *Die bis in den Hals reichende Decke sorgte für mehr Stabilität beim Griffbrett.*

Hals *mit Perlmutteinlagen; Bünde fehlen.*

Boden *Tief gewölbter Ebenholzboden mit reichen Elfenbeinverzierungen.*

Verzierung *Abgestuftes Rosettenloch, umsäumt von kunstvollen Intarsien.*

Saiten *Über den Steg gespannte Metallsaiten sind am Korpusboden befestigt. Länge: 68 cm.*

Kunsthandwerk
Einige frühe Gitarren weisen exzellente Verzierungen auf, wie dieses Beispiel aus Italien zeigt (17. Jahrhundert). Diese Gitarre verdankt ihre Erhaltung wohl eher ihrer reizvollen Gestaltung als ihrer Qualität als Instrument. Sie hat wahrscheinlich einem wohlhabenden Bürger gehört; Bauerngitarren überlebten nur selten.

Griffbrett *sowie Bünde aus Ebenholz. Saitenlänge: 74 cm.*

Bünde *Sie setzen sich auf dem Korpus fort. Position des zwölften Bunds am Korpusende wird erst später allgemein üblich.*

Korpus *Eine für diese Epoche sparsame Verzierung: nur die Lochrosette und eine Einlage unterhalb des Stegs.*

1680 Stradivari fünfchörige Gitarre
Dies ist eine der seltenen Gitarren des berühmten italienischen Geigenbauers Antonio Stradivari. Ebenso schlicht und elegant wie seine Violinen, hebt sie sich stark von den zeitgenössischen Gitarren ab. Das Datum auf dem Kopfrücken ist 1680 oder 1688.

Stradivari Gitarre
Der Ahornboden mit Ebenholzeinlagen erinnert an Stradivaris Violinen.

Kopf *Über den sechs Wirbeln eine verzierte Messingplatte.*

Arme *Eine reine Verzierung, ohne jeden Einfluß auf den Klang.*

Saiten *Die Lyragitarre hatte meist sechs Einzelsaiten (seltener* bis zu neun Saiten) oder sechs Doppelchöre.

Korpus *Decke mit den üblichen zwei Schallöchern und einer geschmackvoll dezenten Verzierung.*

Saitenlänge *Die typische Lyragitarre ist mit 59 cm verhältnismäßig kurz.*

Steg *Befestigungsvorrichtungen für die Saiten beginnen sich zu entwickeln.*

1805 Thibout-Lyragitarre
Sie wurde von Amadée Thibout im nordfranzösischen Caen gebaut. Solche Instrumente waren in Europa von 1780 bis 1810 in Mode. Beliebt waren auch die ähnlichen Harfengitarren. Doch die Damen der wohlhabenden Gesellschaft wandten sich bald dem in Massen produzierten Piano zu.

1760 Preston "Englische Gitarre"
Dieses Instrument ist eine Lautengitarre. John Preston lebte um 1750 in London und baute zahlreiche solcher Instrumente, die in Großbritannien damals beliebter waren als die herkömmliche Gitarre.

Frühe Kuriositäten

Die beiden Instrumente auf dieser Seite zählen zu einer Nebenströmung, dennoch sind es interessante europäische Beiträge.

Die Lyragitarre entstand in Anlehnung an die Form der antiken griechischen Lyra, die in der westlichen Welt oft als Symbol für Musik benutzt wurde. Man nimmt an, daß die große Beliebtheit des Instruments bei Amateurspielern viele Hersteller von herkömmlichen Gitarren beeinflußte, denn zu dieser Zeit (um 1800) begannen sie, Gitarren mit sechs Einzelsaiten zu bauen. Die "Englische Gitarre" mit Metallsaiten und einem kleinen, runden Korpus war von Mitte des 18. Jahrhunderts bis zum beginnenden 19. Jahrhundert in Großbritannien äußerst beliebt. Danach wurde sie von Gitarren des spanischen Stils abgelöst.

Mechanik *Zum Stimmen bewegte ein Uhrschlüssel die Saitenhaken seitwärts.*

Capo tasto *Verkürzt die Saitenlänge für höhere Tonarten. Der Hals ist mit vier Positionslöchern versehen.*

Saiten *Die "Englische Gitarre" hatte meist sechs Chöre mit sehr kurzen Metallsaiten (hier 42 cm).*

Mechanik *mit zwei nachträglich eingesetzten Wirbeln.*

Bünde *Die Gitarre hat Darmbünde.*

Saitenlänge *67 cm.*

1760 Salomon veränderte fünfchörige Gitarre
Diese Gitarre wurde von Jean-Baptiste Dehaye Salomon gebaut. Er fügte zwei Wirbel und einen Stegkanal für den sechsten Chor hinzu. Der Hals bietet keinen Platz für zusätzliche Saiten. Sie liefen wahrscheinlich außen an der Baßseite über einen erweiterten Sattel.

Vieyra Gitarre
Diese sechschörige Gitarre ist nicht datiert. Der Übergang von fünf auf sechs Chöre fand Ende des 18. Jahrhunderts statt.

Saitenlänge *68 cm.*

Korpus *Eine reich verzierte Gitarre, das Werk von Antonio dos Santos Vieyra, Portugal.*

1804 Pagés sechschörige Gitarre
Dieses Instrument wurde in Cadiz, Südspanien, von Josef Pagés gebaut. Als einer der ersten benutzte er ein Fächersystem, das später von Antonio de Torres (S. 20-21) weiterentwickelt wurde.

Bünde *Zwölf Metallbünde am Griffbrett; kürzere "Treble"-Bünde auf dem Korpus.*

Saitenlänge *64,5 cm.*

Schalloch *Zu Beginn des 19. Jahrhunderts ging man von der Rosette zum offenen Schalloch über.*

Weitere Entwicklungen

Wie wir gesehen haben, begannen die Gitarrenbauer Mitte des 16. Jahrhunderts mit der Herstellung fünfchöriger Gitarren, die erheblich größer waren als die frühe vierchörige Gitarre. Die Stimmungen dieser Gitarren wiesen zunächst eine große Bandbreite auf. Mitte des 18. Jahrhunderts setzte sich folgende Standardstimmung durch: A/D/G/B/E - mit anderen Worten: die Stimmung der oberen fünf Saiten einer modernen Gitarre. Etwa um die gleiche Zeit begannen die Gitarrenbauer, ihre Instrumente mit sechs Chören auszustatten, der zusätzliche Chor wurde auf das tiefe E gestimmt. Nun fehlte nur noch eine einfache Veränderung, die zuerst in Italien und Frankreich auftauchte: Es wurden nur noch sechs Einzelsaiten benutzt. Das Ergebnis war ein Instrument, das der heutigen Gitarre in Klang und Aussehen sehr ähnelte. In dem Kapitel über die "klassische" Gitarre können Sie diese Entwicklung weiterverfolgen (S. 20). Den Werdegang der Akustikgitarre in den USA finden Sie auf Seite 26-31 (Martin Flat-tops) und Seite 36-37 (Gibson Archtops).

"Eine Akustikgitarre ist nichts weiter
als ein Kasten mit einem Hals,
doch die schlichte Eleganz der besten Exemplare
ist nicht nur praktisch,
sondern auch schön."

AKUSTIKGITARRE

1931 Martin OM-28, Guitar Gallery (UK)

ANATOMIE DER AKUSTIKGITARRE

Man unterscheidet grundsätzlich zwei Arten von Akustikgitarren, nämlich Flat-top und Archtop. Flat-top-Instrumente gibt es in der klassischen Ausführung mit Nylonsaiten und als Folk-Gitarre mit Stahlsaiten. Die Archtop-Gitarren wurden erst später entwickelt, und zwar mit dem Ziel, die Lautstärke des Instruments zu steigern. Anhand eines Instruments aus der Werkstatt des englischen Herstellers Andrew Manson stellen wir Ihnen hier den Bau einer Flat-top-Akustikgitarre vor. Natürlich hat jeder Hersteller seine besonderen Vorlieben für bestimmte Materialien und Konstruktionen, dennoch trifft diese Beschreibung auf die meisten Gitarren dieses Typs zu.

Biegen der Zargen
Gewässertes Holz wird über einem heißen Rohr vorgeformt. (Foto: Martin, USA)

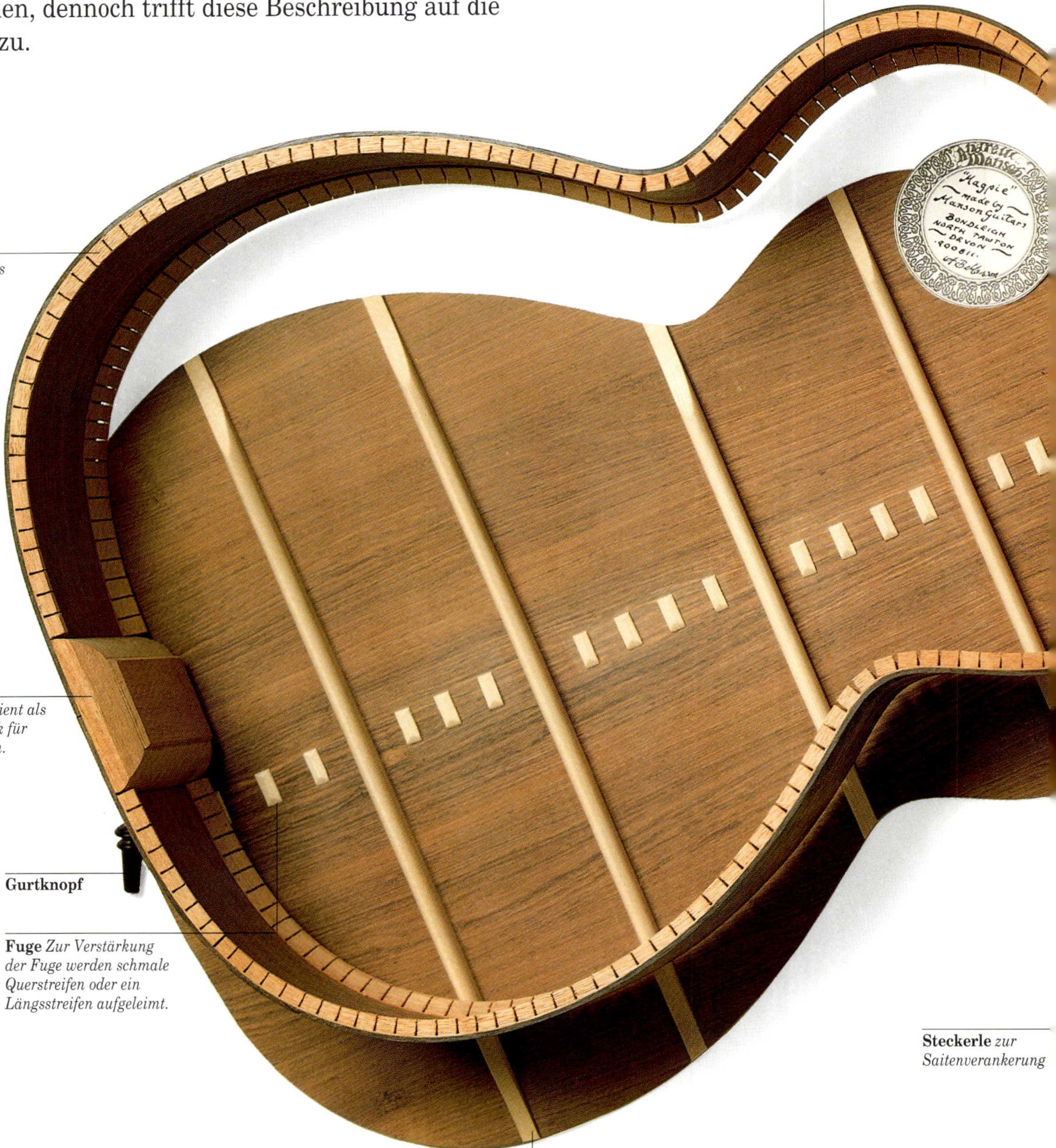

Martin-Fabrik
Verleimpresse für Gitarrenböden

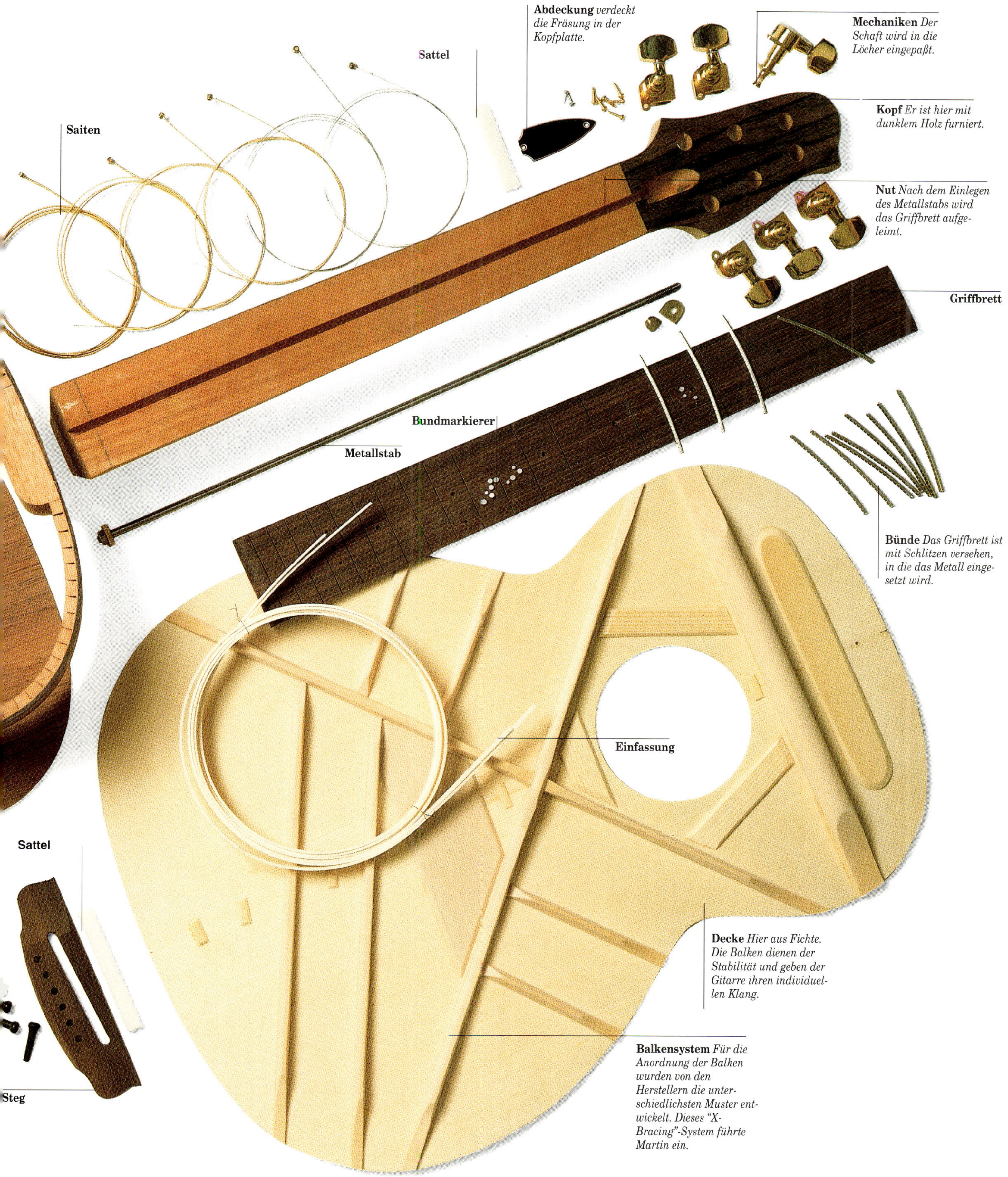
Abdeckung *verdeckt die Fräsung in der Kopfplatte.*
Sattel
Mechaniken *Der Schaft wird in die Löcher eingepaßt.*
Saiten
Kopf *Er ist hier mit dunklem Holz furniert.*
Nut *Nach dem Einlegen des Metallstabs wird das Griffbrett aufgeleimt.*
Griffbrett
Bundmarkierer
Metallstab
Bünde *Das Griffbrett ist mit Schlitzen versehen, in die das Metall eingesetzt wird.*
Einfassung
Sattel
Decke *Hier aus Fichte. Die Balken dienen der Stabilität und geben der Gitarre ihren individuellen Klang.*
Balkensystem *Für die Anordnung der Balken wurden von den Herstellern die unterschiedlichsten Muster entwickelt. Dieses "X-Bracing"-System führte Martin ein.*
Steg

ANTONIO DE TORRES

Während des 19. Jahrhunderts begann sich die Gitarre zu dem Instrument zu entwickeln, das heute als Klassikgitarre bezeichnet wird. Hauptverantwortlich für diese Entwicklung war der Gitarrenbauer Antonio de Torres. Um 1800 ging man in Europa von der fünfchörigen zur sechsaitigen Gitarre über. Viele der frühen Instrumente hatten einen recht kleinen Korpus. Die Decke war mit einem Kreuzbalkensystem ausgestattet, so auch die 1835 von René Lacôte gebaute Gitarre (rechts). Torres führte einen größeren Korpus ein. Er entwickelte das Fächersystem für die Balkenanordnung in der Decke, das sich für die spanischen Gitarren am wirkungsvollsten erwies. So entstand ein Instrument von größerer klanglicher Vielfalt.

1835 Lacôte
René Lacôte baute seine Gitarren in der ersten Hälfte des 19. Jahrhunderts in Paris. Bei diesem Instrument ist die Mechanik vollständig in den Kopf eingelassen. Das kurze Griffbrett ist eher ein Merkmal der früheren Gitarren.

1836 Louis Panormo
Als Sohn eines italienischen Geigenbauers führte Louis Panormo zu Beginn des 19. Jahrhunderts eine Werkstatt in London. Er pries sich selbst als "einzigartigen Gitarrenbauer" und zählte zu den wenigen nichtspanischen Herstellern, die für die Balkenanordnung das Fächer-System benutzten.

Verzierung *Dekorative Einlegearbeiten*

Steg *Frühes "Stift"-System ohne Sattel*

Korpus *Zweiteilige Decke aus Fichte*

Rosette *Ein durchschnittliches Werk von Torres*

Steg *Torres bevorzugte den separaten Sattel.*

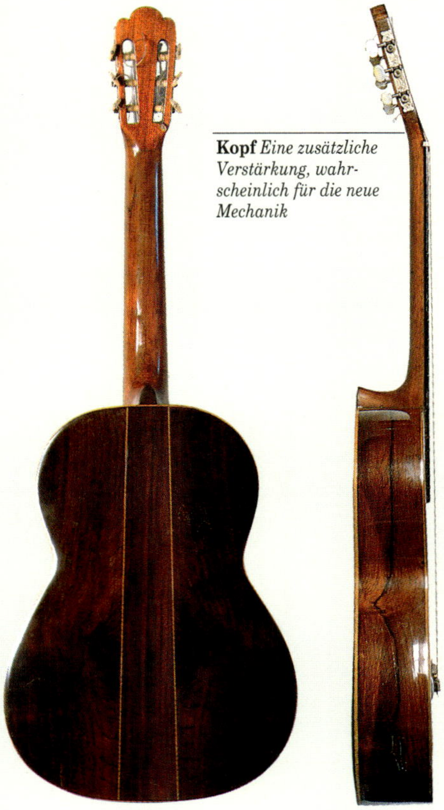

Kopf *Eine zusätzliche Verstärkung, wahrscheinlich für die neue Mechanik*

Boden und Seite
Torres verwendete meist Palisander, Ahorn oder Zypresse für Böden und Zargen. Bei dieser Gitarre benutzte er Palisander. Der dreiteilige Boden weist ein dekoratives symmetrisches Muster auf.

Antonio de Torres (1817 -1892)
Torres wurde in Almeria, Spanien, geboren und arbeitete in Sevilla (1852-69) und Almeria (1875-92). Er sah die Gitarrendecke als den entscheidenden Faktor für den Klang an, was sich in seinem Baustil niederschlug. Balkenanordnung im Fächersystem, Veränderung der Stegposition, Reduzierung der Holzdicke: so entstand eine stabile und dennoch leichte Gitarre, mit einem kräftigen, vollen Klang und von eleganter Schlichtheit.

Der berühmteste zeitgenössische Gitarrist, der Torres-Gitarren spielte, war Francisco Tarrega (1852-1909). Als einer der ersten trug er zur Etablierung der Gitarre als "ernstes" Musikinstrument bei. José Romanillos befaßte sich sehr gründlich mit dem Leben des Gitarrenbauers. In seiner Studie "Antonio de Torres - Gitarrenbauer" kam er zu dem Ergebnis, daß Torres rund 320 Gitarren gebaut hat, wovon 66 ausfindig gemacht wurden.

Korpus *Fichtendecke, Boden und Zargen aus Zypressenholz*

Saiten *Von Marcelo Barbero auf 6 reduziert*

1876 Torres
Eine ursprünglich 11saitige Gitarre. Torres soll insgesamt drei dieser Art – mit 5 zusätzlichen Baßsaiten – gebaut haben. 1945 wurde sie auf 6 Saiten reduziert.

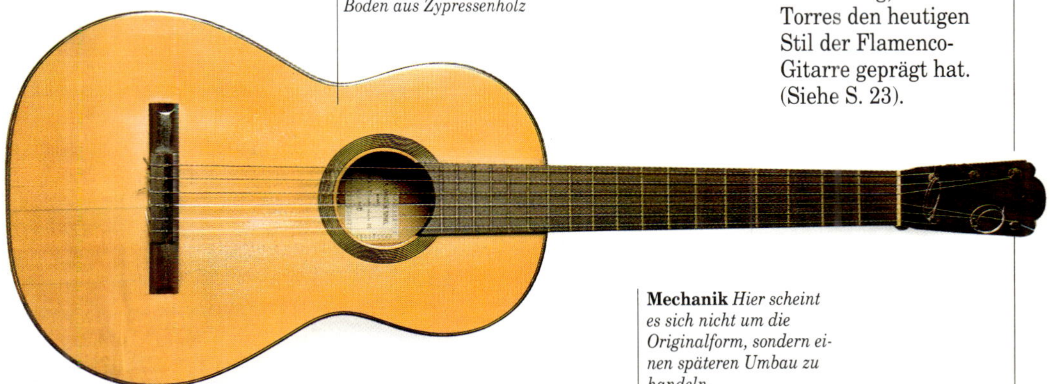

Korpus *Fichtendecke; Zargen und vierteiliger Boden aus Zypressenholz*

1860 Torres
Gitarren wie diese bestätigen die Auffassung, daß Torres den heutigen Stil der Flamenco-Gitarre geprägt hat. (Siehe S. 23).

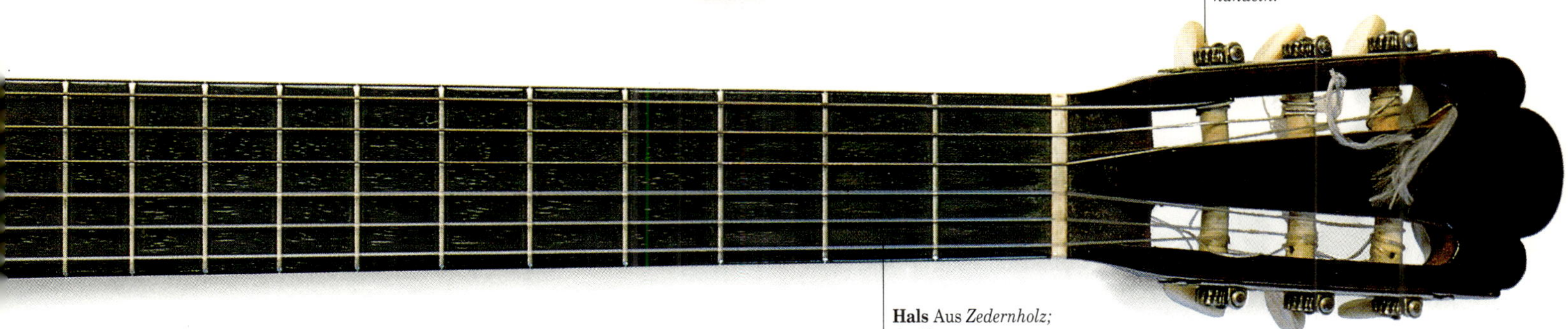

Mechanik *Hier scheint es sich nicht um die Originalform, sondern einen späteren Umbau zu handeln.*

Hals Aus *Zedernholz; Griffbrett aus Palisander*

1882 Torres
Diese Gitarre wurde 1989 in Südamerika entdeckt. Torres arbeitete mit verschiedenen Korpusformen. Die hier von ihm verwendete Form ist unter der spanischen Bezeichnung "plantilla" bekannt.

Etikett
Dies ist eine der beiden Formen, die Torres in seiner zweiten Schaffensperiode verwendete, hier mit seiner Adresse in Almeria. Gitarrennummer 28, 1882.

KLASSIK UND FLAMENCO

Torres (S. 20-21) beeinflußte ganz Spanien und auch das übrige Europa. So entwickelte sich Madrid zum Zentrum des Gitarrenbaus. Einige der berühmtesten Instrumente sind hier abgebildet. Zu Beginn des 20. Jahrhunderts war vorrangig die Flamenco-Gitarre verbreitet. Erst mit Andrés Segovia setzte sich die Idee der ernsthaften Klassikgitarre durch, die seit den 30er Jahren zum dominierenden Instrument unter den spanischen Gitarren geworden ist. Bedeutende Hersteller solcher Instrumente gab es auch außerhalb Spaniens, z.B. in Deutschland und Frankreich.

Andrés Segovia (1893-1987)
Segovia, in Südspanien nahe Granada geboren, trug entscheidend zur Popularisierung der Klassikgitarre auf der Konzertbühne bei. 1912 ersetzte er seine erste Gitarre (von Benito Ferrer) durch eine Manuel Ramírez. Ende der 30er Jahre wechselte er zu einer Hermann Hauser, die er bis 1970 spielte. Danach entschied er sich für die neuen Gitarren von Fleta und José Ramírez.

1937 Hermann Hauser 1
Diese Gitarre wurde jahrelang von Andrés Segovia gespielt. Der Münchner Hermann Hauser (1882-1952) baute zunächst Saiteninstrumente verschiedener Stilrichtungen. Bald jedoch übernahm er den spanischen Torres-Stil. Sohn und Enkel setzten die Tradition fort. Die hier gezeigte Gitarre befindet sich heute im Metropolitan Museum of Art in New York.

Korpus *Fichtendecke, Mahagonihals, Ebenholzgriffbrett, Boden und Zargen aus brasilianischem Palisander. In der Decke befindet sich eine Widmung von Hermann Hauser an Segovia.*

Steg *Für die Klassikgitarre typische Saitenbefestigung*

Korpus *Um den Klang zu verbessern, verwendete Bouchet extrem dünne Decken.*

1954 Barbero Flamenco
Marcelo Barbero (1904-55) war einer der großen Flamenco-Gitarrenbauer.

1913 Manuel Ramírez Flamenco
Manuel Ramírez (1864-1916) ist berühmt für seine Flamenco- und Klassikgitarren. Seine Werkstatt brachte viele anerkannte Gitarrenbauer hervor. Zunächst übernahm Manuel den Stil seines Bruders José Ramírez I, entwickelte jedoch bald einen eigenen Stil.

Etikett
Der Titel "Luthier" wurde Ramírez vom Nationalkonservatorium in Madrid verliehen.

1923 Santos Hernández Flamenco
Hernández (1873-1942) war ein begabter Schüler von Manuel Ramírez.

Korpus *Typisches Material der Flamenco-Gitarre: Fichtendecke, Zypressenboden und -zargen.*

Kopf *Holzwirbel verringern das Gewicht der Gitarre.*

1934 Esteso Flamenco
Domingo Esteso (1882-1937) lernte bei Manuel Ramírez in Madrid und gründete später seine eigene Werkstatt. Dieses Modell ist für eine Flamenco-Gitarre recht tief. Sie gehört dem Gitarristen Juan Martin.

Schlagschutz

Gravur von Bouchet. Gitarrennummer 31, 1954.

Flamenco-Gitarre
Mit Flamenco bezeichnet man die Volksmusik der andalusischen Zigeuner, eine Kombination aus Gesang, Tanz und Gitarrenspiel. Dieser Stil verlangt von der Gitarre einen kurzen, aggressiven Klang. Der Gitarrist begleitet sein Spiel mit rhythmischem Klopfen, so daß die Decke oft mit einem Schlagschutz versehen ist. Im Unterschied zur Klassikgitarre sind Flamenco-Gitarren leichter, die Vibration der Saiten ist geringer, wodurch ein größeres Tempo erzielt wird. Neuerdings tendieren Flamenco-Spieler immer mehr zu einer Kombination aus Flamenco- und Klassikgitarre.

Griffbrett *aus Ebenholz*

Mechanik *Bouchets Elfenbeinwirbel sind handgeschnitzt.*

1954 Bouchet (oben)
Robert Bouchet war ein begabter Gitarrist. 1946 begann er mit der Herstellung beeindruckender Instrumente in geringer Stückzahl.

1976 Fleta (unten)
Ignacio Fleta (1897-1977) gründete seine Werkstatt 1927 in Barcelona und entwickelte später Gitarren mit der typischen breiten Taille.

Firnis *Fleta verwendete innen Firnis für einen volleren Klang.*

Korpus *Ein Diagonalbalken unter der Sopranseite macht die Gitarre lauter.*

KLASSIKGITARREN DES 20. JAHRHUNDERTS

Bei den modernen Klassikgitarren sind die wesentlichen Merkmale der Torres-Modelle des 19. Jahrhunderts erhalten geblieben, wenn auch einige Hersteller den Korpus vergrößert haben. Im Innern der Gitarre haben immer wieder Veränderungen stattgefunden, besonders bei der Anordnung der Balken, die entscheidend zum Klangvolumen beiträgt. In Christopher Nupens Film über die großen Gitarristen (1969) beurteilte Segovia die Qualität der modernen Gitarre mit den Worten: "Als ich in die musikalische Welt eintrat, begann ich, in sehr großen Sälen zu spielen. Von diesem Moment an versuchten die Hersteller eine Gitarre mit besserem und lauterem Klang zu bauen. Daß es dieses Instrument mit dem kraftvollen und gleichzeitig weichen Klang jetzt gibt, ist wirklich eine große Leistung der Gitarrenhersteller."

Kataloge José Ramírez ist einer der wenigen Klassikgitarrenhersteller, die Kataloge anbieten.

Korpus *Hier Fichte. Bei einigen Modellen verwendet Ramírez auch Rote Zeder.*

Etikett *mit Signatur des Familienoberhaupts, José III*

1990 José Ramírez 1A
Die Ramírez-Dynastie begann mit den Brüdern José I (1858-1923) und Manuel. Dann folgten José II (1885-1957) und José III (geb. 1922), der heute die Werkstatt leitet. 1982 wurden dort rund 1.000 Gitarren von 17 Mitarbeitern hergestellt.

Griffbrett *Ebenholz auf einem Mahagonihals*

Rosette *Romanillos Gitarren sind reich verziert.*

Korpus *Decke zweiteilig aus Fichte, Boden und Zargen aus Palisander*

1985 Romanillos "La Buho" (links)
José Romanillos wurde 1932 in Madrid geboren. Seit 1959 lebt er in England, wo er 1970 eine Werkstatt gründete. Bis 1987 hat Romanillos, nach eigener Schätzung, jährlich 17 Gitarren gebaut. Julian Bream spielte seit 1973 u.a. Romanillos-Gitarren. Die hier gezeigte verkaufte Bream 1990 bei einer Auktion in London.

1968 Rubio (rechts)
Der Engländer David Rubio lebte und arbeitete in Madrid, gelernt hat er in der Werkstatt von Domingo Esteso. Von 1961-67 baute er seine Gitarren in New York. Dann gründete er eine Werkstatt in England, aus der anerkannte Gitarrenbauer wie Paul Fischer hervorgegangen sind. Diese Rubio gehört dem britischen Gitarristen John Mills.

Korpus *Rubio verwendete "Knotenbalken", um Baß und Treble zu verbessern.*

1987 Smallman
Greg Smallman lebt und arbeitet in der Abgeschiedenheit des Regenwalds von New South Wales, Australien. Als John Williams in den 80er Jahren begann, Smallman-Modelle zu benutzen, regte er allgemeines Interesse an diesen Gitarren an. Sie weisen eine ungewöhnliche Balkenkonstruktion auf, ein Gittermuster aus Holz und Kunststoff unter einer Zederndecke. Es gibt einige Hersteller, die sich von der traditionellen Fichtendecke abgewandt haben.

Saitenlänge *Bei Smallman 65 cm*

Korpus *Die Decke ist aus Zedernholz gebaut, Boden und Zargen sind aus Palisander*

Steg *Smallmans Stege sind etwas schmaler als üblich.*

1987 Gilbert
John Gilbert lebt in Kalifornien, südlich von San Francisco. Der gelernte Werkzeugmacher wandte sich 1936 dem Gitarrenbau zu und entwickelte ein solides Instrument. Merkmale der Gilbert-Gitarre sind der Steg (von einigen englischen Herstellern übernommen), der dort Halt geben soll, wo er benötigt wird, und der typische Stiftsattel. Auffällig ist auch die ausgefallene Rosettenform.

Sattel *Ein Stahlstift bestimmt die Saitenlage.*

1973 Kohno
Masaru Kohno ist gegenwärtig in Japan der führende Hersteller von Klassikgitarren. Er erlernte den Gitarrenbau bei Arcángel Fernández in Madrid und gründete Ende der 60er Jahre in Tokio seinen eigenen Betrieb. Die beiden Schrauben unterhalb des Stegs bei dieser Gitarre dienen einem Pickup. Sie wurden vom Besitzer des Instruments, Steve Howe, nachträglich hinzugefügt.

Korpus *Fichtendecke, Boden und Zargen aus Palisander*

Hernández Y Aguado
Diese Platten-Cover stellen uns zwei interessante Duos vor, ein Hersteller-Duo und ein Gitarristen-Duo. Manuel Hernández und Victoriano Aguado bildeten in den 60er Jahren ein Team. Die Cover zeigen, daß die beiden Gitarristen John Williams und Julian Bream das gleiche Hernández-y-Aguado-Instrument spielen. In den 70er Jahren schlossen sich Williams und Bream zu einem sehr erfolgreichen Duo zusammen

MARTIN-GITARREN

Die seit über 150 Jahren bei Martin hergestellten Flat-top- Akustikgitarren gehören zu den besten der Welt. Direkt oder indirekt haben sich wohl alle Hersteller von Martins Entwurf beeinflussen lassen, sowohl von Korpusform und Balkensystem als auch von der dekorativen Intarsienverzierung.
Der Betrieb wurde von Christian Frederick Martin gegründet, der 1833 aus Deutschland emigrierte und in New York ein Musikgeschäft eröffnen wollte. Bald darauf ließ er sich in Nazareth, Pennsylvania, nieder, dem heutigen Standort der Fabrik.
Der große Erfolg dieser Firma setzte in den 30er Jahren ein und festigte sich nach dem 2. Weltkrieg, doch das klassische Design der Martin-Gitarre war schon lange vor dieser Zeit festgelegt.

Christian Frederick Martin (1796-1873)
Gründer der Martin Company

Die Familie
Christian Frederick Martin wurde 1796 in Deutschland als Sohn eines Gitarrenbauers geboren. Er lernte bei seinem Vater und auch in anderen Werkstätten, u.a. bei Stauffer in Österreich. 1833 wanderte er nach Amerika aus. Nach seinem Start in New York siedelte er später nach Pennsylvania über und gründete die Fabrik, die sein Enkel, Frank Henry Martin 1888 übernahm. Seit dieser Zeit wurde die Fabrik über Generationen erfolgreich geführt. Vorstandsvorsitzender der Gesellschaft ist heute C.F. Martin IV.

Einfassung *mit dekorativem Schwarzweißmuster*

Steg *Hier sieht man bereits die Anfänge der typischen Pyramidenform.*

Korpus *Die Länge beträgt 43,8 cm, die maximale Breite 28 cm. Die Decke ist wahrscheinlich aus Fichte, wie bei den meisten Martin-Gitarren.*

Etikett *Firmenzeichen von Martin und seinem Verkaufsagenten Ludecus & Wolter*

X-Bracing

Bis Ende des 19. Jahrhunderts machten sich europäische Einflüsse bei Martin bemerkbar, z.B. der Stauffer-Kopf. Gleichzeitig entwickelte die Firma ihre eigenen Konstruktionen, darunter das berühmte X-Bracing für das Balkenmuster in der Gitarrendecke, das erheblich zur besonderen Klangqualität der Akustikgitarre beiträgt. Dieses X-förmige Muster entwarf Martin bereits Mitte des 19. Jahrhunderts. Es wird seither verwendet - auch von den meisten anderen Herstellern.

1880 Martin
Diese Martin Size 1 trägt den Stempel "C F Martin & Co, New York", der von 1867 bis 1898 benutzt wurde. Das berühmte Fischgrätenmuster bei der Rosette um das Schalloch war ein Charakteristikum der Gitarren Typ 21.

Der Nazareth-Stempel

Eine weitere entscheidende Veränderung führte Frank Henry Martin ein, der ab 1888 die Firma leitete. Er trennte sich von seinem New Yorker Händler Zoebisch und verkaufte die Gitarren direkt an den Einzelhandel. Entsprechend wurde auch das Firmenzeichen geändert. "C F Martin & Co, New York" hieß fortan "C F Martin & Co, Nazareth PA". Zoebisch hatte sich geweigert, "New York" aus dem Firmennamen zu streichen, obwohl der Firmenstandort sich seit 40 Jahren in Nazareth befand.

1860 Martin
Die Gitarre trägt den Stempel "C F Martin New York", der nur bis 1867 benutzt wurde. Die Korpusgröße 2 1/2 ist für Anfänger geeignet. Der Ebenholzsteg ist in der für Martin typischen Pyramidenform.

Seite und Boden
Martin verwendete wahrscheinlich Palisander bei dieser Gitarre. Erkennbar ist der C F Martin-Firmenstempel, der leicht verändert heute noch als Firmenzeichen benutzt wird.

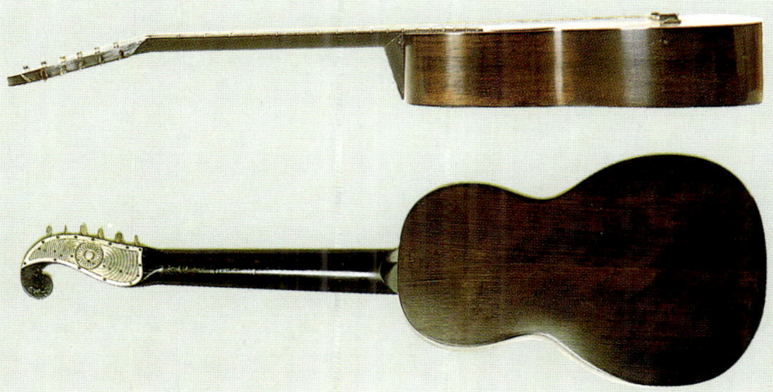

Frühe Martin-Gitarre (unten)
Dieses Instrument, von Christian Frederick Martin, bald nach seiner Einwanderung in die USA gebaut, zeigt an seinem Kopfstück europäische Einflüsse. Der schmale Korpus ist typisch für Martin-Gitarren aus dieser Zeit. Die Gitarre entstand um 1840.

Hals *Das Griffbrett trifft am 12. Bund auf den Korpus.*

Etikett
Das große Etikett auf dem Gitarrenboden trägt die Aufschrift C F Martin. Als Anschrift ist angegeben: 212 Fulton Street, New York. Jahrgang 1838 oder 1839. Das kleine Etikett stammt von Ludecus & Wolter, Martins damaligem Verkaufsagenten.

Kopf
Dieser Kopf zeigt deutlich den Einfluß des Gitarrenbauers Johann Stauffer. Für ihn typisch die geschwungene Form und die Metallabdeckung.

MARTINS STYLES UND SIZES

In den 20er und 30er Jahren führte Martin zwei wesentliche Veränderungen ein. Erstens wurden die Darmsaiten nun durch Stahlsaiten ersetzt. Um die größere Spannung zu absorbieren, wurde das X-Bracing verstärkt. Um 1930 wurde der robustere „Bauch"-Steg eingeführt und Ende der 30er Jahre der Hals verstärkt. Zweitens wurde der Hals weiter aus dem Korpus herausgezogen, um die hohen Bünde leichter spielbar zu machen. Erst der 14. Bund ist auf dem Korpus positioniert. Diese neue Anordnung erschien zum ersten Mal bei den OM-Modellen (1929) und ist inzwischen bei Akustikgitarren zum Standard geworden.

Typenbezeichnung

Martin hat ein einfaches System eingeführt: Ein Zahlen- oder Buchstabencode vor dem Bindestrich gibt die Korpusgröße (Size) an, die Zahl nach dem Bindestrich definiert den Style; höhere Zahlen stehen für aufwendigeres Finish.

Seite und Boden
Bei dieser 0-45 sind Boden und Zargen aus Palisander, der Hals ist aus Mahagoni.

Style 45
Dieses Modell kam Anfang des 20. Jahrhunderts auf den Markt. Boden und Zargen sind aufwendig mit Perlmutteinlagen verziert. Style 42 sieht von vorn ähnlich aus, ist jedoch nicht allseits mit Einlagen versehen.

Schalloch *Auch hier reizvolle Perlmutteinlagen.*

Einfassung *Sie wird um das Griffbrett herumgeführt.*

S1980 00-18
Style 18 ist eine der schlichtesten Martin-Gitarren mit wenig Verzierungen. Dieses Instrument ist mit einem Steg-Pickup versehen, um es für die Bühne geeigneter zu machen. Der Lautstärkeregler befindet sich oben am Korpus neben dem Hals.

1930 2-17
An dieser Gitarre wird deutlich, wie sehr sich die Wirtschaftskrise der 30er Jahre auch auf den Gitarrenbau auswirkte: ein schlichtes, fast spartanisches Instrument mit einfachem Steg und kaum verziert. Es kostete 25 Dollar; für eine 000-28 bezahlte man 80 Dollar. Style 17 war Martins erstes Modell mit Stahlsaiten.

1926 000-45
Size 000 wurde für Spieler konstruiert, die einen größeren Korpus ohne den schweren Baß-Sound der Dreadnought bevorzugten. Der Ebenholzsteg wurde 1919 für Style 45 eingeführt. Diese Gitarre ist mit einem Balkensystem für Stahlsaiten ausgestattet, das jedoch erst 1928 Standard wurde.

1931 OM-28 (oben)
Die OM (Orchester-Modell) war Martins erstes Modell, bei dem der 14. Bund auf den Korpus trifft. Diese "14-fret"-Modelle erlauben einen besseren Zugriff auf die hohen Bünde als die "12-fret"-Modelle (bei denen der 12. Bund den Korpus trifft).
Der Korpus der OM entspricht Size 000, die Mensur ist jedoch länger. Sie wurde bis 1933 gebaut.

1929 0-45 (unten)
Style 45 ist Martins Top-Modell. Es ist aufwendig mit Intarsien verziert. Besonders auffällig in der Kopfplatte ist die Fackel, die jedoch in den 30er Jahren durch das "C F Martin"-Logo in Perlmutt ersetzt wurde. Unver-wechselbar sind auch die vielen Perlmutt-einlagen auf dem Griffbrett.

Griffbrett
Permuttmarkierer auf Ebenholz, genannt "Schneeflocken".

Size 2 *(12-fret)* *46,4x30cm*
Size 1 *(12-fret)* *48x34,4cm*
Size 0 *(12-fret)* *48,5x34,3cm*
Size 00 *(14-fret)* *48x36cm*
Size 000 *(14-fret)* *49x38cm*
Size D *(14-fret)* *51x39,5cm*

Korpusgrößen
Die angegebenen Maße sind nur ungefähre Werte. Die erste Zahl bestimmt die Korpushöhe, die zweite die maximale Korpusbreite.

MARTIN DREADNOUGHTS

Die Dreadnought-Akustikgitarre zählt zu Martins berühmtesten Modellen und hat, wie so viele Neuerungen der Firma, andere Hersteller maßgeblich beeinflußt. Die Korpusform ist unverwechselbar: eckige Schultern, breite Taille. Wegen ihres für Gesangsbegleitung besonders geeigneten Baß-Sounds ist diese Gitarre bei Countrymusikern äußerst beliebt. Die Dreadnought, nach einem britischen Schlachtschiff benannt, wurde 1916 von Frank Henry Martin und Harry Hunt entworfen. Hunt leitete damals das Musikgeschäft Ditson in New York. Ursprünglich vertrieb Ditson die Dreadnought exklusiv. Als das Geschäft Ende der 20er Jahre schloß, setzte Martin seine Experimente am Grundentwurf der Dreadnought allein fort. 1935 wurden die D-18 und die D-28 serienmäßig hergestellt, während die klassische D-45 damals nur in begrenzter Stückzahl gebaut wurde.

Boden und Seite
Diese Ansichten zeigen die Schäden, die die Gitarre in Elvis Presleys Händen erlitten hat. Die Kratzer im Boden scheinen von seiner Gürtelschnalle herzurühren.

Schäden *Zeugnis von Presleys hartem Stil.*

Korpus *Martins schlichter Style 18.*

Presleys Hang zum Kitsch. Das "S" fehlt schon lange.

1988 D-45
Die erste D-45 wurde 1933 für den singenden Cowboy Gene Autry gebaut. Von diesem Modell, eine Kombination aus größtem Korpus und bestem Finish, wurden zunächst nur 91 Instrumente hergestellt, bis die Produktion 1942 eingestellt wurde. Wegen der großen Nachfrage nahm Martin das Modell 1968 wieder ins Programm auf. 1938 zahlte man für eine D-45 200 Dollar, 1990 kostete sie 5.330 Dollar.

1988 D-28S
Bei einigen frühen Dreadnoughts liegt der Korpusrand am 12. Bund. Schon bald jedoch wurde das 14-fret-Modell zum Standard. Da manche Gitarristen den Klang des 12-fret-Modells für weicher hielten, wurde es in den 30er Jahren mit D-18S, D-28S und D-35S wieder eingeführt.

Hals *Das Griffbrett ragt ab dem 12. Bund in den Korpus hinein.*

Logo *Die Instrumente von 1933 sind mit dem Zusatz "Est. 1933" versehen.*

1989 Brazil D-41LE
Style 41 erschien 1969. Er unterscheidet sich von Style 45 nur geringfügig. Zunächst wurden 31 Gitarren hergestellt. Boden und Zargen sind aus brasilianischem Palisander. Hier handelt es sich um eine Jubiläumsausgabe mit begrenzter Stückzahl.

DATIERUNG
Etikett
Die frühen Martin haben Papieraufkleber, die z.B. auch Schatz, Coupa und Bruno erwähnen.

Stempel
Die C F Martin-Stempel sind an mehreren Stellen zu finden: auf dem Mittelstreifen des Bodens in Höhe des Schallochs, innen auf dem Halsklotz (oft in Längsrichtung) und hinten auf der Kopfplatte (oder außen auf dem Boden nahe des Halses). Der Stempel auf dem Mittelstreifen läßt das ungefähre Herstellungsdatum erkennen: C F Martin New York: 1833-1867; C F Martin & Co, New York: 1867-1898; C F Martin & Co, Nazareth PA: seit 1898. "Made in USA" wurde um 1960 hinzugefügt.

Seriennummern befinden sich auf dem Halsklotz im Korpusinnern.
1898-1909; bis 11018
1910-1919; bis 14512
1920-1929; bis 40843
1930-1939; bis 74061
1940-1949; bis 112961
1950-1959; bis 171047
1960-1969; bis 256003
1970-1979; bis 419900
1980-1989; bis 493279

Warenzeichen
"C F Martin New York", hier durch das Schalloch auf dem Mittelstreifen erkennbar, wurde von 1833 bis 1867 benutzt.

"& Co" 1867 - 1889.

Nazareth seit 1898.

1988 HD-28PSE (unten)
Style 28 erschien 1870 und wurde bis 1946 mit der Fischgräteneinfassung hergestellt. Die HD-28 kam 1976 auf den Markt, um die Nachfrage nach dem Original-Fischgrätenmuster zu befriedigen. Hier eine signierte Ausgabe (SE).

Fischgräten
Wegen des Qualitätsverfalls bei Intarsien stellte Martin dieses Muster 1946 ein.

1942 D-18 (oben)
Diese Martin spielte Elvis Presley zu Beginn seiner Karriere, Mitte der 50er Jahre. Das Herstellungsdatum der Gitarre beweist, daß Presley das Instrument gebraucht gekauft haben muß. Er gab sie später gegen eine andere Gitarre in Zahlung (bei O.K. Houck's Musikgeschäft in Memphis). 1974 wurde die Gitarre, die Elvis benutzte, als seine Musik noch starke Country-Einflüsse zeigte, der Country Music Hall of Fame, Nashville, gestiftet.

D'ANGELICO UND D'AQUISTO

D'Angelico-Gitarren zählen zu den meistgeschätzten Archtop-Jazzgitarren. John D'Angelico (1905-64) begann mit dem Gitarrenbau in den 30er Jahren. In den 50er Jahren hatten bereits viele Jazzgitarristen, darunter Johnny Smith und Chet Atkins, den herrlichen Klang der D'Angelico-Gitarren schätzengelernt. D'Angelico bot zwei Modelle mit Cutaway an, die Excel und die New Yorker, außerdem stellte er von Gitarristen in Auftrag gegebene Sonderanfertigungen her. Nach seinem Tod lebte sein Stil in den Gitarren von Jimmy D'Aquisto, seinem früheren Mitarbeiter, weiter.

1950 D'Angelico Excel (oben) *Das Modell hat einen kleineren Korpus als üblich, vielleicht eine Sonderanfertigung. In den 60er Jahren wurde es von Jimmy D'Aquisto aufgearbeitet.*

Fleck *Er rührt von einem Korkring unter dem (inzwischen entfernten) Pickup her.*

1961 D'Angelico Excel (oben) *Mechanik, Trussrod-Abdeckung, Pickguard, und Saitenhalter sind perfekt im Stufendesign abgestimmt.*

Steg *Einlagen wie beim Steg der New Yorker.*

Pickguard *Die Originale wurden meist ersetzt, weil sie ein Gas freisetzten, das die Gitarre beschädigte.*

Saitenhalter *in der für die Excel typischen Form.*

1948 D'Angelico Excel (oben) Die "blonde" D'Angelico Excel war Johns Gegenstück zur Gibson L5. Meist wies die Excel weniger Verzierungen auf als die New Yorker.

Jimmy D'Aquisto
Als John D'Angelico Anfang der 60er Jahre erkrankte, übernahm Jimmy D'Aquisto die Leitung seiner Werkstatt. John starb 1964. Von nun an stellte Jimmy Gitarren unter seinem eigenen Namen her. Wie die Archtop-Instrumente (rechts) zeigen, verknüpfte Jimmy eigene, neue Ideen mit D'Angelicos Design.

Boden und Seite
Diese Ansichten verdeutlichen D'Aquistos exzellente Holzauswahl.

D'Aquisto New Yorker
Diese beiden Beispiele zeigen, wie Jimmy D'Aquisto D'Angelicos Stil verfeinerte. Die Gitarre links von 1968 hat ein schmales Pickguard und gerundete F-Löcher. 1986 baute D'Aquisto die New Yorker (rechts) mit Fichtendecke. Den Metallsaitenhalter ersetzte er durch Holz.

Pickguard *Die schmale Form ist typisch für D'Aquisto.*

Hardware *Saitenhalter und Steg aus Ebenholz.*

1978 D'Aquisto Flat Top Delux (rechts)
Neben den Archtop-Akustikgitarren baute D'Aquisto auch Flat-top-Akustikgitarren. Zwischen 1976 und 1981 stellte er elf Delux-Modelle her.

Griffbrett *Bei D'Angelico nicht selten mit spitzem Schnörkel.*

Einlagen *Bei der Excel meist durchgehend, bei der New Yorker zweiteilig.*

Mechanik *Grover Imperial passend zum "Stufenmuster".*

1954 D'Angelico New Yorker (unten)
Die New Yorker war größer als die Excel. Unterschiede gab es auch bei Griffbretteinlagen und Saitenhalter.

Kopf *Einige Instrumente weisen diese aufwendigen Verzierungen auf, andere sind schlicht.*

Rückansicht (unten)
Der Boden der New Yorker von 1954 zeigt D'Angelicos vollendete Sunburst-Technik.

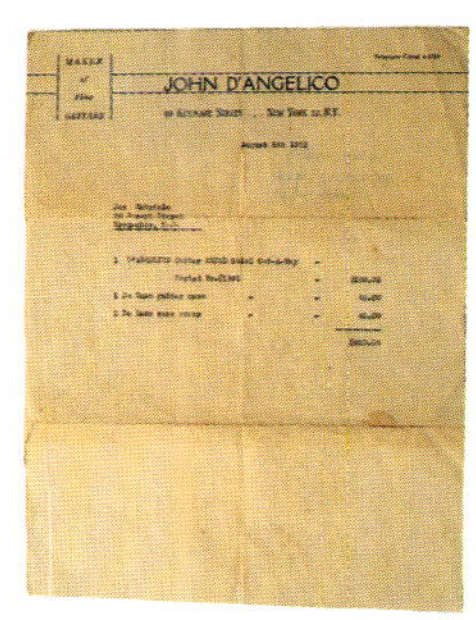

Quittung
D'Angelicos Originalquittung für eine Excel (1952).

EPIPHONE UND STROMBERG

Die Firma Epiphone wurde 1928 gegründet, benannt nach dem Gitarrenbauer Epaminondas Stathopoulo - kurz Epi. Sein Vater Anastasios, ein griechischer Einwanderer, stellte Flöten und Violinen in New York her, unter dem Firmennamen House of Stathopoulo.
Als Epaminondas 1928 das Geschäft übernahm, änderte er den Namen. Die Firma hieß fortan Epiphone Banjo Corporation. Ihre Hauptprodukte waren Gitarren, Mandolinen und Banjos. Die in den 30er Jahren entwickelten Archtop-Akustikgitarren erfreuten sich bei führenden Jazzgitarristen bald großer Beliebtheit.
Neben den hier gezeigten Instrumenten, Emperor und Deluxe, stellte Epiphone auch eine Reihe von Gitarren in bescheidenerer Ausführung her. Hierzu zählen die Broadway, Triumph, Royal, Spartan, Blackstone, Devon und die Zenith.
Der Erfolg war jedoch nicht von Dauer. Als Epi Stathopoulo Anfang der 40er Jahre starb, geriet die Firma in Schwierigkeiten, von denen sie sich auch nach dem 2. Weltkrieg nicht mehr erholte. Während dieser Zeit soll Epiphone Gitarren aus bereits vorhandenen Einzelteilen hergestellt haben. Epis Bruder Orphie, der damalige Geschäftsführer, verkaufte Epiphone 1957 an Gibson.

Epiphone Broadway
Dies ist der Headstock einer Broadway der sogenannten "Masterbilt"-Serie aus den 30er Jahren. Auffallend sind die asymmetrische Form und das Weinrebenmuster. Das Instrument wurde vor kurzem überholt, dabei wurden Mechaniken und Griffbretteinlagen ausgewechselt.

1942 Epiphone Emperor (rechts)
Als Antwort auf die Super 400 von Gibson, Epiphones ärgstem Konkurrenten, brachte Epiphone um 1936 diese erstklassige Archtop-Akustikgitarre auf den Markt. Der Name Emperor entstand offenbar in Anspielung auf den Thronverzicht des Engländers Edward VIII. 1936. Es handelt sich hier um eins der seltenen Cutaway-Modelle, die 1949 eingeführt und nur wenige Jahre produziert wurden.

Griffbrett *Bundmarkierer mit Perlmutteinlagen.*

Cutaway *Von 1949 bis 1953 konnte man die Emperor auch mit Cutaway bekommen.*

Einfassung *Ein hochwertiger Mehrfachstreifen.*

F-Löcher *Die Form ist den Gibson-Archtop-Modellen ähnlich.*

Saitenhalter *Epiphones "Frequensator" wurde von Herb Sunshine entworfen.*

1939 Epiphone Emperor Rückansicht
Dieses außergewöhnliche Modell zeigt, welch erlesenes Holz Epiphone für seine besten Gitarren verwendete. Für diese Emperor benutzte er Ahorn. Bemerkenswert sind auch der Hals und die vergoldete Mechanik mit dem "E"-Logo.

Epiphone Logo
Frühe Form mit spitzem p-Aufstrich und offenem e.

1941 Epiphone Deluxe
Die Deluxe gehörte ursprünglich zur Masterbilt-Serie der frühen 30er Jahre. Doch diese Version mit größerem Korpus erschien erst Ende des Jahrzehnts, wiederum als Antwort auf Gibson, der gerade die L5 vergrößert hatte. Die Deluxe konkurrierte also mit der L5 und die Emperor mit der Super 400.

Markierer
Die "Wolkeneinlagen" ähneln in ihrer frühen Form einem Fächer.

Korpus *mit dem "blonden" Natur-Finish.*

F-Löcher *Bei einigen frühen Epis mit Doppelwinkel.*

Steg *Er wurde der gewölbten Decke individuell angepaßt.*

1951 Epiphone Deluxe Emperor
Diese Mischform wurde ab 1949 hergestellt. Der Aufkleber weist sie als Deluxe aus, wie auch die Kopfform und die "Wolkeneinlagen", die Korpusform entspricht jedoch der Emperor.

Ultra-Deluxe Headstock
Die vergrößerte Abbildung zeigt deutlich Elmer Strombergs Liebe zum Detail.

Stromberg Ultra-Deluxe
Diese Gitarre entstand Ende der 40er Jahre in Strombergs Bostoner Werkstatt und rangierte auf dem dritten Platz der Wettbewerbsliste. Bemerkenswert die Einfassung im Schachbrettmuster und die verzierten Griffbretteinlagen.

Stromberg G1 Headstock
Die G1 ist, wenn auch bescheidener als die Ultra-Deluxe, in liebevoller Handwerksarbeit mit Intarsien verziert, besonders verspielt um das Stromberg Logo.

Stromberg

Stromberg hatte seinen Firmensitz in Boston. Zunächst baute Charles Stromberg, ein schwedischer Einwanderer, Banjos und Trommeln. Erst sein Sohn Elmer begann mit dem Gitarrenbau. Er baute Instrumente nur nach Auftrag. Anfang der 30er Jahre wurden Stromberg-Gitarren dann bei Jazzgitarristen immer beliebter, so daß er schließlich sieben Grundmodelle anbot: die riesige Master 400 (größer als die Gibson Super 400), Master 300, Ultra-Deluxe, Deluxe, G3, G2 und G1.

GIBSON ARCHTOPS

Schon die ersten Instrumente, die Orville Gibson Ende des 19. Jahrhunders baute, hatten eine gewölbte Decke. Dieses wunderschöne Design übte einen dauerhaften Einfluß auf die spätere Gitarrenproduktion aus. Jahrzehntelang war Gibson der führende Hersteller von Archtop-Gitarren. Die klassischen Modelle L5 und Super 400 waren für einen vollen Klang konstruiert, doch mit Erscheinen der E-Gitarre schwand die Nachfrage nach Akustik-Jazzgitarren. Die Herstellung der Super 400 und L5 ohne Cutaway wurde in den 50er Jahren eingestellt. Cutaway-Modelle wurden in geringer Zahl noch bis 1980 produziert.

Orville H. Gibson Gibson wurde 1856 als Sohn eines britischen Einwanderers geboren. Der gelernte Instrumentenbauer gründete 1902 die Gibson Company in Kalamazoo, Michigan.

Boden und Seite Bei den ersten L5 wurde für Boden und Zarge Birkenholz verwendet. Hier jedoch, wie bei den meisten L5, benutzte Gibson Ahorn.

Steg *Der Stufensattel ist neu.*

Saitenhalter *in einfacher Trapezform.*

Korpus *Die Original L5 (Herstellungsdatum zwischen 1923 und 1936) hat einen relativ schmalen Korpus. Er mißt an der breitesten Stelle 40 cm.*

Decke aus Fichte. *Die dunkle Einfärbung nannte Gibson "cremona brown".*

1916 Style 0
Dieses Modell wurde 1903 eingeführt und blieb bis 1923 marktführend. Dann wurde es durch die L5 ersetzt. Bis 1907 tauchte die ungewöhnliche Schneckenform mit flachem Cutaway auf. "The Gibson" wurde erst ab 1916 eingraviert.

1924 L4
Diese L4 ähnelt den ersten Style 0-Modellen, die noch ohne Schnecke gebaut wurden. Sie wurde um 1910 eingeführt. Das ovale Schalloch ist ein Markenzeichen für Orville Gibson.

1939 Super 400
Um 1937 vergrößerte Gibson die Decke der bereits großen Super 400. Dieses Beispiel zeigt außerdem die Veränderungen beim Saitenhalter. Das "blonde"-Finish wurde 1939 ins Programm aufgenommen, obwohl die meisten Super 400 weiterhin mit traditionellem Sunburst-Finish angeboten wurden.

Oberer Korpus *Ab 1939 mißt er ca. 33,5 cm.*

Saitenhalter *Frühe Modelle mit Scharnier, nach 1939 (links) aus einem Stück.*

1936 Super 400
Dieses extravagante Modell wies neue Verzierungen am Headstock auf. Der obere Korpus mißt bei diesem frühen Typ 32 cm, er wurde später vergrößert.

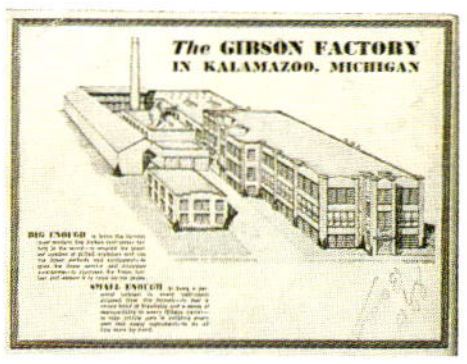

Gibson Fabrik
Werkstätten in Kalamazoo, 1937.

Datieren von Gibson-Gitarren bis 1947
Zwischen 1902 und 1947 wurden die Gitarren mit einem Papieretikett versehen. Als grobe Richtlinie gilt: 1902-09 bis 6975; 1910-19 bis 53800; 1920-29 bis 89750; 1930-39 bis 96050; 1940-47 bis 99999. Bei einigen Gitarren von 1939-40 sind die Seriennummern mit dem Prefix "EA" versehen. Informationen über die Datierung seit 1947 finden Sie auf Seite 133.

Headstock *Der "Schneckenkopf" läuft nach oben schmal zu.*

Griffbrett *Die Punkte wurden 1929 von Blöcken abgelöst.*

1928 L5 (oben links)
Diese L5 kam 1923 auf den Markt. Mit ihr wurde der Stil für die Archtop-Akustikgitarren festgelegt, der von Lloyd Loar entwickelt wurde. Einige frühe Instrumente sind von ihm signiert. Loars Gitarre wies als eine der ersten statt des Schallochs F-Löcher auf, und der Schlagschutz befand sich nicht mehr direkt auf der Gitarrendecke.

1940 L5 (unten)
Nach dem Logo zu urteilen, wurde dieses Instrument vor dem Krieg gebaut, die Seriennummer datiert es jedoch auf 1947.

1947 L5P (rechts)
P steht für Premier, so bezeichnete Gibson seine ersten Gitarren mit Cutaway. 1949 wurde die Abkürzung durch ein C für Cutaway ersetzt.

GIBSON FLAT-TOPS

Bei Gibson wurden traditionell Archtop-Gitarren hergestellt. Erst Ende der 20er, Anfang der 30er Jahre beschäftigte die Firma sich ernsthaft mit Flat-top-Akustikgitarren, zweifellos angeregt durch den großen Erfolg, den Martin mit seiner Dreadnought verzeichnete (S. 30). Den Auftakt machte 1928 Gibsons Nick Lucas Flat-top, eine der ersten Gitarren, die nach einem Musiker benannt wurden. Während die SJ200 (oder J200) ein protziges Instrument war, an die Countrymusiker gerichtet, baute Gibson auch schlichtere Flat-top-Gitarren unter eigenem Logo.

Boden und Seite
Für den Prototyp und die nachfolgenden Modelle benutzte Gibson für Boden und Zargen Palisander. Nach dem 2. Weltkrieg wechselte er zu Ahorn.

Steg *Dieses Design erhielt den Spitznamen "Schnurrbart".*

Korpus *Fichtendecke mit Sunburst-Finish.*

Pickguard *Bei diesem Prototyp noch ohne Verzierung.*

Gibson J45 (links)
Ein relativ preiswertes Modell der 40er Jahre aus der Flat-top-Serie "Jumbo" (J). Gibson versuchte, mit diesen Modellen der beliebten Dreadnought von Martin Konkurrenz zu machen.

1962 J160E
Diese Gitarre gehörte George Harrison und wurde bei vielen Beatles-Songs der 60er Jahre benutzt. Obwohl auch John Lennon eine J160E besaß, wurden die Gitarren im Studio getauscht, so daß das hier gezeigte Instrument wohl von beiden Gitarristen gespielt wurde.
Gibson brachte die J160E 1954 auf den Markt, als Version einer verstärkten Akustikgitarre mit Single-coil Pickup und Reglern. Da sie auch ohne Verstärker gespielt werden konnte, wurden Akustik- und Pickup-Sound oft miteinander kombiniert. 1977 wurde die Produktion eingestellt.

Pickup *Single-coil am Griffbrettansatz.*

Montagelöcher *Hier wurden nachträglich Pickups hinzugefügt.*

Korpus *Typisch für Flat-tops der J-Serie: Fichtendecke, Mahagoniboden und -zargen.*

Regler *Tonregler, darüber der Lautstärkeregler.*

1970 Dove (links)
Gibsons Dove kam 1962 als Nummer zwei hinter der J200 auf den Markt. Sie hat eine Fichtendecke, Boden und Zargen sind aus Ahorn. Auffallend das Pickguard mit den phantasievollen Ornamenten.

1963 Everly Brothers (rechts)
Das Popduo war selten ohne die Spezial-Akustikgitarren von Gibson auf der Bühne zu bewundern. Diese Gitarren sind durch ihr breit geschwungenes Pickguard leicht zu identifizieren.

Griffbrett *Bei dieser Sonderanfertigung schmaler als üblich.*

Bundmarkierer *mit eingearbeiteten Western-Motiven.*

1937 SJ200 (oben)
Dies ist der Prototyp der Gibson Flat-top-Akustikgitarre. Das Instrument wurde als Sonderanfertigung für den singenden Cowboy aus Hollywood, Ray Whitley gebaut, der etliche Vorschläge zur Verbesserung des Baß-Sounds einbrachte. Die 200 ging schnell in Serienproduktion.

1952 J200
Man nennt sie Super Jumbo 200, SJ200 oder einfach J200,

Gibsons "King of the Flat-top Guitars", hier in hellem "blonde"-Finish.

NORDAMERIKANISCHE HERSTELLER

Die Flat-top-Akustikgitarre spielt in der amerikanischen Musik, besonders im Bluegrass, Country und Blues, eine bedeutende Rolle. So überrascht es kaum, daß dieses Instrument von vielen amerikanischen Firmen hergestellt wird.
Wir haben bereits erfahren, wie sehr z.B. Martin und Gibson an der Entwicklung der heute üblichen Konstruktion beteiligt waren. Die meisten Hersteller in den USA und Kanada halten sich an diese Regeln. Varianten tauchen praktisch nur noch in winzigen Details auf, wie bei Einlegearbeiten an Korpus und Griffbrett.
Die Archtop-Gitarre findet ihren Einsatz in einer anderen amerikanischen Musikrichtung, dem Jazz. Nachdem wir die Neuerungen der führenden Hersteller bereits beschrieben haben, stellen wir Ihnen nun Instrumente mit weniger berühmten Namen vor.

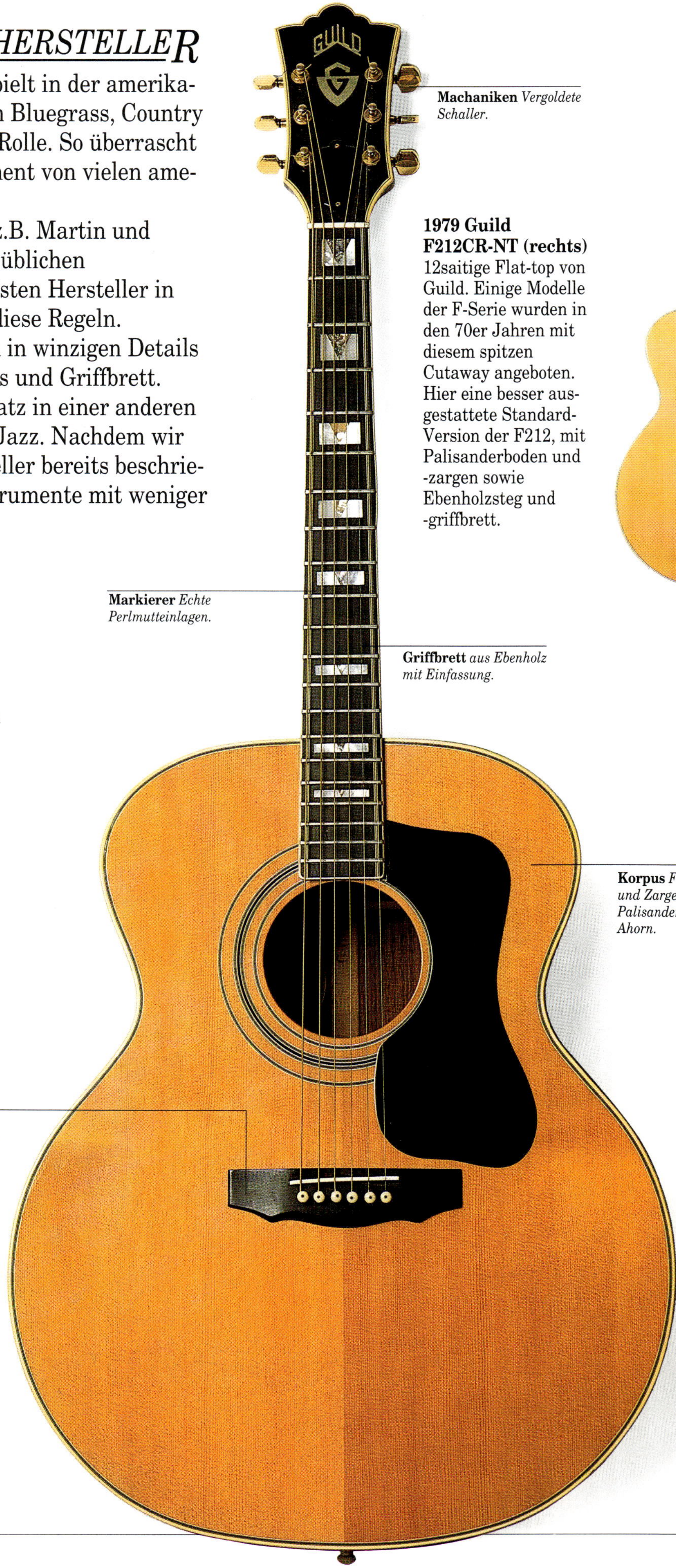

Machaniken *Vergoldete Schaller.*

Markierer *Echte Perlmutteinlagen.*

Griffbrett *aus Ebenholz mit Einfassung.*

Korpus *Fichtendecke, Boden und Zargen der F50R aus Palisander, der F50 aus Ahorn.*

Steg *aus Ebenholz.*

1979 Guild F212CR-NT (rechts)
12saitige Flat-top von Guild. Einige Modelle der F-Serie wurden in den 70er Jahren mit diesem spitzen Cutaway angeboten. Hier eine besser ausgestattete Standard-Version der F212, mit Palisanderboden und -zargen sowie Ebenholzsteg und -griffbrett.

Harmony Sovereign (links)
Dieses Modell von der Firma Harmony, bekannt für ihre preisgünstigen Produkte, war in den 60er Jahren äußerst beliebt. Hier ein Beispiel mit Schallochornamenten und einem Steg im "Cowhorn" -Stil.

1975 Guild F50R-NT (rechts)
Guild war bekannt für seine Elektrik-Akustik-Archtop-Jazzgitarren. In den 60er und 70er Jahren machte sich die Firma auch mit Flat-top-Akustikgitarren von hoher Qualität einen Namen. Die große F50R wurde als "finest six-string flat-top" angepriesen.

1990 Taylor 712-C
Bob Taylor begann mit dem Gitarrenbau 1974 in Lemon Grove, Kalifornien, und gründete mit seinem Partner Kurt Listug die Firma Taylor Guitars. Seitdem werden Taylor-Instrumente von Musikern wie Bruce Springsteen gespielt.

1990 Larrivee C10
Der Kanadier Jean Larrivee baut seit 1968 Gitarren in North Vancouver, British Columbia. Die C10 mit Fichtendecke und spitzem Cutaway kam 1971 auf den Markt.

1990 Norman B50
Ende der 60er Jahre gründete der Kanadier Jean-Claud Norman die Norman Company, die sich heute im Besitz von Robert Godin befindet (s.auch S. 47). Diese B50 ist das Topmodell aus Normans B-Serie, die auch mit L.R. Baggs Pickup angeboten wurde.

1990 Santa Cruz Tony Rice Model D
Santa-Cruz-Gitarren werden seit 1976 von Richard Hoover in Kalifornien hergestellt. Dieses Modell, produziert seit 1980, basiert auf der Martin D28 des Jazz- und Bluegrassmusikers Tony Rice.

Vega (links)
Diese Firma, 1903 in Boston gegründet, bot eine breite Auswahl an Gitarren, Banjos, Verstärkern und Blechinstrumenten an. Einige Gitarren wurden bei Vega selbst hergestellt, viele andere wurden eingekauft. Über dieses ausgefallene Modell ist wenig bekannt. Es trägt die Aufschrift: Patentiert 1930.

Vega Prospekt
Akustik- und E-Gitarren, vergleichbar mit Harmony-Instrumenten.

Gretsch Synchromatic
In den 50er und 60er Jahren wurde Gretsch für seine Elektrik-Akustikgitarren bekannt. Doch schon in den 30er Jahren wurden hier Gitarren hergestellt. Die Archtop-Akustikgitarre Synchromatic erschien als eine der ersten auf dem Markt.

Rick Nelson
Der Popsänger ist hier mit einer Rickenbacker 390 Archtop- Akustik zu sehen. Neben ihm (sitzend) der Gitarrist James Burton.

Epiphone Frontier FT 110
Ab 1957 wurden die Epiphone-Modelle bei Gibson gebaut. Hier eine Flat-top-Gitarre aus den 60er Jahren mit Stahlsaiten. Zu den teuren Gitarren zählten die Excellente und die Bard. Troubador, Eldorado, Serenader, Texan, Cortez und Cabellero waren preiswertere Modelle.

***Pickguard** Das Frontier-Motiv: Lasso und Kakteen.*

EUROPÄISCHE HERSTELLER

Die europäischen Flat-top-Akustikgitarren folgten dem Muster der amerikanischen Hersteller, denn die von Martin entwickelte unkomplizierte Konstruktion ließ wenig Raum für Innovationen. So haben denn Hersteller aus Deutschland, Großbritannien, Schweden und anderen europäischen Ländern kaum für Überraschungen gesorgt. Neben den hier vorgestellten Firmen sollte noch ein weiterer Hersteller aus Italien erwähnt werden, nämlich Eko. Eko bietet seit den 60er Jahren eine breite Auswahl an recht preisgünstigen Flat-tops an. Für den französischen Hersteller Selmer entwickelte der Italiener Mario Maccaferri eine Akustikgitarre mit einer gesonderten Schallkammer, die dem Instrument ihren unverwechselbaren Klang verlieh. Die Gitarre wurde nur in geringer Stückzahl hergestellt, eine davon spielte Django Reinhardt. Eine weitere Rarität ist die Archtop von Fleta - der Klassikspezialist versuchte sich auch an Jazzgitarren.

1963 Framus 5/98 King
Die King war ein preisgünstes Flat-top-Modell mit Cutaway. Mit der 5/97 Jumbo wurde eine ähnliche Gitarre ohne Cutaway angeboten. Decke aus Kiefer, Boden und Zargen aus Mahagoni.

Hofner 491
Diese Flat-top-Gitarre mit großem Korpus erschien 1966 (auch bekannt unter der Selmer-London-Modellnummer 5154). Decke aus Fichte, Boden und Zargen aus Mahagoni. Es gab das Instrument auch in 12-saitiger Ausführung. Beide Versionen sind am Ende des Griffbretts mit einem Pickup versehen.

1932/3 Selmer Maccaferri (rechts)
Mario Maccaferri war ein "klassisch" geprägter Gitarrenkonstrukteur. Seine Ideen wurden von der französischen Firma Selmer bei einer Serie von Instrumenten in den 30er Jahren umgesetzt. Im Innern des abgebildeten Modells befindet sich eine ungewöhnliche Schallkammer, die das Volumen verstärken und einen weichen Klang erzeugen soll. Anfang der 50er Jahre ging Maccaferri in die USA, wo er neuartige Plastikgitarren baute, die jedoch erfolglos blieben.

Levin Goliath (oben) Zwei schwedische Hersteller seien erwähnt: Hagstrom, bekannt für E-Gitarren, und Levin, bekannt für Flat-top-Akustikgitarren. Die Goliath, ein erschwingliches Instrument, war in den 60er Jahren weit verbreitet.

1970 Levin (rechts) Die US-Firma Martin kaufte Levin in den 70er Jahren auf. Diese Gitarre zeigt bereits deutliche Züge des Martin-Stils. Ende der 70er Jahre stellte Levin den Handel ein.

Akustik B-Bender Mit dem Hebel verändert man die Höhe der H-Saite um ein vorbestimmtes Intervall.

1987 Manson Diese Gitarre, gebaut von Andrew Manson aus Devon, England, ist mit zwei Extras ausgestattet: am Sattel Mansons Slideslammer, der die Saitenlage für das Slideguitar-Spiel anhebt; am Steg ein B-Bender für Pedal-Steel-Effekte, wie er häufig bei der Telecaster (S.69) anzutreffen ist.

Fleta Jazzgitarre Dieses ungewöhnliche Instrument wurde in Barcelona gebaut, von Ignacio Fleta, dem berühmten Hersteller "klassischer" Gitarren. Fleta hat in den 40er Jahren ein wenig mit Archtop- Jazzgitarren experimentiert.

1980 Tom Mates Der britische Hersteller Tom Mates baute diese Gitarre für Dave Pegg (Fairport Convention und Jethro Tull). Intarsien auf Korpus, Griffbrett und Kopf aus Perlmutt und Kunstelfenbein.

Lowden Eine Katalogseite (1990) des Herstellers aus Nordirland.

Akustikgitarren aus Fernost

Die meisten Hersteller in Japan, Korea und Taiwan bauen ihre Akustikgitarren im üblichen Stil des westlichen Designs. Da es tatsächlich sehr wenig Spielraum für Neuerungen auf diesem Gebiet gibt, konzentrieren sich die Hersteller aus Fernost auf die Produktion von Akustikgitarren zu erschwinglichen Preisen.

Auf den Instrumenten tauchen bekannte Firmennamen wie Yamaha, Washburn, Takamine, Aria, Hohner und eine Reihe von Importmarken auf.
Allerdings werden dort bei der Herstellung von Flat-top-Akustikgitarren oft Sperrholzdecken verwendet, die mit der Qualität der Massivholzdecken kaum mithalten können.

DAS OVATION-PRINZIP

Für die Bands der 60er Jahre war die Verstärkung der Akustikgitarre auf der Bühne ein immer wiederkehrendes Problem. Ein Mikrophon vor der Gitarre war ineffizient und ließ dem Spieler kaum Bewegungsfreiheit. Ein E-Gitarren-Pickup in einer Akustikgitarre gab den Originalsound des Instruments nur unbefriedigend wieder.

Ende der 60er Jahre brachte die Ovation Company aus Connecticut, USA, eine Neuerung auf den Markt: die Elektro-Akustikgitarre. Ovation baute einen speziellen 6teiligen Pickup in den Steg ein, der sowohl auf die Saitenschwingung als auch auf die Schwingung der Gitarrendecke reagierte. So entstand über Verstärker ein Klang, der dem der Akustikgitarre besser entsprach. Charles Kaman, Flugzeugingenieur und Gitarrist, gründete die Ovation Company 1966. 1970 kam das Elektro-Akustikmodell Balladeer auf den Markt. Heute steht Ovation beinahe als Synonym für Elektro-Akustik.

1976 Ovation Custom Legend (oben) Standard-Gitarren von Ovation haben eine Holzdecke und einen gewölbten Boden aus Fiberglas.

Korpus *Ursprünglich in Blau, Rot, Beige und Braun angeboten.*

Regler *für Lautstärke; daneben: Ton.*

Schallöcher *in die Intarsien eingearbeitet.*

1990 Ovation Collectors (unten)
Für diese nur in begrenzter Stückzahl gebauten Gitarren wurde bestes Ahorn benutzt. "1990" als Einlage am 12. Bund.

1990 Yamaha APX10
Die Gitarre mit Stereo-Ausgang ist mit einem Transducer im Steg und einem zweiten im Korpus ausgestattet.

Boden und Seite
Die Fiberglasschale der Adamas ist tiefer als die normalen Schalen. Einige Modelle sind mit Flachschalen ausgestattet.

1990 Washburn EA40
Diese japanische Elektro-Akustikgitarre mit Schiebereglern ist als Bühneninstrument bei Rockbands sehr beliebt.

1990 Takamine Ltd-90
Dieses Modell wurde in begrenzter Stückzahl gebaut. Takamine-Gitarren werden heute von Kaman vertrieben.

Griffbrett
Ahornintarsien auf Nußbaum.

Kopf
Schneckenmuster korrespondierend zum Steg.

Elektro-Akustik-Pickup

Die von Ovation entwickelten und heute von vielen Herstellern verwendeten Pickups bezeichnet man als Transducer. Transducer bedeutet Umwandler, eine Vorrichtung also, mit der Energie umgewandelt wird. Somit trifft die Bezeichnung für alle Gitarren-Pickups zu.
Elektro-Akustikgitarren sind mit piezoelektrischen Pickups ausgestattet, deren Kristalle unter mechanischer Belastung Energie erzeugen.
Ovation setzte zwischen Stegsattel und Saiten sechs Kristallelemente, die von oben die Vibration der Saiten aufnehmen und von unten die Vibration der Gitarrendecke. Ein kleiner Vorverstärker im Korpus gibt die Signale an den Ausgang für Verstärker oder Aufnahmegerät weiter.
Der so erzeugte Klang unterscheidet sich deutlich von dem einer normalen E-Gitarre mit Magnet-Pickup. Magnet-Pickups reagieren ausschließlich auf die durch die Vibration der Stahlsaiten erzeugten Veränderungen in ihrem Magnetfeld, während piezoelektrische Pickups auf mechanische Bewegungen reagieren und dadurch über den Verstärker einen Klang mit mehr "akustischem" Charakter produzieren.

1978 Ovation Adamas (oben)
Bei diesem Top-Modell baute Ovation die Verwendung von Kunststoffen weiter aus. Die schichtverleimte Decke besteht aus Kunststoff und Birkenfurnier. 22 kleine Schallöcher ersetzen das übliche Mittelloch.

THINLINE-ELEKTRO-AKUSTIK

Ovations Lösung für die Verstärkung von Akustikgitarren hat sich als sehr erfolgreich erwiesen, obwohl viele Gitarristen behaupten, der verstärkte Sound der Elektro-Akustikgitarren würde den Originalklang der Akustikgitarre nicht exakt reproduzieren.

Schon das "Flachschalen"-Modell von Ovation richtete sich an Spieler, die an Solid-E-Gitarren gewöhnt waren. Doch manche Gitarristen wollten ein Instrument, das den Sound der Elektro-Akustikgitarre mit dem Korpus einer Solid-E-Gitarre kombiniert. Diese Nachfrage versuchten verschiedene Hersteller in den 80er Jahren zu befriedigen. Sie brachten die unterschiedlichsten Kompromißlösungen auf den Markt. Einige wenige sind tatsächlich Solid-E-Gitarren mit einem Steg-Transducer. Der Erfolg der Thinline-Modelle ist auf ihre einfache Handhabung zurückzuführen: Sie werden wie eine normale E-Gitarre angeschlossen und sind in ihrem Stil auf Solid-Body-Spieler zugeschnitten.

1990 Hohner TWP Western (links)
Ein Thinline-Korpus mit Cutaway und Steg-Transducer und mit dem Schalloch einer traditionellen Akustikgitarre.

1989 Kramer Ferrington II KFS2 (rechts)
Das Instrument wurde von Danny Ferrington entworfen. Kramer brachte es 1986 auf den Markt. Außerdem gibt es ein KFT-Modell mit der Form einer Telecaster.

1988 Ibanez Artstar AE200 (unten)
Hier eine Kombination aus Hals-Pickup und Steg-Transducer. Die Korpusschlitze sind nicht sehr dekorativ.

1983 Gibson-Katalog
Dies ist Chet Atkins Klassik-E-Gitarre. Sie wird beschrieben als "nylon string solid body, all classic and all electric, all at the same time".

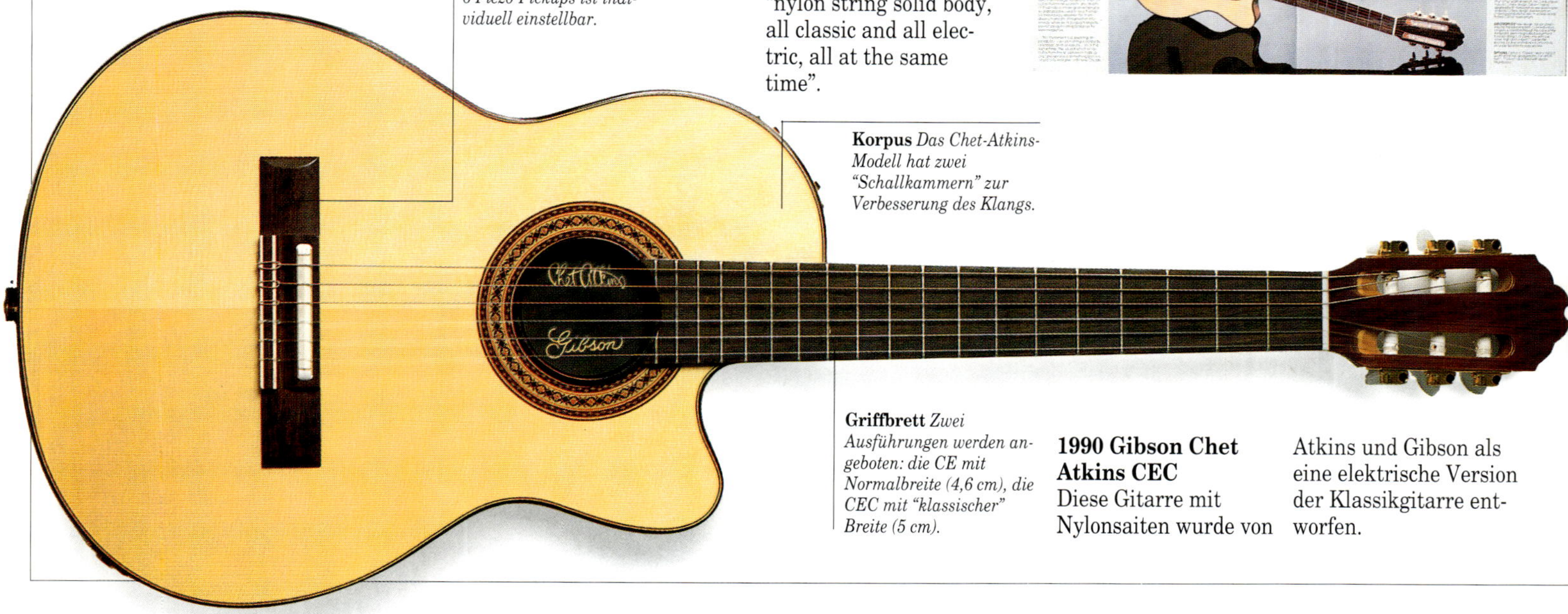

Steg *Die Lautstärke der 6 Piezo-Pickups ist individuell einstellbar.*

Korpus *Das Chet-Atkins-Modell hat zwei "Schallkammern" zur Verbesserung des Klangs.*

Griffbrett *Zwei Ausführungen werden angeboten: die CE mit Normalbreite (4,6 cm), die CEC mit "klassischer" Breite (5 cm).*

1990 Gibson Chet Atkins CEC
Diese Gitarre mit Nylonsaiten wurde von Atkins und Gibson als eine elektrische Version der Klassikgitarre entworfen.

Chet Atkins
Die Abbildung stammt aus einem Gibson-Katalog und zeigt den bekannten Gitarristen mit dem von ihm entwickelten Instrument.

1990 Shadow SHP1 (links)
Dieses in Deutschland hergestellte Solid-Body-Modell hat einen im Steg eingebauten Transducer.

Steg/Saitenhalter *Jeder Sattel ist mit einem Transducer bestückt.*

1990 Washburn SBT21 (rechts)
Wie bei der Godin bedarf es eines zweiten Blicks, um die Piezo-Elemente auf dem Steg dieser Washburn zu entdecken.

1989 Godin L R Baggs (rechts)
Bei dieser kanadischen Hohlkorpus-Gitarre befindet sich unter dem Steg ein dreiteiliger Transducer.

Schieberegler *für Lautstärke, Baß, Mitten und Treble.*

1990 Gibson Chet Atkins SST
Diese Stahlsaiten-Version mit Reglern auf dem Korpus erschien 1987. Später folgte ein 12saitiges Modell.

Steg *Die Saiten werden von unten durch den Steg gezogen und somit verankert.*

Korpus *Fichtendecke, Boden und Zargen aus Mahagoni.*

Lautstärke

Bevor Ovation die piezoelektrischen Steg-Pickups entwickelte, boten Gitarrenhersteller Flat-top-Akustikmodelle mit Magnet-Pickups im Schalloch an. Bei einigen dieser Gitarren befanden sich die Regler auf dem Korpus (z.B. Gibson J160E, s.S. 39). Magnet-Pickups erhalten den Klang der Akustikgitarre bei der Wiedergabe über den Verstärker praktisch überhaupt nicht. So haben manche Musiker und Toningenieure zusätzlich ein Mikrophon vor der Gitarre installiert, um einen Teil der Tonqualität zurückzuholen. Immer noch experimentieren Musiker auf der Suche nach dem offenbar undefinierbaren Klang einer perfekt verstärkten Akustikgitarre. Manche befestigen innen oder außen am Korpus piezo-elektrische Transducer-"Wanzen", die durch Kabel mit einer Buchse im Korpus verbunden sind oder auch nur einen Leitungsdraht zum Kontaktpunkt haben. Es gibt auch Gitarristen, die verschiedene Methoden kombinieren. Und während viele mit Ovation-Gitarren und Thinline-Modellen glücklich sind, vertreten manche Gitarristen die Meinung, keins dieser Instrumente gleiche wirklich einer Akustikgitarre.

RESONATOR-GITARREN

Auf die Nachfrage nach lauteren Gitarren reagierten die meisten Hersteller in den 20er und 30er Jahren, indem sie Instrumente mit größerem Korpus bauten oder mit Verstärkern experimentierten. Eine wirkungsvolle Lösung kam mit den "ampliphonic resonator"-Gitarren auf den Markt, die in Kalifornien (später in Chicago) hergestellt wurden und allgemein als Dobros bekannt sind. Dobro und National sind die Markennamen dieser Instrumente, deren Korpus mit Resonanzkegeln aus Aluminium versehen ist. Diese Resonatoren, oft in Verbindung mit einem Metallkorpus, verleihen der Gitarre ihren ausgesprochen lauten Klang. Während Dobro-Modelle meist mit Holzkorpus gebaut wurden, bot National seine Modelle mit Metallkorpus an. Preiswerte Resonator-Gitarren waren besonders bei Bluesmusikern beliebt. Modelle mit flachem Hals eigneten sich zum Lap-Steel oder Hawaiigitarren-Spiel. Heute sind die frühen Modelle äußerst begehrte Objekte bei Sammlern.

National Style 0 (rechts)
Style 0 ist Nationals bekannteste Resonator-Gitarre. Dieses Modell entstand Anfang der 30er Jahre. Das Hawaiimotiv auf Decke und Boden entspricht der Musik, für die diese Instrumente geschaffen wurden.

Kopf *Das geschlitzte Brett wurde später von einem massiven abgelöst.*

Hals *Bei den frühen Style 0 war der 12. Bund am Korpusrand, ab 1934 der 14. Bund.*

Schallöcher *Die Style 0 ist mit F-Löchern ausgestattet, andere haben runde Löcher.*

Teller *Siebabdeckung verhüllt den Resonator.*

Saitenhalter *Diese Form wurde bei fast allen Dobro- und National-Resonator-Gitarren verwendet.*

Dobro
Dobro ging aus der National Company hervor, mit der sie sich Anfang der 30er Jahre wieder zusammenschloß. Außerdem wurden Dobros in Lizenz bei Regal in Chicago hergestellt. Die meisten Resonator-Gitarren haben einen Holzkorpus, Schallöcher sind oft mit Siebabdeckungen versehen.

Resonator *Der schüsselförmige Resonator, bei der Dobro abgedeckt, ist mit einer sechsbeinigen "Spinne" an der Brücke befestigt.*

Einzel-Resonator
Um den Resonator zu zeigen, wurde die Abdeckung bei dieser Style 0 entfernt. Ein Verbindungsstück zwischen Steg und Resonator überträgt die Vibration der Saiten, so daß der Klang wie über einen Lautsprecher verstärkt wird.

Boden und Seite
Der Boden ist mit attraktiven Sandstrahlornamenten verziert. Diese Style 0 mit konventionellem Rundhalsprofil wird als normale Gitarre gespielt, im Gegensatz zur Triplate (S. 49).

Mosrite D100 Californian
Semie Moselely erwarb in den 60er Jahren die Rechte zur Herstellung von Dobro-Gitarren. Das Ergebnis war z.B. diese Thinline-E-Gitarre mit Einzel-Resonator. (Es gab sie auch 12saitig und als Baß-Version.)

1965 Melphonic
Die Valco Company in Chicago baute National-Gitarren von 1940 bis ca. 1960. Dieses Modell mit Plastikkorpus erschien unter mehreren Markennamen, mit National- oder Supro-Logo.

1950 National Resophonic (links)
Dieses von Valco hergestellte National-Modell hat einen plastikummantelten Holzkorpus. Mit Cutaway und kurzem Hals war es ein Instrument, das sich besonders an Anfänger richtete.

National Tri-Plate Model 35
Die ersten National-Resonator-Gitarren kamen 1927 auf den Markt und wurden in diesem Tri-Plate-Design gebaut. Im Korpus befinden sich drei Resonatoren. Typisch für dieses Design ist die große T-Stütze auf der dreieckigen Abdeckung.

Schallöcher *mit ungewöhnlichem Gittermuster.*

Abdeckung *Durch das Gitter sind die drei Resonatoren sichtbar.*

Firmengeschichte

Der Name Dobro ist auf die Erfinder zurückzuführen, fünf tschecheslowakische Einwanderer - die DOpyera BROthers. Sie begannen 1927 mit dem Gitarrenbau 1927 bei National. John, Rudy und Ed gründeten 1929 die Dobro Company, wo sie "Spinnen"-Resonator-Gitarren herstellten. 1932 schlossen Dobro und National sich wieder zusammen, um sich wenige Jahre später erneut zu trennen. Dobros wurden ab 1934 in Lizenz bei Regal in Chicago gebaut. Mosrite in Kalifornien erwarb 1965 das Recht, den Namen Dobro zu benutzen. 1967 gründete schließlich Ed Dopyeras Sohn Emil die Original Musical Instrument Company (OMI), wo er bis 1985 Resonator-Gitarren herstellte. Dann wurde die Firma verkauft.

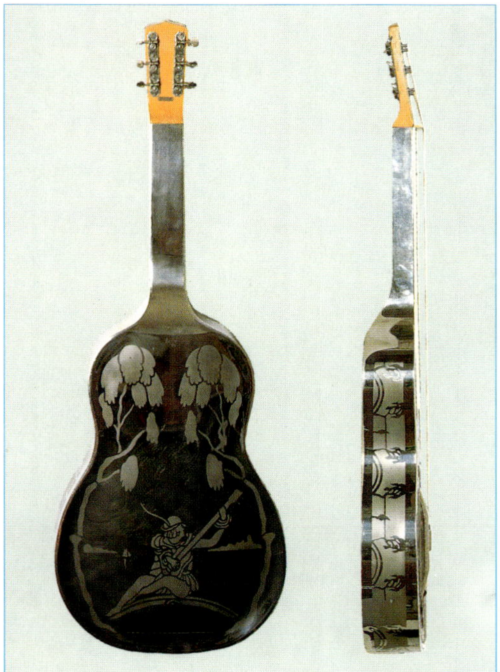

Boden und Seite
Das Motiv auf dem Boden zeigt einen Renaissance-Musiker mit einer ungewöhnlichen Resonator-Gitarre. Dieses Instrument hat, wie viele Tri-Plates, ein rechteckiges Halsprofil und kann somit als Lap Steel gespielt werden.

Tripel-Resonator
Unter der Abdeckung der Style 1 Tri-Plate kommen drei Resonatoren zum Vorschein. Die Brücke bewegt die T-Strebe, die ihrerseits die Resonatoren in Schwingung versetzt. Auf diese Weise wird der Klang verstärkt.

LAP STEELS UND PEDAL STEELS

Die Steel Guitar wird waagerecht auf dem Schoß gespielt oder auf einem mit Pedalen ausgerüsteten Gestell. Die über den Gitarrenhals laufenden Saiten werden durch eine Metallröhre (Bottleneck) "gegriffen", die der Spieler in der Hand hält. Mit der anderen Hand zupft er die Saiten. Üblicherweise trägt er an den Fingern und Daumen "Fingerpicks", mit denen der harte, aggressive Klang erzeugt wird.

Dieser Gitarrentyp wurde Ende des 19. Jahrhunderts auf Hawaii entwickelt und hatte bei den dortigen Musikern durch den von der Metallröhre und den verschiedenen offenen Stimmungen erzeugten gleitenden Sound großen Erfolg. Verantwortlich für diese Erfindung sind drei Hawaii-Musiker: James Hoa, Gabriel Davion und Joseph Kekuku. So behauptet zumindest George S. Kanahele in seinem Buch "Hawaiian Music and Musicians: An Illustrated History". Er nimmt an, daß sie die Technik unabhängig voneinander entdeckt haben. Nach seinem Ursprungsort wird das Instrument auch als Hawaiigitarre oder Slideguitar bezeichnet. Lap Steels erfreuten sich in den USA während der 20er und 30er Jahre größerer Beliebtheit als die normale "spanische" Gitarre.

Pickups *Hier sind es Sho-Bud dual-coils, die bei manchen Instrumenten später durch George L-Pickups ersetzt wurden.*

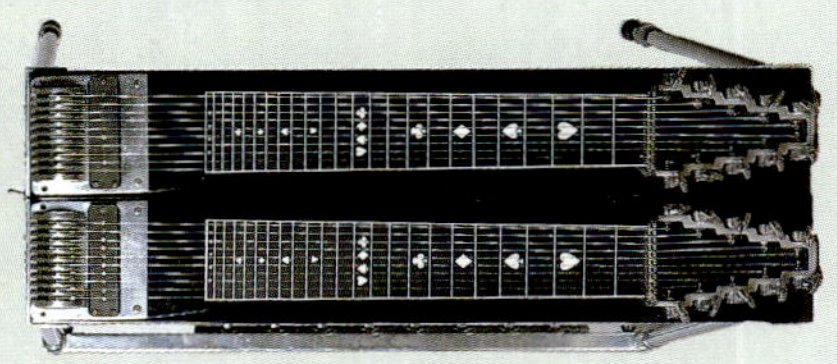

Draufsicht
Der hintere Hals ist meist auf E9 gestimmt, der vordere auf C6. Jeder Hals ist mit 10 Saiten ausgestattet, seltener mit 8, 12 oder 14.

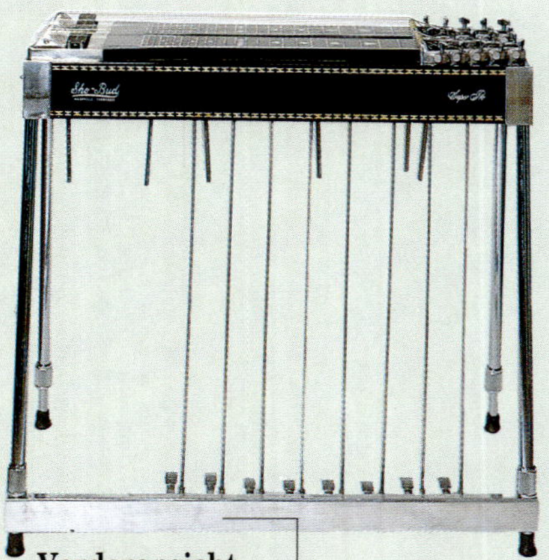

Vorderansicht
Die Sho-Bud hat einen Holzkorpus mit starrem Metallrahmen.

Logo *Das Firmenzeichen befindet sich auf der Vorderseite.*

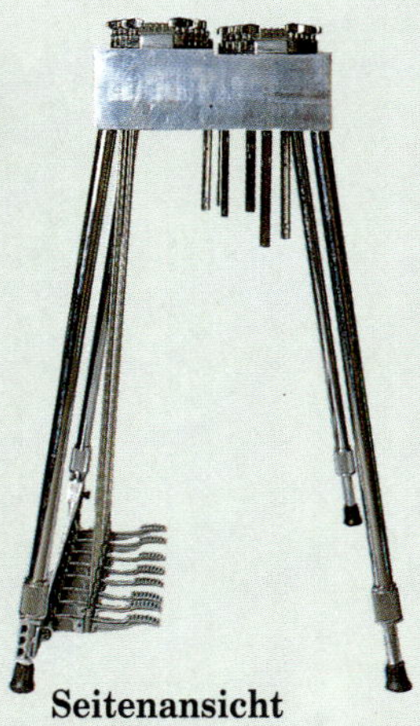

Seitenansicht
Diese Ansicht verdeutlicht die Anordnung der Pedalen und Kniehebel.

Pedal Steel

Ein wesentliches Merkmal der Steel Guitars ist die Verwendung offener Stimmungen. Um die Stimmung übergangslos wechseln zu können, benutzten die Gitarristen auch Doppelhalsgitarren. In den 40er Jahren fügten Hersteller wie Bigsby Stimmpedale hinzu. Mit Hilfe von Pedalen konnte der Spieler die Stimmung wechseln, wie er den Gitarrenhals wechselte. Der Gedanke, über die Pedale die Stimmung während des Spiels zu wechseln, entstand erst später. Dieser "schleifende" Sound tauchte wohl zum ersten Mal in dem Stück *Slowly* von Webb Pierce auf (1954, gespielt von Bud Isaacs). Für eine noch größere Vielfalt wurden Kniehebel hinzugefügt.

Sho-Bud Super Pro
Shot Jackson und Buddy Emmons gründeten Sho-Bud in den 50er Jahren in den USA. Noch heute werden bei Sho-Bud Pedal Steels im Design der 50er Jahre hergestellt. Ende der 50er Jahre gründete Buddy die Emmons Company, die ebenfalls noch heute besteht.

Mechanik *Die offene Stimmung ist meist hier einstellbar.*

Action *Die Saitenlage ist extrem hoch eingestellt.*

Stäbe *Sie stellen die Verbindung zum Stimmwechselmechanismus her.*

Pedal *Ein Doppelhalsinstrument ist mit acht Pedalen zur Veränderung der Saitenstimmung ausgestattet, drei bedienen den E9- Hals und fünf den C6-Hals.*

Rickenbacker Electro Model B Diese Steel Guitar aus Bakelit erschien Mitte der 30er Jahre und wurde in verschiedenen Versionen bis in die 70er Jahre hergestellt. Hier ein Instrument aus den 50er Jahren mit Ton- und Lautstärkeregler und "Hufeisen"-Pickup.

Korpus *Bei der Silver Hawaiian aus verchromtem Messing.*

Rickenbacker Electro Silver Hawaiian (unten) Rickenbackers Steel Guitar kam Ende der 30er Jahre auf den Markt. Sie blieb ein Jahrzehnt lang im Programm.

Rollensattel *unterstützt die Stimmstabilität der Saiten.*

Changer *Jeder Hals ist mit einem Zehn-"Finger"-Wechsler versehen. Bei Pedalbewegung verändern die Finger die Saitenspannung und damit die Stimmung.*

Kniehebel *Diese Super Pro hat sechs Kniehebel (Standard sind vier), die ähnlich arbeiten wie die Pedale.*

Beine *Individuell verstellbar.*

Lap Steel

Die ersten Lap Steels waren "spanische" Gitarren, die auf dem Schoß gespielt wurden. Doch bald veränderten Musiker und Gitarrenbauer das Instrument. Durch einen hohen Sattel wurden die Saiten höher gelegt, damit der Gegenstand, mit dem man über die Saiten strich, die Bünde nicht berührte. In den 30er Jahren tauchte der Wunsch nach lauteren Lap Steels auf. Man benutzte Resonator-Gitarren (S. 48) oder sogar Weissenborns laute Akustik-Steel-Guitar mit hohlem Hals. Wenig später wurden die ersten Elektrik-Lap-Steels gebaut, die allererste war Rickenbackers "Frying Pan" (S. 54). Oben abgebildet sind zwei Rickenbacker-Modelle und unten einige Elektrik-Lap-Steels anderer US-Hersteller.

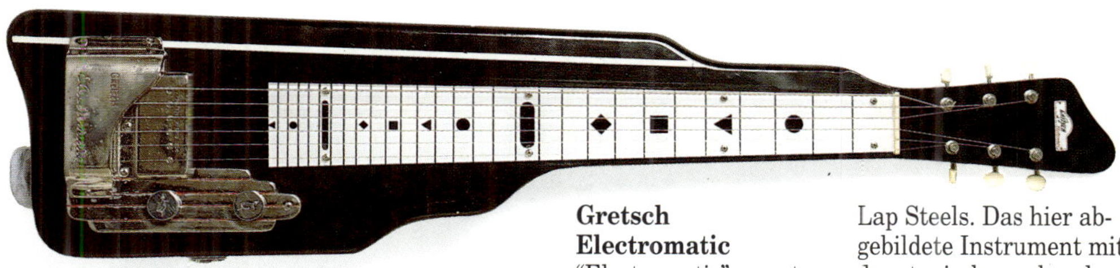

Gretsch Electromatic "Electromatic" nannte Gretsch einige seiner elektrisch verstärkten Lap Steels. Das hier abgebildete Instrument mit dem typischen schmalen Korpus wurde Ende der 40er Jahre gebaut.

1930 Gibson EH150 (oben) Nach Aussage von Andre Duchossoir in seinem Buch "Gibson Electrics" war dieses Modell Gibsons erste elektrische Gitarre. Sie erschien 1935, kurz vor der "Electric Spanish" ES150 (S. 56).

Pickup *Modell "Charlie Christian".*

Korpus *Herrlich gemaserte Ahorndecke.*

1930 Gibson Double Neck Electric Hawaiian (rechts) Dieses Modell war eigentlich eine doppelhalsige EH150. Die 150 gab es mit 6 bzw. 7 Saiten. Die Double Neck wurde mit 6, 7 oder 8 Saiten pro Hals angeboten.

FENDER
PAT. PEND.

"In den USA
erfanden Gitarrenbauer
in den 30er und 40er Jahren
das bedeutendste
Musikinstrument
des 20. Jahrhunderts,
die E-Gitarre."

PIONIERE

1987 FENDER US VINTAGE 52 TELECASTER, Fender A&R Centre.

DIE ENTSTEHUNG DER E-GITARRE

Die elektrische Gitarre hat niemand erfunden, sie ist vielmehr aus einer Reihe von Experimenten und der Zusammenarbeit zwischen Musikern, Herstellern und Ingenieuren hervorgegangen. Sie alle waren bemüht, eine Gitarre zu bauen, die lauter war als die Akustikgitarre und trotzdem deren Klangqualität aufwies. Zunächst versuchte man, dieses Ziel mit mechanischen Methoden zu erreichen. Das bekannteste Beispiel ist die Resonator-Gitarre (S. 48-49). Allmählich kristallisierte sich die praktikabelste Lösung heraus: Verstärkung durch elektromagnetische Pickups. Rickenbacker setzte als erster diese Methode in die Praxis um, und zwar bei seinen Hawaiigitarren. Die mit Pickups ausgestatteten Instrumente waren seit Ende des 1. Weltkriegs in den USA äußerst populär.
Dann wurde auch die "spanische" Gitarre, ein anderer Ausdruck für die damals wenig populäre "normale" Gitarre, elektrisch verstärkt. Wenig später ersetzte eine Handvoll weitsichtiger Hersteller - darunter Les Paul, Paul Bigsby, Merle Travis und Leo Fender - den traditionellen Hohlkorpus durch eine massive Konstruktion, genannt Solid-Body. Das reduzierte die durch den Korpus hervorgerufenen Beeinträchtigungen des Klangs und vereinfachte die Herstellung. Damit ebneten sie den Weg für die moderne E-Gitarre, wie wir sie heute kennen.

Adolph Rickenbacker
Der Begründer der Firma wurde um 1890 in der Schweiz geboren. Als junger Mann wanderte er in die USA aus und ließ sich in Los Angeles nieder. Durch seine Verbindungen zu Gitarrenbauern erwachte sein Interesse an der Herstellung von Musikinstrumenten. Die heutige Rickenbacker Company entstand, als Adolph 1953 sein Geschäft an den kalifornischen Geschäftsmann Francis Hall verkaufte. Adolph Rickenbacker starb 1976.

Ausgang *Ein 2adriges Kabel wird an diese Gewindeklemmen angeschlossen.*

Body und Hals *Bei diesem Prototyp aus Ahorn, Produktionsmodelle aus Aluminium.*

Pickup *Zwei Hufeisenmagnete und eine Spule unter den Saiten.*

Bünde *Der massive Ahornhals hat 25 Metallbünde. Bei einer Hawaiigitarre markieren sie nur die Position.*

Rickenbacker und die Elektrik-Gitarre

Der Name Rickenbacker wird oft genannt, wenn Gitarrenhistoriker versuchen, die Erfindung der E-Gitarre einer einzelnen Firma oder Person zuzuschreiben.

Drei Instrumente aus Rickenbackers Produktion sind für das Anfangsstadium der elektrischen Gitarre von besonderer Bedeutung: Die "Frying Pan" gehörte zu den ersten elektrischen Hawaiigitarren, die "Electro Spanish" verdient den Titel "Erste Elektrik-Akustikgitarre", und die "Rickenbacker Electro Model B" kann mit Recht die erste Solid-Body-E-Gitarre genannt werden.

1925 hatte Adolph Rickenbacker, ein Werkzeugmacher aus der Schweiz, in Kalifornien die Rickenbacker Manufacturing Company gegründet. Nachdem er George Beauchamp kennengelernt hatte, stellte er für die National-Resonator-Gitarren Metallteile her (s.S. 48). Beauchamp, Gitarrist und offensichtlich auch Erfinder, hatte mit den Dopyera-Brüdern die Idee des Resonators für die Gitarre umgesetzt. (Das Ausmaß dieser Zusammenarbeit ist einer der vielen Streitpunkte, die die Geschichte von National, Dobro und Rickenbacker verdunkeln.) Bei Resonator-Gitarren sollte mit mechanischen Mitteln ein lauter und brillanter Klang erzielt werden.

George Beauchamp spielte mit einem anderen Gedanken, um dieses Ziel zu erreichen: elektrische Verstärkung. Gemeinsam mit Paul Barth, einem Neffen von John Dopyera, verwirklichte er diese Idee Anfang der 30er Jahre und baute den Prototyp einer elektrischen Hawaiigitarre. Das Holzinstrument hatte einen langen Hals und einen runden Korpus, in dem sich ein großer Pickup mit Hufeisenmagnet befand. In Anspielung auf ihre Form erhielt die Gitarre ihren berühmten Spitznamen "Frying Pan", zu deutsch: Bratpfanne.

Perry Botkin
Der Gitarrist ist hier mit einer Rickenbacker Vibrola Spanish abgebildet. Das schwere Instrument war nur im Sitzen spielbar, da es mit motorbetriebenen Rollen versehen war, die über den Steg den hellen Vibrato-Effekt erzeugten.

Die Frying Pan

Die Frying Pan war die erste Gitarre mit eingebautem elektromagnetischem Pickup. Zwei große Hufeisenmagneten umgaben die Saiten, unter denen sich eine Spule befand.

Der elektromagnetische Pickup arbeitet nach einem relativ einfachen Prinzip. Wird ein Magnetfeld durch die Vibration der Metallsaiten gestört, so wird in der Spule, die sich innerhalb des Feldes befindet, eine Spannung induziert. Die Spule erzeugt entsprechende elektrische Signale, die über den Verstärker an den Lautsprecher weitergegeben werden.

Um den Prototyp Frying Pan in die serienmäßige Produktion umzusetzen, gründeten Beauchamp, Rickenbacker und Barth 1932 die Ro-Pat-In Company. Das Instrument wurde aus Gußaluminium hergestellt und kam in zwei Versionen auf den Markt - die A22 und die A25 mit längerer Mensur.

Die Ro-Pat-In Company wurde bald in Electro String Instrument Corporation umbenannt, und die Gitarren erhielten 1934 den Namen Rickenbacker Electro. Teilweise taucht auch die Schreibweise "Rickenbacher" mit h auf, was auf einen Druckfehler bei der Herstellung der Namensschilder zurückzuführen ist.

Anfangs ließ sich die Frying Pan nicht gut verkaufen. Das Aluminium beeinträchtigte offenbar die Stimmstabilität. Den gewünschten Erfolg brachte schließlich Mitte der 30er Jahre eine Serie von elektrischen Gitarren, die aus Stahl oder Bakelit hergestellt waren (s.S. 50: Rickenbacker Electro Model B).

1930 Rickenbacker Electro Spanish
Dieses Modell war eine der ersten Elektrik-Akustikgitarren. Die Electro Spanish ist mit dem Hufeisenmagneten der Frying Pan ausgestattet. Der Hohlkorpus ist mit F-Löchern versehen. (Wahrscheinlich ist der Korpus bei Harmony in Chicago hergestellt worden.) Auffallend die achteckigen Knöpfe für Ton- und Lautstärkereglung sowie die vorn unter den Reglern montierte Klinkenbuchse.

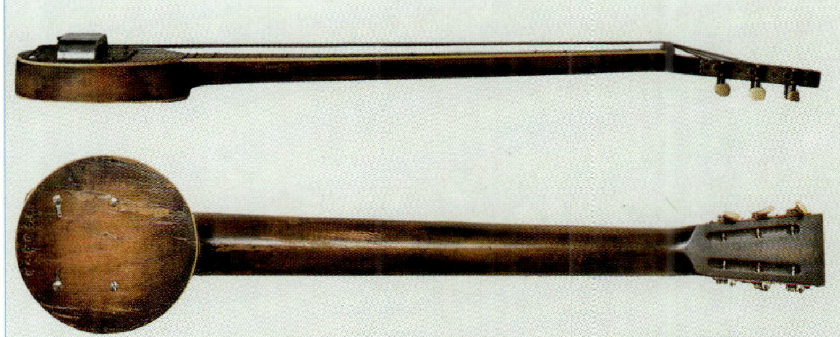

Boden und Seite
Dieser Prototyp der Frying Pan wurde in einem Stück aus massivem Ahorn hergestellt. Die Seitenansicht zeigt deutlich die höhergelegten Saiten.

1931 "Frying Pan"
Eine der ersten elektrischen Gitarren, entwickelt von George Beauchamp, Paul Barth und Harry Watson, befindet sich heute im Rickenbacker Museum in Santa Ana, Kalifornien.

GIBSONS ERSTE E-GITARRE

Manche Gitarristen der 30er Jahre wünschten sich mehr Lautstärke. Einige griffen sogar zum Banjo, besonders bei Studioaufnahmen, denn dieses Instrument besaß einen durchdringenderen Klang als die Gitarre. Deshalb begannen die Hersteller, trotz der überwältigenden Popularität der Hawaiigitarre, mit Elektrik-Akustikgitarren zu experimentieren, also mit traditionell geformten Akustikgitarren, deren Korpus jedoch mit Pickup und dazugehörigen Reglern ausgestattet war. Rickenbacker brachte mit der Electro Spanish um 1932 eine Elektrik-Akustikgitarre auf den Markt. Andere Modelle wurden von Dobro und National angeboten. Gibson folgte dieser neuen Entwicklung und brachte Mitte der 30er Jahre die ES150 auf den Markt.

1937 Gibson-Katalog In diesem Katalog preist Gibson sein neues "elektrisches" Instrument als "ein weiteres Gitarrenwunder von Gibson" an. Die Abbildung zeigt die ES150 mit dazugehörigem Verstärker. Rechts daneben sieht man einige damals bekannte Hawaiigitarristen.

Finish *Die ES150 wurde in Braun mit Sunburst-Finish angeboten.*

F-Löcher *Bei der ES150 sind sie auffallend lang und schmal.*

Kopf *Die ES300 erschien als erstes Modell mit Kroneneinlage, die später zum Markenzeichen wurde.*

Bundmarkierer *Hier in der zweiteiligen Winkelform.*

1940 ES300
Dieses Modell erschien ca. 1941 als eine der ersten Gitarren mit diagonal montiertem Pickup. Durch die Schräglage sollten die Treble-Töne empfindlicher übertragen werden. Zehn Jahre später übernahm Fender das Design für seine ersten Solid-E-Gitarren. In dieser Form wurde die 300 nur kurze Zeit angeboten. Ab 1945 kamen Versionen mit traditionellem Pickup auf den Markt und blieben bis 1952 im Programm.

Pickup *Single-coil Pickup mit einstellbaren Polen.*

Seite und Boden
Die Rückansicht zeigt deutlich die damals übliche V-Form des Mahagonihalses. Die Klinkenbuchse befindet sich unterhalb des Tragbandknopfs.

1937 ES150 (unten links)
Mitte der 30er Jahre bot Gibson seine erste elektrische Gitarre an. Die Ausführung der ES150 basiert auf dem Design der preiswerten L50 Akustikgitarre, mit einfachem Saitenhalter und sparsamen Griffbretteinlagen. Der Pickup mit Stabmagnet wurde um 1940 durch die gebräuchlichere rechteckige Form ersetzt. Auffällig sind das lange Pickguard und die Ton- und Lautstärkeregler aus Bakelit mit Markierungspfeilen. Nach dem 2. Weltkrieg wurde die ES150 bis 1956 mit größerem Korpus angeboten.

Pickup *Dieser Pickup, auch bekannt als Charlie-Christian-Pickup (der Gitarrist spielte die ES150), hat zwei Stabmagneten, die mit drei Schrauben unter der Decke befestigt sind.*

Charlie Christian (1916-42)
Gemeinsam mit Benny Goodman kreierte Christian den Stil für elektrische Jazzgitarren.

Lloyd Loar bei Gibson

Die ES150 war höchstwahrscheinlich nicht das erste elektrische Instrument, das bei Gibson gebaut wurde. Es gibt Hinweise darauf, daß schon Lloyd Loar mit Pickups und Verstärkern experimentierte, als er zwischen 1919 und 1924 bei Gibson beschäftigt war. In der von Gibson 1973 veröffentlichten "Gibson Story" erschien ein Foto, das einen von Loar gebauten elektrischen Doppel-Baß zeigt. Loar gründete 1933 die Vive-Tone Company, allerdings mit wenig Erfolg. Seine ausgesprochen seltsamen Modelle, darunter auch eine Solid-Body-E-Gitarre fanden keinen nennenswerten Absatz.

LES PAULS "LOG"

Die Erfindungen Les Pauls trugen wesentlich zum modernen Musiksound bei. Das bekannteste Beispiel ist die Gibson Les Paul Solid-E-Gitarre, die 1952 erschien (s.S. 63, 80-85). Doch seine Experimente begannen sehr viel früher. Schon als Zwölfjähriger verstärkte Les Paul eine Gitarre. Als er die Leute an einem Hamburger-Stand mit seinem Gitarrespiel unterhielt, beschwerten sich einige darüber, daß sie ihn nicht hören konnten. Also baute er den Tonabnehmer eines Plattenspielers in seine Akustikgitarre ein. Unter die Saiten schob er die Sprechmuschel eines Telefonhörers und verdrahtete beides mit dem Radio seiner Eltern, das so als Verstärker arbeitete.

Die Idee war geboren. Les begann über die Konstruktion einer E-Gitarre mit massivem Korpus nachzudenken. Er wollte ein Instrument bauen, das Tonqualität und Sustain unverfälscht verstärkt. Nach einer Reihe von Experimenten baute er Ende der 30er Jahre den Prototyp einer Solid-E-Gitarre, genannt "The Log" (Holzklotz). 1941 stellte er seine Erfindung Gibson vor. "Sie haben mich ausgelacht", erinnerte er sich 1989 an Gibsons spontane Reaktion. "Besenstiel mit Pickups", nannten sie die Erfindung.

Mittelstück *10 x 10 cm großes, massives Stück aus Kiefernholz.*

Seiten *Die Seitenteile stammen von einer Epiphone-Gitarre.*

Regler *Lautstärke- und Tonregler. Niemand kann sich heute erinnern, welche Funktion das "Loch" haben sollte.*

Vibrato *Der grobe Metallstab wurde nach 1942 hinzugefügt.*

Pickups *Die Abdeckungen wurden einer alten Uhr entnommen und farblich angepaßt.*

Löcher *Les Paul hatte das Mittelstück durch eine Zelluloidplatte geschützt.*

Seite und Boden
Der schwarze Holzklotz verbindet das Mittelstück mit dem Hals. Fichtendecke und -zargen stammen von einer Epiphone-Gitarre.

Der Sperrholzboden wurde einfach aufgeschraubt. Die Seitenansicht zeigt, daß der Steg aus einem Stahldübel hergestellt ist.

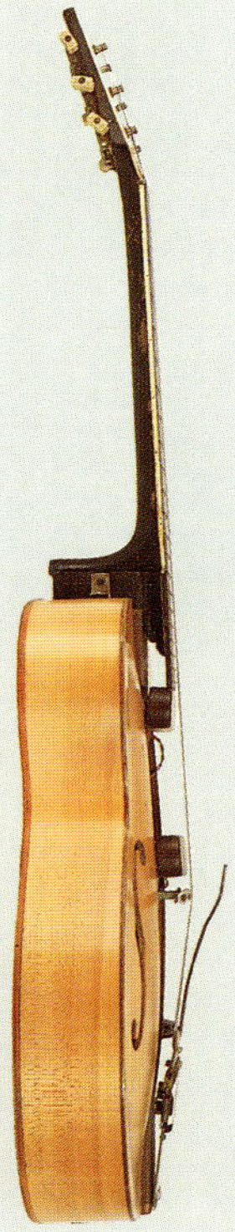

Les Paul: Musiker und Erfinder

Lester William Polfus wurde 1916 in Waukesha, 20 Meilen von Milwaukee, Wisconsin, geboren. Seine Erfindungen hatten dauerhafte Auswirkungen auf die heutige E-Gitarre und die modernen Techniken in den Aufnahmestudios. Als Teenager nannte Lester sich "Rhubarb Red" und "The Wizard from Waukesha", Pseudonyme für den jungen Gitarristen, der Country und

Les Paul & Mary Ford

Rhythm 'n' Blues spielte. "Red" ging nach Springfield, Missouri, dann nach Chicago und weiter nach New York, wo sein Trio Ende 1938 in der Fred Warin Radio Show auftrat. Zu dieser Zeit nahm "Red" einen neuen Namen an: Les Paul, und das Les Paul Trio ging für mehrere Jahre zwischen Ost- und Westküste auf Tournee. Während des 2. Weltkriegs spielte Les Paul mit verschiedenen Gruppen für einen Armeesender. Sein Freund aus dieser Zeit, Bing Crosby, brachte ihn 1945 zu Decca Records. Einige Jahre später wechselte Les Paul zu Capitol Records, wo er von 1947 bis 1959 seine bedeutendsten Aufnahmen machte, sowohl Instrumentalaufnahmen als auch Aufnahmen mit Gesangsbegleitung mit seiner Freundin Mary Ford, die er 1949 heiratete.
Les entwickelte eine neue Aufnahmetechnik. Man nahm zunächst mit einem Gerät auf, übertrug die Aufnahme dann auf ein zweites und fügte gleichzeitig neue Teile hinzu. Manchmal variierte Les die Aufnahmegeschwindigkeit und spielte auf diese Weise unglaublich hohe und schnelle Gitarrenpassagen ein. Dieser Vorgang konnte beliebig oft wiederholt werden.
Nachdem er anfänglich Schallplattenaufnahmegeräte benutzt hatte, ging er bald zu Tonbandgeräten über und machte eine weitere wichtige Erfindung: das mehrspurige Tonbandgerät. Er schuf damit die Grundlage der modernen Aufnahmetechnik.
Als Les Paul Anfang der 40er Jahre mit seiner Solid-E-Gitarre "Log", die er an Wochenenden bei Epiphone in New Jersey zusammengebaut hatte, zu Gibson kam, wurde er ausgelacht. Les ging nach Kalifornien, wo er andere Gitarristen und Erfinder traf, die sich für die Idee einer Solid-E-Gitarre interessierten, darunter der Countrymusiker Merle Travis, der Mechanikspezialist Paul A. Bigsby und der Radiomechaniker Leo Fender. Als Fender um 1950 seine revolutionäre Massenproduktion der Solid-E-Gitarre aufnahm, wurde Gibson hellhörig und entschied, er könne nun den "Besenstiel mit Pickups", wie er die Log genannt hatte, doch gebrauchen. (Zur Geschichte der Gibson Les Paul s.S. 63.)

Hals *Er stammt von einer Gitarre der Gibson-L-Serie.*

Mechaniken *Sie stammen von einem Epiphone-Modell.*

1939-41 Die Log
Les Pauls Prototyp der Solid-E-Gitarre befindet sich heute in der Country Music Hall of Fame in Nashville.
Mit diesem Instrument ging Paul Anfang der 40er Jahre zu Gibson, ein zunächst erfolgloser Versuch, eine Solid-E-Gitarre bauen zu lassen.

Floating Pickups
Während der 30er und 40er Jahre wurden Pickups und Regler im Pickguard installiert. Sie "schwebten" frei über der Decke, um den Klangcharakter so wenig wie möglich zu beeinträchtigen.
Das verbreitete DeArmond-Modell (links) mit verschiebbarem Pickup wurde später bei der "Ted McCarty" (rechts) von Gibson übernommen.

Die Solid-Body-E-Gitarre

Ende der 30er Jahre entstand die Idee einer E-Gitarre mit massivem Korpus. Man wandte sich von den Konstruktionsprinzipien der Akustikgitarre ab und installierte Saiten und Pickups auf einen Massivkorpus, um einen reinen verstärkten Ton zu erzielen.
Rickenbacker brachte eine der ersten Solid-Body-E-Gitarren schon 1935 auf den Markt. Es handelte sich dabei um die "Normal"-Version der Model B, die aus Bakelit hergestellt war. Die Vibrola Spanish erschien 1937, doch ihr motorbetriebenes Vibrato-System machte sie so schwer, daß sie nur sitzend direkt neben dem Verstärker gespielt werden konnte. Erst 1950 war die Entwicklung so weit fortgeschritten, daß akzeptable Solid-Body-E-Gitarren im Handel erhältlich waren.

DIE BIGSBY / TRAVIS-GITARRE

Paul Bigsbys Gitarre, entworfen von Merle Travis und 1947 oder '48 gebaut, war nie so erfolgreich wie die späteren Solid-E-Gitarren von Fender (s.S. 62-63), doch historisch gesehen ist sie von großer Bedeutung. Sie sah der modernen Solid-E-Gitarre ähnlicher als alles, was vorher entwickelt wurde.
Der Countrymusiker Travis und der Mechaniker Bigsby schlossen sich zusammen und brachten ein erstaunlich verändertes Design hervor. In "Guitar World" erklärte Travis 1980, er habe ein Instrument bauen wollen, bei dem sich die Mechaniken auf einer Seite befanden. "Es ärgerte mich, daß ich für die erste, zweite und dritte Saite nach unten greifen mußte." Noch wichtiger war ihm der Korpus, er sollte "dünn und massiv sein. So wird sie wie eine Steel Guitar klingen."

"Short-plate" I
Ohne Spannstab

"Short-plate" II
Mit Spannstab

"Horseshoe"
Verschiedene Varianten des Bigsby-Vibrato-Systems. Dieses "Hufeisenmodell" ist für Solid-Gitarren geeignet.

"Gretsch by Bigsby"

"Long-plate"
Ohne Spannstab

Bigsbys Vibratos
Paul Bigsby entwarf das erste Vibrato-System in den 40er Jahren. Das Funktionsprinzip ist einfach: Mit einem federgelagerten Hebel wird der Saitenhalter bewegt. Das System konnte auch nachträglich angebaut werden. In den 50er Jahren bot Gibson das Bigsby-System bei einigen seiner Modelle an. Auch Gretsch begann in dieser Zeit, die speziell entworfenen "Gretsch by Bigsby"-Systeme zu benutzen.
Ein zusätzlich eingebauter "Spannstab" soll die Saitenspannung auf dem Steg unterstützen.

Dekoration *Sie wurde von Merle Travis als "Armstütze" bezeichnet.*

Pickup *Von Bigsby handgefertigt, mit Stabmagnet.*

Korpus *Hierfür wurde erlesenes Vogelaugenahorn verwendet.*

Durchgehender Hals *Der Ahornhals geht durch den gesamten Korpus.*

Pickguard *Namenszug: Perlmutteinlagen auf Nußbaum.*

Steg *Er besteht aus Gußaluminium.*

Merle Travis und Paul Bigsby

Merle Travis (1917-1983) war Countrysänger und Gitarrist. Er entwickelte eine gedämpfte Picking-Technik, die u.a. auch Chet Atkins inspirierte. Außerdem schrieb er Songs, der bekannteste ist wohl *Sexteen Tons*.
Über Paul A. Bigsby ist wenig bekannt, Gitarristen wird er aber durch sein Vibrato-System ein Begriff sein. Erfolgreich war Bigsby auch Ende der 40er Jahre mit seinen elektrischen Pedal Steels, die von führenden Musikern wie Bud Isaacs und Speedy West gespielt wurden.
Er ordnete die Pedale in Reihe nebeneinander an und nicht halbkreisförmig, wie Gibson es noch bei dem früheren Electraharp-Modell getan hatte.
Einen wirklich dauerhaften Beitrag zur E-Gitarre lieferte Bigsby jedoch mit seinem Vibrato-System, mit dem noch heute zahlreiche Gitarren ausgestattet sind. Paul A. Bigsby starb 1968.
Drei Jahre vorher verkaufte er die Firma an Ted McCarty, der sich seit einiger Zeit aus dem Gibson-Vorstand zurückgezogen hat.

Chronologie
Die Geschichte der frühen E-Gitarren begann 1931 mit Rickenbackers "Frying Pan" Lap Steel und erreichte ihren Höhepunkt 1952 mit der Gibson Les Paul "Gold Top". Dieser bedeutende Abschnitt der Instrumentenentwicklung hier im Überblick:

1931
Rickenbackers Prototyp der "Frying Pan" wird von George Beauchamp, Paul Barth und Harry Watson in Kalifornien gebaut.

1932
Rickenbacker nimmt die Frying Pan in Produktion und bringt mit der Electro Spanish eine der ersten Elektrik-Akustikgitarren auf den Markt. Ähnliche Modelle wurden von National, Dobro und Vivi-Tone hergestellt.

1935
Die Rickenbacker Model B erscheint, eine Solid-Body-Elektrik-Steel-Gitarre aus Bakelit.

1936
Gibsons erste E-Gitarre, die Electric Spanish ES150, geht in Produktion.
Ihr Pickup wird später Charlie-Christian-Pickup heißen.

1939-41
Der Gitarrist und Erfinder Les Paul baut den Prototyp einer Solid-E-Gitarre. Er kann Gibson noch nicht für seine Erfindung begeistern.

1947-48
Der Countrymusiker Merle Travis entwirft eine Solid-Body-E-Gitarre. Travis arbeitet mit Paul Bigsby zusammen. Die "Bigsby/Travis" entsteht.

1950
Leo Fender und George Fullerton entwerfen und bauen die erste kommerziell erfolgreiche Solid-E-Gitarre, die Fender Broadcaster (bald umbenannt in Telecaster).

1951-52
1951 setzt Gibson sich mit Les Paul in Verbindung. Ein Jahr später bringen sie die Gibson Les Paul "Gold Top" auf den Markt.

Boden und Seite
Der Boden ist mit einer Plastikabdeckung versehen. Die sechs Metallbuchsen dienen der Verankerung der Saiten, die durch den Korpus geführt sind. An Boden und Kopf sind leichte Schäden entstanden.

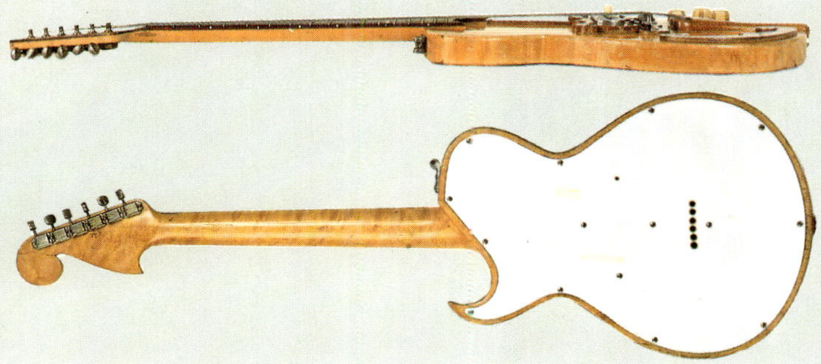

Bigsby/Travis-Gitarre um 1950
Dieses Modell war eine der ersten Solid-Body-E-Gitarren, entworfen von Merle Travis, gebaut von Paul Bigsby, der vielen Gitarristen durch sein Vibrato-System ein Begriff ist. Dieses Instrument wurde nur in sehr geringer Stückzahl hergestellt, wobei Bigsby auch auf Sonderwünsche einging. Die Bigsby/Travis-Gitarre ist heute glücklicherweise in der Country Music Hall of Fame in Nashville, Tennessee, zu bewundern.

Einlagen *Spielkartenfarben als Intarsien.*

Kopf *Ein Vergleich mit den europäisch beeinflußten Martin-Modellen auf S. 26-27 ist interessant.*

Logo *Den gleichen Stil benutzte Bigsby bei den Vibrato-Systemen.*

Das Bigsby/Travis-Team

Der Modellbauer Paul A. Bigsby liebte Motorräder, als Fahrer und als Bastler, so erzählte Merle Travis 1980 in "Guitar World" über seine Zusammenarbeit mit Bigsby in den 40er Jahren. Travis bat Bigsby, seine handwerklichen Fertigkeiten bei einer Gibson L10 auszuprobieren, deren Vibrato ständig die Saiten verstimmte. Bigsby baute kurzerhand ein eigenes Vibrato-System, das sehr viel besser funktionierte.
Dann bot Travis ihm eine abenteuerlichere Aufgabe an - den Bau einer Solid-E-Gitarre.
Das Ergebnis, die Bigsby/Travis-Gitarre, war ihrer Zeit in jeder Beziehung weit voraus. Der Hals lief durch den gesamten Korpus, eine Konstruktion, die erst 20 Jahre später in Mode kam.
In den 70er Jahren entfachte ein Streit, provoziert von Merle Travis, darüber, ob die Bigsby/Travis-Gitarre einen direkten Einfluß auf die spätere und weitaus erfolgreichere Solid-E-Gitarre von Fender hatte. Diese Behauptung trifft höchstens auf die Fender Stratocaster von 1954 zu, deren Kopfform dem Bigsby/Travis-Modell nachempfunden sein könnte.

DIE FENDER BROADCASTER

Die Fender Broadcaster kam um 1950 auf den Markt und war die erste E-Gitarre, die in großer Stückzahl hergestellt wurde, mit massivem Holzbody und festverschraubtem Hals. Leo Fenders Design war auf die Massenproduktion eines einfachen und wirkungsvollen Elektrik-Instruments ausgerichtet. Als solches hatte es dauerhaft großen Erfolg.

Ab 1948 arbeiteten Leo Fender und der Ingenieur George Fullerton an der Konstruktion einer Solid-Body-E-Gitarre, der Fender Broadcaster. Fender erklärte die Konstruktionskriterien später so: "Bei einer Akustik-E-Gitarre sind die Saiten an einer "Membran"-Decke befestigt. Diese Decke hat nicht eine spezifische Frequenz, sondern reagiert auf eine Vielzahl von Begleittönen, wenn man einen Ton anschlägt. Ein massiver Korpus hat diese Eigenschaft nicht, man hat es jeweils nur mit einem einzigen Ton zu tun." Diese Aussage scheint sich mit Les Pauls Theorien zu decken. Auch er sah den Vorteil des Massivkorpus darin, daß der Klang einer Saite unverfälscht verstärkt werden kann.

Es gab viele kluge Leute, die diese Idee verfolgten, und so führte die "kollektive Inspiration" unausweichlich zur Konstruktion der Solid-Body-E-Gitarre.

Schon mit der Produktion der Broadcaster (sie wurde später Telecaster genannt) sicherte sich Leo Fender einen Platz in der Geschichte der E-Gitarren-Herstellung. Doch das ist längst nicht alles.

Wenige Jahre später erfand Fender die elektrische Baßgitarre (s.S. 160). Nachdem er mit der Telecaster die moderne Massenproduktion von Solid-Body-E-Gitarren etabliert hatte, brachte er die stilvolle Stratocaster auf den Markt (S. 72-75).

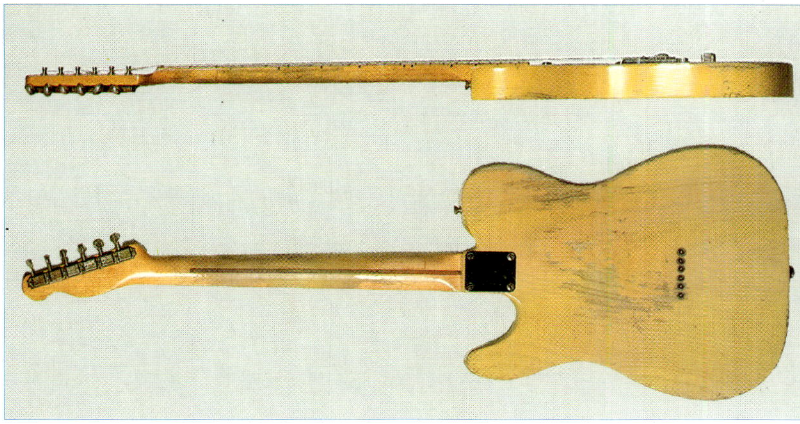

Rück- und Seitenansicht Nach der Installation des Metallstabs wurde in den Ahornhals ein Nußbaumstreifen eingeleimt. Die ersten Broadcaster wurden teilweise ohne Metallstab und ohne Streifen hergestellt.

1950 Fender Broadcaster (unten links) Es war das Instrument, mit dem sich die moderne Massenproduktion der Solid-Body-E-Gitarre etablierte. Die revolutionäre Broadcaster der kalifornischen Fender Company wurde bald in Telecaster umbenannt, die 40 Jahre nach ihrer Einführung immer noch produziert wird.

Logo *Mit der Broadcaster führte Fender sein klassisches "Spaghetti"-Logo ein.*

Hals *Der massive Ahornhals ist mit dem Korpus verschraubt.*

Leo Fender

Clarence Leo Fender wurde 1909 in Anaheim, Kalifornien, geboren. Als Teenager bastelte er gern an Radios, was zu seinem Interesse an Verstärkern und elektronischer Ausstattung im allgemeinen führte.
Mitte der 40er Jahre gründete er die K&F Company mit "Doc" Kauffman, der bei der Konstruktion der Rickenbacker Electro mitwirkte. Die Firma baute hauptsächlich elektrische Hawaiigitarren und Verstärker. 1946 löste sich die Firma auf, und Fender gründete die Fender Electric Instrument Company.
George Fullerton kam 1948 zu Fender. Die beiden entwickelten die Solid-E-Gitarre Broadcaster. Fender war bald gezwungen, den Namen des Instruments in Telecaster (s.S. 68-71) zu ändern. Einige Modelle aus der Übergangszeit sind als "Nocaster" bekannt, sie tragen überhaupt keine Bezeichnung auf dem Headstock.
Nach mehreren Jahren erfolgreichen Wirkens erkrankte Leo Fender und verkaufte die Firma 1960 für 13 Millionen Dollar an CBS. Er trat der Firma wieder bei, als sich sein Gesundheitszustand besserte, und zog sich 1970 endgültig aus dem aktiven Geschäftsleben zurück. Danach baute er Instrumente für Music Man und G&L. Leo Fender starb im März 1991.

Leo Fender
Das Foto von 1954 zeigt den Gründer der Fender Company an einer Lochstanze in seiner Fabrik in Kalifornien.
Damals war die Broadcaster bereits in Telecaster (S. 68-71) umbenannt, die Stratocaster (S. 72-75) war soeben auf dem Markt erschienen.

1952 Gibson Les Paul "Gold Top" Das abgebildete Modell stammt aus der ersten Serie von 50 Instrumenten. Den Beinamen Gold Top erhielt es nach seinem auffälligen Finish, das 1958 vom Sunburst-Finish abgelöst wurde. 1968, 1982 und 1987 wurde die "Gold Top" neu aufgelegt.

Katalog
In dieser Broschüre aus den späten 50er Jahren wird die Les Paul Custom dank ihrer leichten Spielbarkeit als "ein bundloses Wunder" beschrieben.

Die Gibson Les Paul

Als Les Paul Anfang der 40er Jahre seinen Prototyp "Log" Gibson vorstellte, wies dieser ihn zurück. Les Paul weiß sehr genau, warum Gibson sich schließlich doch für die Idee einer Solid-E-Gitarre erwärmt hat. "Leo Fender arbeitete daran", erzählte Les Paul dem Autor 1989. "Als Gibson davon erfuhr, sagte er: 'Sucht diesen Typ mit seinem Besenstiel mit den Pickups!' Sie kamen '51 zu mir." Gibson wollte eine Gitarre nach dem Entwurf von Les Paul bauen, zögerte aber, seinen eigenen Namen dafür zu verwenden. "Ich sagte, warum nennt ihr sie nicht Les-Paul- Gitarre? Sie sagten, können wir das schriftlich haben? Und ich sagte, aber natürlich."
Die ersten Les-Paul-Gitarren, die Gibson 1952 herausbrachte, hatten ein grelles Gold-Finish. 1958 änderte Gibson die Farbe und verwendete das traditionelle Sunburst-Finish (s.S. 82). 1961 nahm Gibson grundlegende Veränderungen am Paul-Modell vor, doch die immense Nachfrage nach dem Original zwang ihn, das ursprüngliche Modell 1968 wieder ins Programm aufzunehmen. Die Gibson Les Paul wird auch heute noch in verschiedenen Ausführungen hergestellt und dient, ebenso wie Fenders Design, den meisten E-Gitarren-Herstellern immer noch als Grundentwurf, aus dem sie ihre Anregungen beziehen.

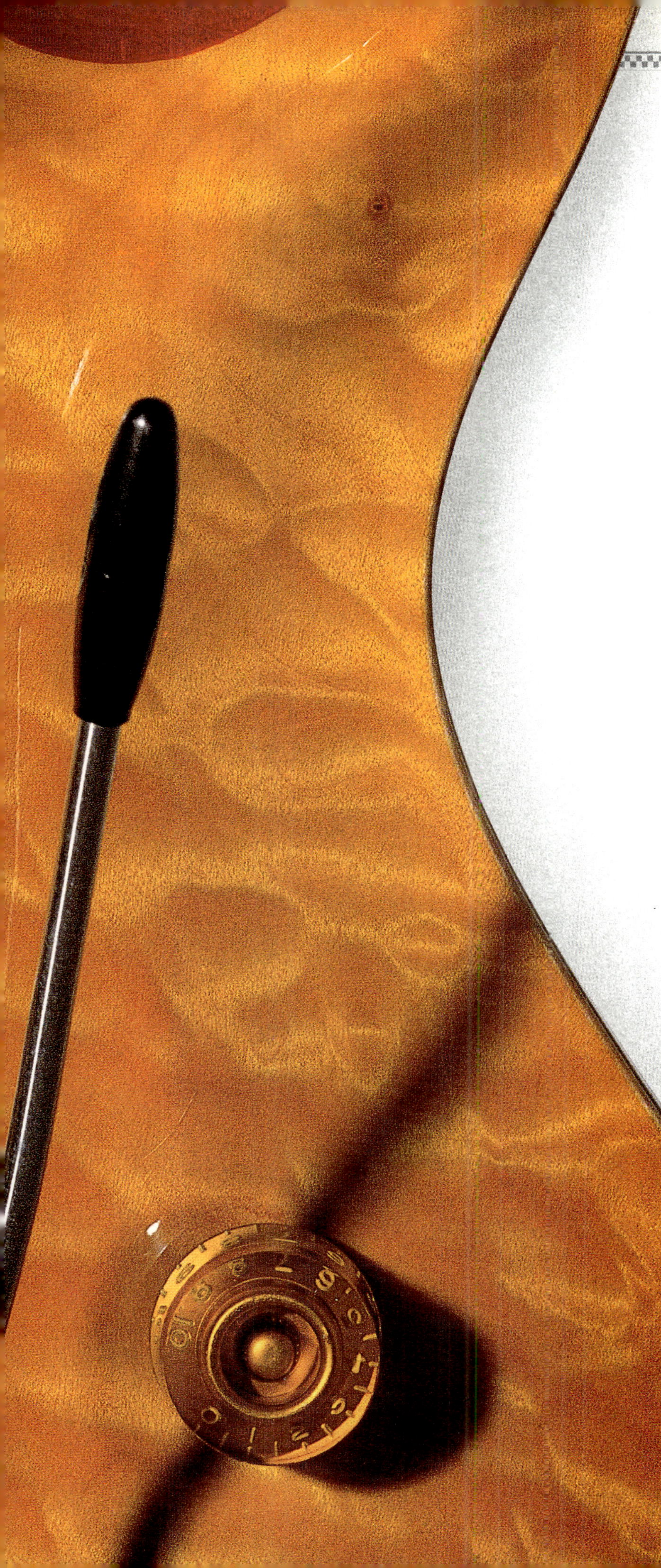

"Die Solid-Body-E-Gitarre revolutionierte den Gitarrenbau und brachte einen neuen Sound und eine neue Generation von Gitarristen hervor."

SOLID-E-GITARRE

1990 PRS SIGNATUR, Chandler Guitars.

SOLID-ELEKTRIK-ANATOMIE

Die Solid-Body-E-Gitarre ist eine relativ junge Erfindung. Viele Hersteller nutzen in ihren Fabriken die Methoden der modernen Massenproduktion, um ein präzises und preisgünstiges Instrument herzustellen.

Mehr als irgendeine andere Firma hat die Fender Company die Entwicklung dieser Produktionssysteme vorangetrieben. Ihre Gitarren, wie die der meisten Hersteller, sind nach dem Bausteinprinzip konstruiert. Hals und Body werden separat hergestellt und später verschraubt. Regler, Pickups und Kabel werden auf das Pickguard montiert, das anschließend auf den entsprechend ausgefrästen Body aufgeschraubt wird. Auch der Steg, die Mechaniken und die Klinkenbuchse werden aufgeschraubt.

Weitere Methoden

Natürlich gibt es Varianten. Der in den Korpus eingeleimte Hals ist die traditionelle Alternative zur Verschraubung. Bei anderen Konstruktionen läuft der Hals, massiv oder schichtverleimt, über die gesamte Gitarrenlänge; Holz-"Flügel" werden hinzugefügt, um den Korpus zu vervollständigen. Diese Konstruktion blieb in den 70er Jahren bei einigen Modellen mit Natur-Finish sichtbar, heute bevorzugt man meist ein Farb-Finish.

Obwohl viele Hersteller mit unterschiedlichsten Formen und Materialien experimentiert haben, bleibt der Inbegriff einer elegant gestylten, modernen E-Gitarre die klassische Holzkonstruktion der Stratocaster.

Fräsen des Halses
Das Foto wurde bei Gibson in Nashville aufgenommen. Eine Arbeiterin bereitet die Nut für die Bünde vor, eine Tätigkeit, die Sorgfalt und genaues Arbeiten verlangt.

Metallbünde *Die Kanten müssen sorgfältig geschliffen werden.*

Hals *Bei Solid-Gitarren im Fender-Stil wird der Hals auf den Body aufgeschraubt. Dies erleichtert spätere Veränderungen oder Reparaturen.*

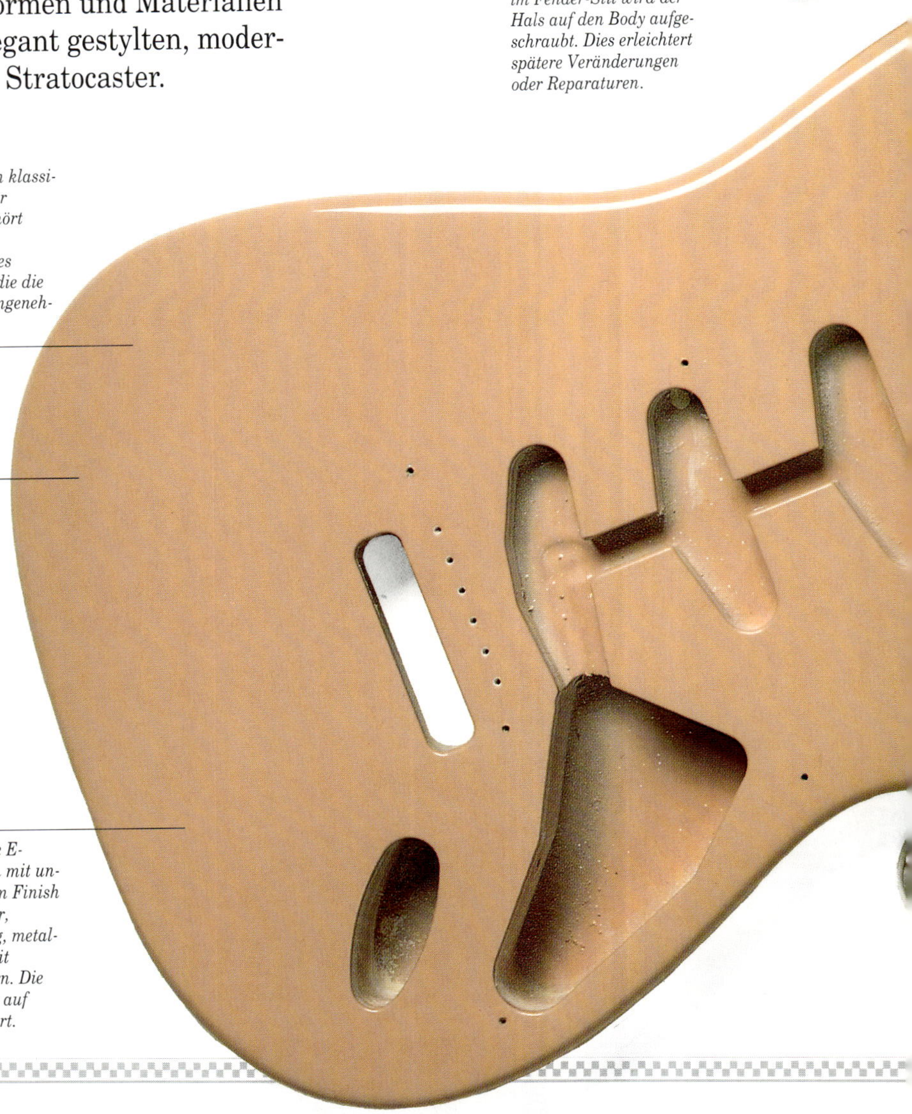

Bodyform *Zum klassischen Design der Stratocaster gehört auch die leichte Konturierung des Bodyrückseite, die die Handhabung angenehmer macht.*

Body *Solid-E-Gitarren werden aus Ahorn, Mahagoni, Esche oder Erle hergestellt. Die verschiedenen Harthölzer weisen feine Klangunterschiede auf.*

Finish *Moderne E-Gitarren werden mit unterschiedlichstem Finish angeboten: natur, Sunburst, farbig, metallic oder sogar mit Graphik-Mustern. Die Oberfläche wird auf Hochglanz poliert.*

Gibson-Fabrik
Ein Arbeiter gestaltet den Hals, der anschließend in den Body eingeleimt wird. In diesem Werk in Nashville werden E-Gitarren produziert, Akustikgitarren stellt Gibson in Montana her.

Humbucking-Pickup
Doppelspulen, eine davon mit umgekehrter Wicklung und entgegengesetzter Polarität, reduzieren Einstreuungen und Brummen.

DIE FENDER TELECASTER

Die Fender Telecaster ist die älteste Solid-E-Gitarre, die immer noch produziert wird, eine genial einfache Konstruktion, die sich heute noch so gut bewährt wie bei ihrer Einführung 1951.

Eigentlich war die Telecaster eine Broadcaster mit neuem Namen. Fender mußte den Namen ändern, als Gretsch Urheberrechte darauf anmeldete. Aber Leo Fender und seine kleine Belegschaft in Fullerton, Kalifornien, konnten mit dem neuen Namen Telecaster sehr zufrieden sein, erschien doch der Bezug zu dem aufstrebenden Medium "Television" durchaus angemessen für ein so innovatives Instrument wie die Telecaster.

Die Telecaster, überlicherweise einfach nur "Tele" genannt, ist bekannt für ihren brillanten Klang und die unkomplizierte, gut durchdachte Handhabung. Deswegen wurde sie in ihrer langen Geschichte von Gitarristen jeglicher Musikrichtung gespielt. Am meisten begehrt jedoch ist sie unter Countrymusikern, die eine Eigenschaft der Telecaster ganz besonders schätzen: Talentierte Hände können ihr einen Klang entlocken, der einer Steel Guitar Konkurrenz macht.

Das Geheimnis der Telecaster liegt in ihrem Steg. Die Saiten werden durch den Korpus geführt und mit sechs Metallhülsen im Boden verankert. So entstehen Klangstabilität und Sustain. Der im Steg schräg gelegte Pickup steigert den natürlichen höhenreichen Klang der Gitarre.

Der unverwechselbare Klang der Telecaster scheint dem Instrument eine Lebensdauer von mindestens noch weiteren 40 Jahren zu sichern.

Steg/Pickup *Bis 1955 befand sich hier die Seriennummer.*

Pickguard *1955 wurde das schwarze Pickguard von einem weißen abgelöst.*

Hals-Pickup *Eine ideale Ergänzung zum Steg-Pickup*

Finish *Dieses fast transparente "blonde"-Finish blieb bis Ende der 50er Jahre Standard.*

Hals *Diese Telecaster aus der ersten Serie, sie gehörte David Gilmour von Pink Floyd, hatte einen massiven Ahornhals.*

Regler *Lautstärke-, Ton- und Klangregler*

Boden und Seite
Die Tele ist eine schlichte Holzplatte, ohne die Konturierung, die man zum Beispiel bei der Stratocaster entdeckt. Fender-Modelle ohne ein separat aufgeleimtes Griffbrett sind mit einem dunklen Nußbaumstreifen versehen.

Fender Werbung

Die Werbebroschüren unterscheiden sich in ihrer Gestaltung kaum von Automobil-Prospekten aus jener Zeit. Hier werden Telecaster in Katalogen von 1963-64 (rechts) und 1968 (unten rechts) gezeigt. Auch das Cover des 1955er Katalogs zeigt die Telecaster in stilisierter Form.

Country-Stil

Für die Telecaster sind etliche Zusatzgeräte entwickelt worden, die sie für den Country-Stil noch besser geeignet machen sollen. Eine der ersten Vorrichtungen war der B-Bender, der Ende der 60er Jahre von Gram Parson und Clarence White erfunden wurde, zwei Gitarristen der Country/Rock Gruppe The Birds. Bei dem Parson/White B-Bender wird ein Hebelsystem in den Body montiert, das eine Verbindung zwischen Steg und Tragbandknopf herstellt (rechts: mit B-Bender ausgestattete Telecaster). "Zieht" der Spieler am Tragband, wird über die Hebel die B-Saite höher gestimmt, so daß ein Sound entsteht, der einer Pedal -Steel-Guitar ähnelt.
Bigsbys Palm-Pedal funktionierte einfacher. Zwei Hebel hinter dem Steg stimmten die B- oder G-Saite höher. Eine Verfeinerung dieser Idee stellt der moderne Hipshot dar, der alternativ auch mit Kniehebel angeboten wird.

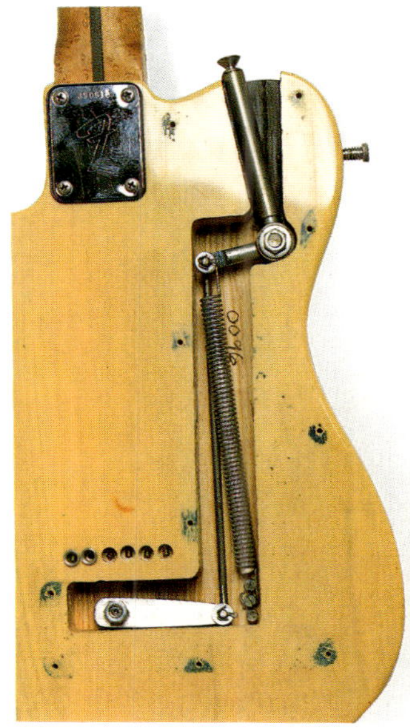

Kopf *Die ersten Fender hatten einen runden Saitenniederhalter.*

1952 Fender Telecaster (oben)
Schon dieses frühe Beispiel vereint die Eleganz und Schlichtheit der heutigen Telecaster in sich.

Esquire (rechts)
Sie wurde von 1951 bis 1970 produziert. Fender benutzte für die Herstellung dieses Instruments den Body der Tele, stattete es aber nur mit einem Pickup aus. Der Hals-Pickup fehlte. Der Pickup-Schalter arbeitete in drei Stellungen.

Separates Griffbrett
Telecaster der zweiten Periode (1959-65) sind leicht an ihrem Palisandergriffbrett zu erkennen und an dem mit acht Schrauben befestigten Pickguard.

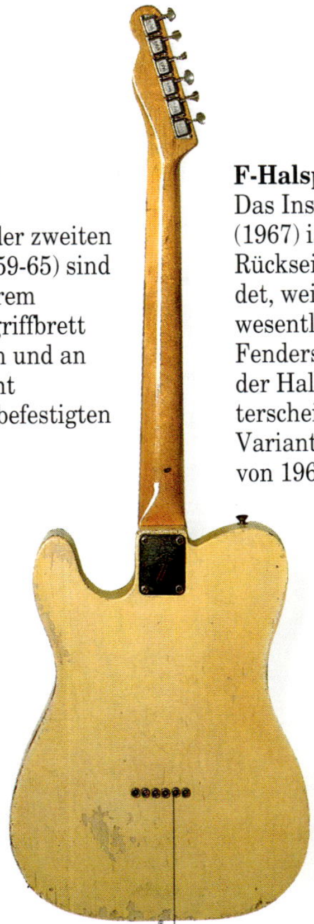

F-Halsplatte
Das Instrument (1967) ist von der Rückseite abgebildet, weil es sich im wesentlichen durch Fenders F-Logo auf der Halsplatte unterscheidet. Diese Variante erschien von 1965 bis 1983.

Metallhülsen *Die Saiten werden durch den Body geführt und hier verankert.*

American Standard
Die American Standard ist mit einem 6teiligen-Steg ausgestattet und einer durch die Halsplatte zugänglichen Schraube für die Einstellung der Halsneigung. Die hier gezeigte Gitarre wurde 1990 hergestellt.

Steg *Das überarbeitete Design ohne Seitenkanten an der Stegplatte*

1989 40th Anniversary
Diese Gitarre ist Nummer 221 von 300 Gitarren, die anläßlich des 40sten Geburtstags der Telecaster als Sondermodell erschienen. Ihr edles Finish und die Gold-Hardware machen sie unverwechselbar. Da Fender das Anniversary-Modell 1989 herausbrachte, scheint er das Geburtsjahr der Telecaster auf 1949 zu datieren.

Hals *Ahorn aus einem Stück mit Perlmutteinlagen*

TELECASTER-ENTWICKLUNG

In ihrer 40jährigen Geschichte hat die Telecaster nur wenig Veränderungen erfahren. Fender erkannte offenbar, daß der Erfolg der Telecaster in ihrer konsequenten Umkompliziertheit lag. Demzufolge hat er an der Originalversion (s.S. 68) nur sehr geringfügige Veränderungen vorgenommen, die wir oben auf dieser Seite aufgeführt haben.
Neben der Tele bot Fender natürlich noch andere Modelle an. Die Custom-Version der Telecaster mit Sunburst-Finish wurde von 1959 bis 1970 gebaut. Sie darf nicht mit der späteren Telecaster Custom (S. 71, dritte von rechts) verwechselt werden, die leicht an ihrem Humbucking-Pickup zu erkennen ist.
In den 80er Jahren entstand im Zuge von Einsparungsmaßnahmen die Standard. Die Saiten waren bei diesem Modell nicht durch den Body geführt, was den Klang erheblich beeinträchtigte. Gold-Hardware tauchte in den 80er Jahren nur noch selten auf: bei der Black & Gold Tele und der Gold-Version der Telecaster Elite.

Thinline (links)
Die Semi-Solid-Thinline mit F-Loch erschien 1968 mit einem neuen Pickguard im Perlmutt-Look und Tele-Hardware. Von 1972 bis 1980 wurde sie mit zwei Humbuckern und sechsteiligem Steg angeboten.

1976 Custom (rechts)
Dieses Modell wurde ab 1972 hergestellt. Es ist mit einem Humbucker am Hals und einem neuen Pickguard-Design mit vier Reglern ausgestattet. 1982 wurde die Produktion eingestellt.

Telecaster Elite
Sie wurde 1983 eingeführt und war mit neuen Pickups, neuer Hardware und Schaltung versehen. Das Instrument für den gehobenen Anspruch war wenig erfolgreich. Es wurde 1985 aus dem Programm genommen.

Deluxe
Das Modell war von 1973 bis 1982 erhältlich. Es hat zwei Humbucker, der Body ist konturiert, der Kopf wie bei der Strat gestaltet. Hier ein Instrument mit Strat-Style Vibrato.

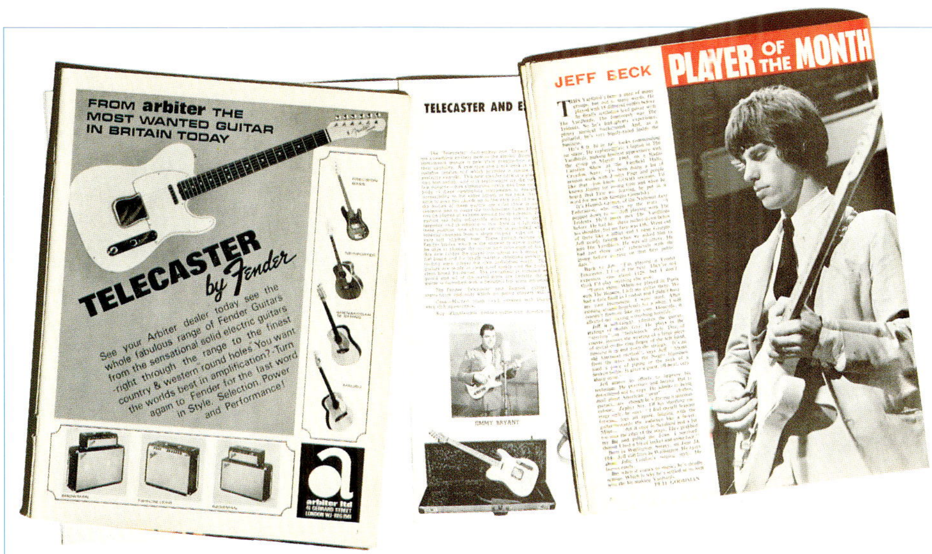

Erfolg durch Tele
Jimmy Bryant (Mitte) ist in Fenders Broschüre von 1955 mit einer Telecaster zu sehen. Noch im selben Jahr machte er eine gute Country-LP. Zehn Jahre später wird Jeff Beck mit einer Telecaster in dem Magazin BEAT INSTRUMENTAL abgebildet (rechts). Eine Werbeanzeige von 1966 nennt die Tele "the most wanted Guitar in Britain."

1990 Jerry Donahue
Ende der 80er Jahre begann Fender, seine Gitarren nach bekannten Gitarristen zu benennen. Dieser Prototyp für das Jerry-Donahue-Modell bietet die Tonqualität einer Stratocaster und gleichzeitig den Sound einer Tele.

STRATOCASTER-VARIANTEN

Fenders Stratocaster ist zweifellos die populärste Solid-Body-E-Gitarre, die je gebaut wurde. Sie kam 1954 auf den Markt und wurde von Leo Fender und seinem Mitarbeiter Freddie Tavares entworfen. Bei ihrer Arbeit unterstützte sie der Countrymusiker Bill Carson.
Schon mit der Telecaster hatte die Fender Musical Instrument Company Pionierarbeit für die Solid-E-Gitarre geleistet. Auch die elegante Stratocaster, ein Inbegriff für das "Flossen"-Design der 50er Jahre, wurde nach den Erfordernissen der Massenproduktionstechnik konstruiert.
Im Gegensatz zu den sonst üblichen ein bis zwei Pickups war die Stratocaster mit drei Pickups ausgestattet. Der Vibrato-Hebel änderte die Saitenhöhe und brachte sie wieder in die Ausgangsposition zurück. Am Steg gab es für alle sechs Saiten eine Einstellvorrichtung, der Body war stark konturiert, und die Anschlußbuchse war vorn im Body eingelassen. Gitarristen waren von dieser genialen Konstruktion begeistert - und sind es noch heute.

Richard Thompson
Am Beispiel dieser geschundenen Strat wird deutlich, daß ein großer Gitarrist nicht auf ein Hochglanzinstrument angewiesen ist

Blonde Strat
Das "blonde"-Finish ist bei diesem Modell eine echte Rarität. Man sieht es häufiger bei der Tele.

Drei Pickups *Sie sind optimal positioniert und erzeugen so den typischen Strat-Sound.*

Pickguard *Die Platte aus einschichtigem, weißen Plastik ist mit acht Schrauben befestigt*

Vibrato *Die erste kombinierte Steg-Vibrato-Version*

Palisandergriffbrett (1959-1965)
Das Palisandergriffbrett ist auf den Ahornhals aufgeleimt. Das Pickguard, mit elf Schrauben befestigt, besteht aus dreischichtigem Zelluloid (weiß/schwarz/weiß), wobei die oberste Lage oft verblaßt. Es handelt sich hier um eins der seltenen Linkshändermodelle (1962).

Breiter Headstock (1965-1971)
Dieses Modell von 1966 hat einen verbreiterten Kopf. Auf der Verbindungsplatte für Kopf und Body ist deutlich das F zu erkennen.

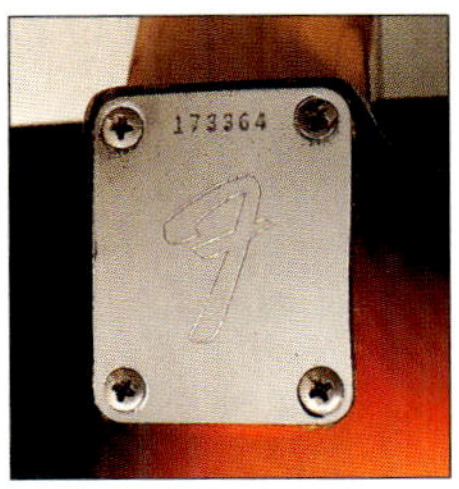

Bullet Headstock (1971-1981)
Mit der "Bullet"-Mutter am Kopf läßt sich der Trussrod justieren (vorher wurde die Justierung am anderen Ende des Halses vorgenommen). Die Halsplatte hat nur noch drei Schrauben. Abgebildet ist eine Lake Placid Blue (1973).

Schmaler Headstock (1981-1983)
Die letzten klassischen Strats kehrten zu dem schmalen Kopf und einer Halsplatte mit vier Schrauben zurück. Auch die Trussrod-Einstellung befand sich wieder am Korpusende des Halses. Das Autogramm stammt von Hank Marvin, Shadows.

Zwei Regler (1983-1985)
Das Übergangsmodell aus einer Zeit wirtschaftlicher Sparmaßnahmen läßt die klassischen Merkmale der Strat vermissen. Es hat nur zwei Regler, die Buchse ist in das Pickguard montiert. Hier ein

American Standard (ab 1987)
Schließlich wieder in klassischem und doch modernisiertem Stil erschien die American Standard Strat. Die Fender Company hatte inzwischen ihren Besitzer gewechselt und baute wieder Fender-Modelle in einer neuen Fabrik in Brea, Kalifornien.

Ahornhals *Strats hatten von 1954–59 kein separat aufgeleimtes Griffbrett. Hier ein Modell von 1957.*

Headstock *Hier mit dem original "Spaghetti"-Logo und dem ab 1956 üblichen Saitenniederhalter.*

Rück- und Seitenansicht
Die Seitenansicht zeigt die Bodykonturierung, eine Idee aus den 50er Jahren. Auf der Rückseite erkennt man die 4-Loch-Halsplatte. Die Plastikabdeckung der Vibrato-Fräsung wurde entfernt, um die Vibrato-Spannfedern sichtbar zu machen, die den Saitenzug regulieren.

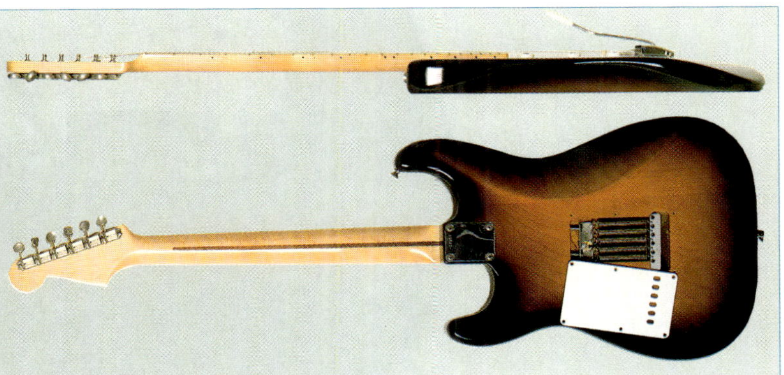

1957 Stratocaster
Die Gitarre, im Originalzustand erhalten, stammt aus der ersten Produktionsperiode. Eine Strat, die zwischen 1954 und 1959 gebaut wurde, erkennt man an den direkt in den Hals eingesetzten Bünden sowie am einschichtigen weißen Pickguard, das mit acht Schrauben befestigt ist. Zunächst gab es die Strat nur in diesem schwarzgelben "two-tone" Sunburst-Finish. Ab 1958 wurde der Rotton hinzugefügt, so daß das "three-tone" Sunburst entstand.

DIE FENDER STRATOCASTER

Seit mehr als 35 Jahren wird die Stratocaster auf dem Markt angeboten. Ihr Design hat nur geringfügige Veränderungen erfahren, ein Beweis für die Perfektion der ursprünglichen Konstruktion. Sie ist in jeder musikalischen Stilrichtung anzutreffen, und nicht einmal Leo Fender konnte eine so immense Nachfrage nach seiner Strat vorhersehen. Ihre Popularität erreichte einen ersten Höhepunkt während der 60er Jahre. Als in den 80er Jahren die Synthesizer auf den Markt kamen, erlebte die Strat einen erneuten Aufschwung, denn ihr reiner, brillanter Klang konnte mit den neuen Instrumenten wetteifern. Selbst die jüngste Entwicklung, die sogenannte "Superstrat" (S. 96), ist stark an das Original angelehnt.

Die ersten kleinen Veränderungen an der klassischen Stratocaster nahm Fender in den 80er Jahren vor. Er brachte ein recht schweres Modell aus Nußbaum auf den Markt und die Gold Strat mit ihrem glitzernden Finish. Danach erschienen die Elite-Modelle mit Druckknopfschalter für die Pickups und die Strat Ultra mit einer zusätzlichen Spule am Steg. Die Fender Company ist eifrig bemüht, die Stratocaster auf den neuesten Entwicklungsstand zu bringen, doch wie es scheint, bevorzugen Musiker immer noch das klassische Modell der Stratocaster.

25th Anniversary (links)
1979 brachte Fender 10.000 Gitarren dieses Jubiläumsmodells heraus, mit Luxus-Mechaniken und dem Anniversary-Logo auf dem Body. Nachdem das weiße Finish der ersten 500 Modelle Haarrisse aufwies, ging man zu einem geeigneteren Silber-Finsih über.

Finish *Das Silber-Finish wird oft matt oder läuft an.*

Kopf *Fender verwendete hier einen "Rollen"-Saitenniederhalter.*

35th Anniversary (rechts)
Das Jubiläumsmodell von 1989 vereinte erlesene Holzqualität mit einer aktiven Elektronik. Für eine Strat ungewöhnlich ist das Ebenholzgriffbrett.

Regler *Mit diesem Schalter kann eine aktive Schaltung gewählt werden, die die Baß- und Mittenbereiche der Tonregler ändert.*

Holz *Der Eschenbody dieses Jubiläumsmodells ist mit einer fein gemaserten Ahornfront versehen.*

Strat Number 0001 (unten)
Diese Stratocaster gehört David Gilmour von Pink Floyd. Sie ist nicht, wie die Seriennummer verspricht, das erste Instrument dieser Serie. Ihr Halsstempel datiert sie auf Juni 1954. Zu diesem Zeitpunkt lief die Produktion bereits einige Monate.

Pickguard Diese Gitarre ist mit einem Aluminiumblech unter dem Pickguard versehen.

Vintage Reissues
Die anhaltende Nachfrage nach "Oldtimern" brachte Fender in den 80er Jahren auf die Idee, alte Stratocaster-Modelle neu aufzulegen. Zwischen 1982 und 1985 und ab 1987 produzierte Fender USA zwei Vintage-Reissue-Modelle, die 57 (links) mit dem typischen Ahorngriffbrett und die 62 mit dem Palisandergriffbrett der Strat von 1962. Die Instrumente waren qualitativ hochwertig, wichen jedoch in geringfügigen Details wie Position der Bundmarkierer von den Originalen ab.

Headstock Zwischen 1965 und 1981 war die breitere Form üblich.

Rhinestone Strat
Dies ist eine von sieben Strats, die einen mit Rheinkiesel verzierten Bronzekorpus haben. Er wurde 1975 von dem Bildhauer Jon Douglas kreiert.

Body *Der Bronzekorpus macht die Gitarre sehr schwer.*

1961 Stratocaster
Rory Gallaghers Strat hatte ursprünglich ein Sunburst-Finish, das inzwischen bis auf das blanke Holz durchgescheuert ist. Der Hals, dessen Bünde oft ausgewechselt wurden, ist mit den breiten Gibson-Bünden versehen.

Clapton Strat
1988 kam diese "signierte" Version der American Standard Deluxe auf den Markt. Sie ist mit aktiven Elektroniken und einem Vibrato im Stil der 50er Jahre versehen.

Headstock *Die Gitarren der Periode von 1954 bis 59 hatten einen einteiligen Ahornhals.*

1959 Stratocaster
Bis 1960 war die Strat in Großbritannien nicht erhältlich. Dies ist die erste importierte Gitarre. Sie war für Hank Marvin von den Shadows bestimmt. Ihr Besitzer Bruce Welch hat sie restauriert.

5-Weg-Schalter
Ursprünglich waren die Strats mit einem 3stufigen Pickup-Schalter ausgestattet, wahlweise für den vorderen, mittleren oder hinteren Pickup. Doch Gitarristen entdeckten schnell die exzellente Klangfärbung, die in den Zwischenstufen erzeugt werden konnte, wenn nämlich die Pickups miteinander kombiniert wurden. Es dauerte eine Weile, bis Fender auf diesen Trend reagierte und einen 5stufigen Schalter herausbrachte. Zur Standardausstattung gehörte er erst ab 1977.

Unikate
Fender unterhält heute einen Custom-Shop, wo Musiker mit entsprechendem Geldbeutel sich buchstäblich alles in ihre neue Gitarre einbauen lassen können. Vor dieser Zeit baute Fender eine Reihe von Einzelanfertigungen, darunter auch eine Strat mit Paisley-Finsih, ein durchsichtiges Modell aus Plexiglas und eine Semi-Akustik-Strat, ganz im Stil der Thinline Telecaster. In größeren Mengen baute er die 7saitige Alex-Gregory-Strat, das "Reversed-neck"-Hendrix-Modell (für Linkshänder) und die "scalloped-fingerboard"-Yngwie-Malmsteen-Version mit ausgehöhlten Griffbrettflächen.

Farben
Gitarren wurden in den 50er Jahren mit Sunburst-Finish angeboten, und nichts anderes wurde erwartet. Die Stratocaster allerdings verlangte nach mehr.
Schon an ihrem "Flossen"-Design erkennt man den deutlichen Einfluß der amerikanischen Automobilindustrie. So war es denn keine Überraschung, als Fender die Strat mit Dupont-Farben anbot, ein Lack, der ursprünglich für Autos vorgesehen war.
In den 70er Jahren kehrte sich die Mode um. Fender hatte festgestellt, daß viele Gitarristen ihre Instrumente bis auf das blanke Holz abscheuerten, und bot daraufhin wieder eine große Auswahl an Natur-Finishes an. Inzwischen geht der Trend wieder zu exotischen Farben, dem Fender mit Purple Frosts und Crimson Bursts nachkommt.

Sammelobjekte
Einige frühe farbige Strats werden unter Sammlern teuer gehandelt, denn es gibt nur wenige, die in gutem Zustand erhalten sind. Die begehrtesten Farben haben so romantische Namen wie Lake Placid Blue, Burgundy Mist, Shoreline Gold, Surf Green und Fiesta Red.

Daphne Blue 1963 Strat

Fiesta Red 1962 Strat

FENDERS SOLID-MODELLE

Die übrigen von Fender gebauten E-Gitarren geraten über den spektakulären Erfolg der Stratocaster und der nicht weniger beeindruckenden Telecaster leicht in Vergessenheit. Dennoch handelt es sich bei diesen Modellen teilweise um ausgezeichnete Instrumente, die sich durch ihren einzigartigen, spezifischen Klang auszeichnen. Eine kleine Auswahl des breiten Angebots wird hier vorgestellt.

1965 wurde die Fender Company für 13 Millionen Dollar an CBS verkauft. Leo Fender trennte sich von ihr, um die CLF Research zu gründen (die später Music-Man-Gitarren herstellte). Nach Fenders Ausscheiden aus der ehemaligen Fender Company gab es einen sichtlichen Qualitätsverlust und kaum noch Neuerungen im Design.

Ein neuer Aufschwung zeichnete sich 1985 ab, als das ehemalige Fender-Management, angeführt von Bill Schultz und Dan Smith, die Firma von CBS zurückkaufte. Seitdem werden bei Fender wieder erfolgreich Qualitätsinstrumente hergestellt.

Fender-Seriennummern
Sie befinden sich auf der Stegplatte, der Hals/Korpus-Verbindung oder am Kopf. Als grobe Richtlinie gilt:
0-0600: vor 1956;
0601-9999: vor 1960;
00001-20000: 1954-57;
20001 - 50000: 1957-61;
50001-99999: 1959-63;
Loooo1 - L99999: 1962-65;
100000 - 199999: 1965-67;
200000 - 399999: 1966-73;
400000 - 599999: 1966-75;
600000 - 999999: 1972-82;
7stellig 1976-82;
S plus 6 Ziffern: 1976-82;
E,F oder G plus 5-6 Ziffern: ab 1980;
V plus 6 Ziffern: ab 1982.

Hals-Datum
Einige Fender haben einen Datumstempel am Halsende.

Headstock-Logo (oben)
Von oben nach unten: “spaghetti” (bis 1965); “Transitional” (Mitte bis Ende der 60er); “CBS” (Ende 60er bis Anfang 80er); “Modern” (ab ca. 1980)

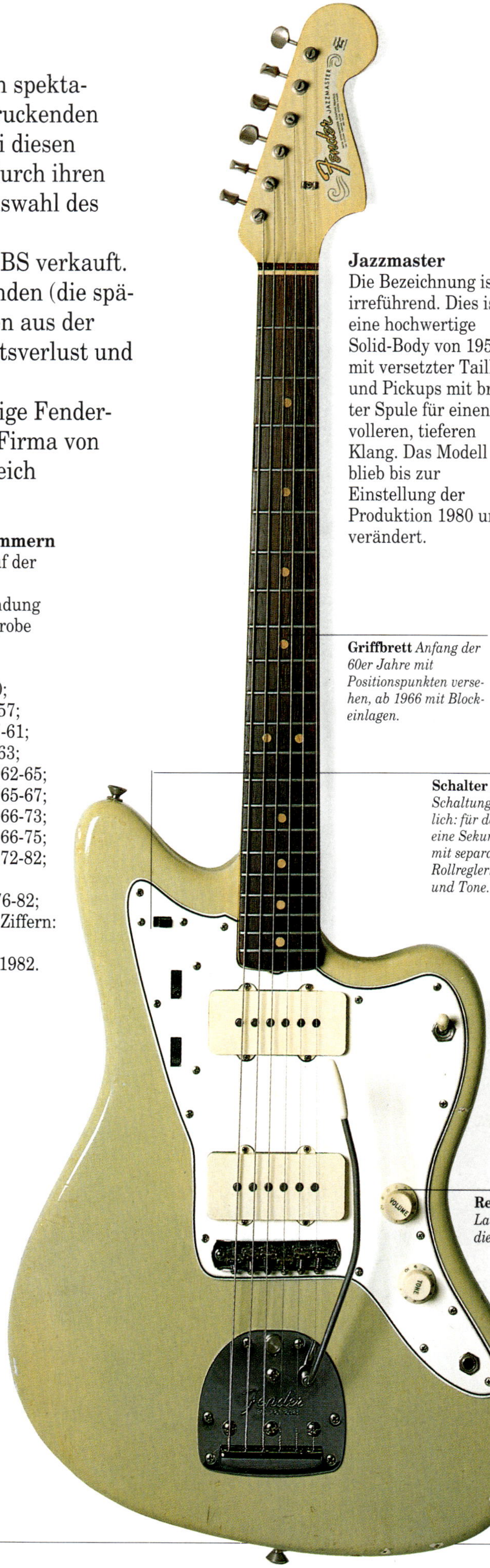

Jazzmaster
Die Bezeichnung ist irreführend. Dies ist eine hochwertige Solid-Body von 1957, mit versetzter Taille und Pickups mit breiter Spule für einen volleren, tieferen Klang. Das Modell blieb bis zur Einstellung der Produktion 1980 unverändert.

Griffbrett *Anfang der 60er Jahre mit Positionspunkten versehen, ab 1966 mit Blockeinlagen.*

Schalter *Zwei Schaltungen sind möglich: für den Hals-Pickup eine Sekundärschaltung mit separaten Rollreglern für Volume und Tone.*

Regler *Ton- und Lautstärkeregler für die Hauptschaltung*

Jaguar
Sie hat die gleiche Ausstattung wie die Jazzmaster, jedoch mit kürzerer Mensur und zusätzlichen Schaltern für Tonregulierung und Pickup Ein/Ausschaltung. Das Modell war Fenders teuerste, wenn auch nicht besonders erfolgreiche, Solid-Body-E-Gitarre.

Vibrato *Ein neues Design mit Einzelfeder und separatem, beweglichem Steg*

Maverick
Dies war ein Zwittermodell, entworfen, um Reste aus anderen Fabrikationen aufzubrauchen. Body und Hals sind modifizierte Electric XII-Teile, hinzugefügt wurde die Mustang-Hardware. Gebaut wurde die Maverick von 1969 bis 1972.

Swinger
Das Modell von 1969 ist auch unter den Namen Arrow und Musiclander bekannt. Benutzt wurden Hals, Hardware und der mit einem Auschnitt versehene Body der Musicmaster.

1957 Musicmaster (oben)
Mit der Musicmaster und der Duo-Sonic brachte Fender 1956 zwei preisgünstige Modelle heraus. Sie wurden bis 1980 und 1970 hergestellt. 1964 (bis 81) kam die Mustang dazu, 1967 die Bronco. Diese Modelle wurden 1979 von der Lead abgelöst, einer Gitarre der mittleren Preisklasse. 1981 kamen die Bullet-Modelle auf den Markt.

Fender Japan
Angesichts der wachsenden Konkurrenz aus Fernost gründete CBS 1982 eine Tochterfirma, Fender Japan. Ursprünglich konzentrierte sich die Produktion auf qualitativ hochwertige Kopien der populärsten alten Fender-Modelle. Nebenher erwiesen sich billigere Versionen unter dem Firmennamen Squier (eine Firma, die Saiten herstellte und von Fender in den 60er Jahren aufgekaut wurde) als erfolgreich. Später wurden fast alle Modelle, die Fender USA im Programm hatte, auch in Japan gebaut. 1984 brachte Fender Japan mit der Master-Serie sein erstes eigenes Design auf den Markt. Doch diese Instrumente unterschieden sich erheblich von Fenders üblichem Stil. Weder die Katana noch die Performer hatte nennenswerten Erfolg. Sie wurden nach einem Jahr aus dem Programm genommen.

Performer
Amerikanisches Design in hochwertiger Qualität, so wurde sie angeboten. Das dürftige Echo führte 1986 zur Einstellung der Produktion.

Katana
Diese Solid-Body-E-Gitarre ist ein japanischer Entwurf im Heavy-Metal-Styling, der sich jedoch als Flop erwies.

FENDER NACH FENDER

Nach dem Verkauf der Fender Company an CBS blieb Leo Fender noch bis 1970 beratend für CBS tätig und brachte neue Ideen ein. Danach wurde er Partner und Hauptaktionär von Music Man, einer von den ehemaligen Fender-Mitarbeitern Forrest White und Tom Walker 1970 gegründeten Firma. Fender lieferte ihnen zwei neue Gitarren: die StingRay und bald darauf die Sabre.

Leo Fender 1980 gründete Leo Fender die G&L Music Sales, gemeinsam mit seinem langjährigen Partner George Fullerton. Dieses Prospektblatt von 1980 zeigt Fender zwischen einer Auswahl von G&L-Modellen. Es enthält den kleingedruckten Vermerk: "Leo Fender steht mit der Fender Musical Instruments in keinerlei Verbindung."

Body *Die Gitarre war in Schwarz, Weiß, Nußbaum, Natur und Sunburst erhältlich.*

Music Man StingRay Das von Leo Fender entworfene Modell wurde von 1976 bis 1980 produziert, erreichte aber nicht den Erfolg seiner früheren Gitarren. Humbucking-Pickups ersetzten die Fender single-coil Pickups. Entsprechend dem Trend der 70er Jahre erschien das Modell ohne Vibrato.

Verchromte Control-Platte *Treble-, Baß- und Volume-Regler sowie ein 4stufiger, drehbarer Pickup-Schalter.*

Rück- und Seitenansicht Die Halsplatte ist mit drei Schrauben befestigt, eine Methode, die auch bei Fender-Modellen üblich war. Eine Reihe von sechs Saitenhaltern ist in den Body eingelassen, auch ein wesentliches Merkmal der Fender-Instrumente.

Trussrod-Nut *Der Ahornhals mit dem dunklen Streifen setzt die Fender-Tradition fort.*

Music Man und Ernie Ball

1984 wurde Music Man von der Ernie Ball Company aufgekauft. Zunächst wurden die Music-Man-Baßgitarren (S. 169) hergestellt. Gitarren kamen 1987 auf den Markt.
Die erste Ernie Ball/Music-Man-Gitarre war die Silhouette, ein ganz neues Modell, das Dudley Gimpel mit Unterstützung des Country-gitarristen Albert Lee entwarf. Die Fender-Tradition ist immer noch erkennbar, doch eine Reihe von Verbesserungen zeichnen das Instrument aus. Der 24bündige Hals bietet volle zwei Oktaven; die Halsplatte ist mit sechs Schrauben befestigt; austauschbare Pickup/Pickguard-Ausstattung; kompakte vier/zwei-Anordnung der Mechanik. Dies alles führte zu einer wachsenden Beliebtheit des Modells, das 1990 noch produziert wurde. 1987 erschien auch das Steve-Morse-Modell. Es ist mit einem vielseitig kombinierbaren Pickup-Layout ausgestattet, gemäß den Wünschen des anerkannten Gitarristen.

Albert Lee
Der Country-gitarrist Albert Lee ersetzte 1977 James Burton in Emmylou Harris' Band. Er spielte u.a. auch mit den Everly Brothers.

Hals *24bündiges Palisandergriffbrett auf verschraubtem Hals.*

Saitenniederhalter *Etwas ungewöhnlich vom Sattel getrennt montiert.*

-Music Man Silhouette
Dieses blaue Einzelstück mit dem Ernie-Ball-Logo wurde 1988 für eine Messe hergestellt.

Logo *Beim Music-Man-Logo bilden zwei Gitarristen ein großes "M".*

G&L Comanche (oben)
Die zweiteilig versetzten Pickups übernahm Leo von der Fender Electric XII.

G&L

Der Name dieser 1980 gegründeten Firma repräsentiert die Vornamen der beiden Begründer, George Fullerton und Leo Fender. 1986 verkaufte George seinen Anteil an Leo. Seither steht das G&L-Logo für Leo-Fender-Gitarren, obwohl Fullerton weiter in der Firma tätig war.
Die erste G&L Solid-Body, die F100, ähnelte den Music-Man-Instrumenten. Insgesamt erschienen rund 20 weitere Modelle. Einige waren den Bedürfnissen der Spieler angepaßt, andere versuchten, nicht nur einem Trend zu folgen. Der typische Fender-Stil, eine Kombination aus Neuerung und bewährtem Design, ist allen erhalten geblieben.

G&L ASAT (rechts)
Die Gitarre kam 1985 als Broadcaster auf den Markt. Nach einem Rechtsstreit mußte Leo Fender jedoch den Namen dieser verbesserten Version der Telecaster ändern.

GIBSON LES PAUL "GOLD TOP"

Anfang der 50er Jahre bemerkte die sehr traditionelle Gibson Company, daß Fender mit seiner revolutionären Solid-Body-E-Gitarre großen Erfolg hatte. Gibson entschloß sich zu einer Zusammenarbeit mit dem Gitarristen und einfallsreichen Erfinder Les Paul (S. 58-59). Das daraus hervorgegangene Instrument spiegelte nicht nur Pauls Ideen wider, es trug auch seinen Namen. Die erste Version erschien 1952.

Das Styling war Gibson pur: Der gewölbte, wenn auch etwas kleinere Massivbody und der klassische symmetrische Kopf entsprachen dem etablierten Design der Archtop-Gitarren. Der Hals wurde auf den Body aufgeleimt, das Griffbrett mit aufwendigen Intarsien versehen. Dies alles geschah sicher mit der Absicht, sich von Fenders brettartigen Massenproduktionsmodellen abzuheben.

Gibsons Les Paul war der erste vorsichtige Versuch der Firma, ein modernes Solid-Body-Instrument herzustellen, dennoch blieb das Design der Gitarre während ihrer 40jährigen Geschichte unverändert. Neben der Telecaster und der Stratocaster von Fender ist die Les Paul eine der populärsten und begehrtesten E-Gitarren, die je gebaut wurden.

Rück- und Seitenansicht 1952 Gold Top Hals, Seiten Rückseite aus Mahagoni. Die Hohlräume für Regler und Kippschalter sind mit einer Platte abgedeckt. In der Seitenansicht ist deutlich der abgewinkelte Kopf erkennbar.

Saitenhalter *Das "Trapez" ist mit dem Steg kombiniert.*

Finish *Den Spitznamen "Gold Top" verdankt die Gitarre ihrem Finish.*

Kippschalter *Wahlweise für Hals-, Steg- oder beide Pickups.*

P90-Pickups *Single-coil mit einstellbaren Polepiece-Schrauben.*

Regler *Volume und Tone für jeden Pickup.*

1955 All Gold
Eine seltene Variante, rundum im Gold-Finish. Gibson setzte diese Idee schon bei der ES295 um.

Steg/Saitenhalter *Diese Kombination gab es von 1953-1955.*

Pickups *Zwei Mini-Humbucker, wie bei den Epiphone-Gitarren.*

Deluxe
Diese Les Paul wurde zwischen 1970 und 1984 gebaut. Die Pickups sorgten für einen helleren Klang als die normalen Humbucker.

Humbucker *Dies ist eine Ausführung mit zwei Humbuckern. Eine Version mit drei Pickups wurde von 1977 bis 1984 angeboten.*

1990 Custom
Seit der Wiederaufnahme des Modells 1968, jetzt mit zwei Humbuckern, ist es bis heute in Produktion. Dieser Entwurf hat sich sehr viel besser bewährt als die Custom Ende der 50er Jahre, deren Mittel-Pickup beim Spiel behinderte.

Hals-Pickup *Single-coil mit sechs Alnico-Stabmagneten.*

Kopf *Perlmutteinlagen im Rautenmuster.*

Griffbrett *Perlmuttblockeinlagen auf Ebenholz.*

1956 Custom (links)
Den Namen "Black Beauty" verdankt sie dem schwarzen Finish.

Kopf *Gibsons typische glockenförmige Trussrod-Abdeckung.*

Griffbrett *Kroneneinlagen auf Palisander.*

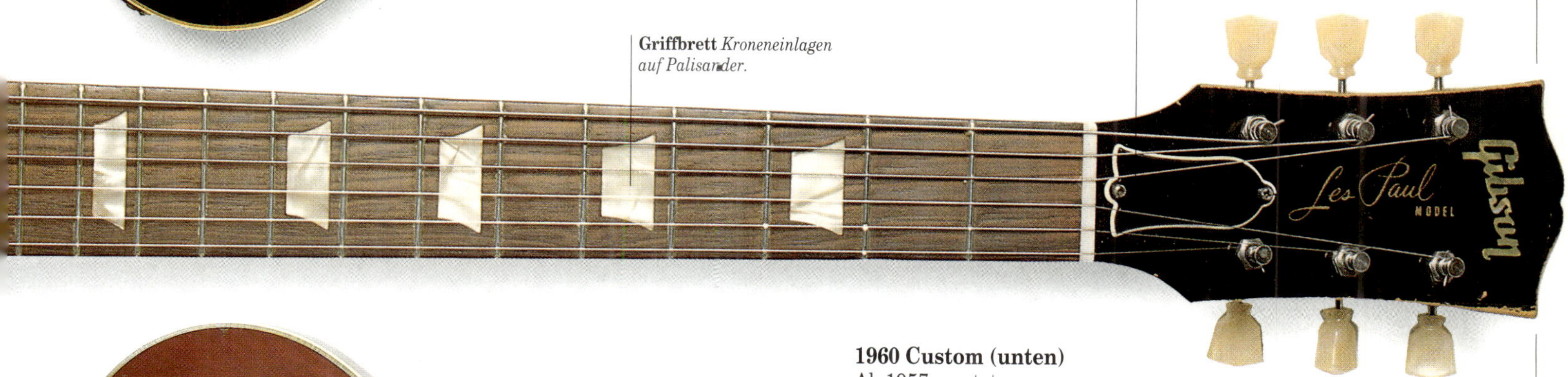

1952 "Gold Top" (oben)
Das Logo und die fehlende Einfassung am Griffbrett deuten auf ein frühes Modell hin, vielleicht eins der ersten 50. Der "Trapez"-Saitenhalter-Steg erwies sich als unpraktisch.

1960 Custom (unten)
Ab 1957 ersetzten drei Humbucker die beiden single-coil Pickups.

Finish *Eins der seltenen Modelle mit weinrotem Finish, die meisten waren schwarz.*

GIBSON LES PAUL STANDARD

1958 wurde die Les Paul Gold Top von dem Standard-Modell abgelöst, eine identische Gitarre, abgesehen von dem dreifarbigen Sunburst-Finish, das das Ahornholz effektvoll durchschimmern ließ. Die Nachfrage nach der Les Paul war zurückgegangen, deshalb versuchte Gibson vielleicht, Kunden mit traditionellerem Geschmack zu werben, die sich durch das grelle Gold-Finish abgeschreckt fühlten.
Die Standard wurde 1961 aus dem Programm genommen. Statt dessen bot Gibson die SG-Modelle an (S. 84, 88). Ende der 60er Jahre jedoch entdeckten Gitarristen, daß die Les Paul bei großer Lautstärke einen vollen Klang mit viel Sustain erzeugte, ideal für Bluesmusiker. Dieses Interesse führte 1968 zu einer kurzfristigen Wiedereinführung einiger Les-Paul-Modelle. Ständig in Gibsons Programm vertreten ist die Standard überraschenderweise erst ab 1975.

1959 Standard
Die Ausstattung mit einem Bigsby-Vibrato ist bei Les-Paul-Modellen eine Seltenheit.

1960 Standard
Eine effektvoll "gestreifte" Holzmaserung. Die Streifen sind dichter als bei der Standard unten.

Pickups *Bei diesem Humbucking-Pickup ist die Metallkappe entfernt worden, um die Doppelspulen zu zeigen.*

Tune-O-Matic-Steg *Hier sind die Saiten in einem separaten Saitenhalter verankert und werden über einen Steg mit sechs Einzelsätteln geführt.*

Sunburst *Bezeichnung für das dreifarbig schattierte Oberflächen-Finish.*

1960 Standard
Ende der 60er Jahre spielte Paul Kossoff bei der Gruppe Black Cat Bones diese Gitarre. Er wechselte später zu Free. Auf die Rückseite der Abdeckung schrieb er seine Londoner Adresse (unten).

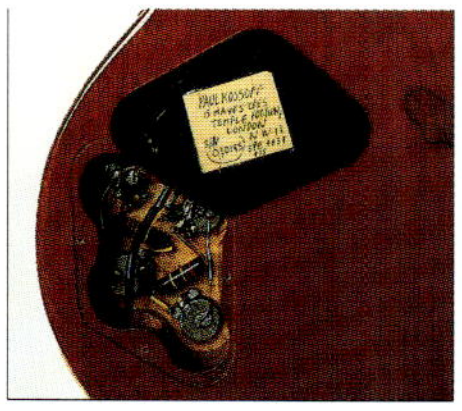

Pickups *Die Kappen wurden entfernt, um die schwarz-weißen Spulen zu zeigen, die von Sammlern "Zebras" genannt werden.*

Der Les-Paul-Sound

Der Klang einer Les Paul Standard hängt wesentlich von dem für die Konstruktion benutzten Holz ab. Das ursprüngliche Konzept sah einen Mahagonikorpus für die Klangtiefe vor, die Ahornschicht auf der Vorderseite fügte Helligkeit hinzu. Diese Kombination bot viel Sustain, und das Konzept wurde während der Produktionsgeschichte der Standard nie verändert. Der eingeleimte Hals und die großen Humbucking-Pickups - beide Merkmale entsprechen Les Pauls ursprünglichen Vorstellungen - tragen gleichfalls zum natürlichen Sustain und der tonalen Vielfalt der Gitarre bei.

Der Les-Paul-Preis

Musiker wie Eric Clapton in Großbritannien und Mike Bloomfield in den USA haben der Les Paul Standard Ende der 60er Jahre zu einer beispiellosen Popularität verholfen. Der "satte" Sound der Les Paul, dargeboten von Clapton auf John Mayalls Album *Blues Breakers* (1966) und von Bloomfield mit Paul Butterfields *East-West* (1966), übte starken Einfluß auf die damaligen Musiker aus.
Die gesuchtesten Modelle waren die zwischen 1958 und 1961 gebauten Standards. Doch es wurden nur rund 2.000 während dieser Zeit produziert. Entsprechend trieb die immense Nachfrage, die Ende der 60er Jahre einsetzte, die Preise derartig in die Höhe, daß es kaum noch Musiker gibt, die sich dieses Instrument leisten können. So endeten viele Les Paul Standards als Anlageobjekt im Banktresor.

1990 Classic
Dieser Nachbau soll eine Gitarre mit dem Aussehen einer 30 Jahre alten Standard zu einem erschwinglichen Preis bieten.

Pickguard *"1960" soll das vermeintliche Baujahr dieser neuen Gitarre angeben.*

1960 Standard (oben)
Dies ist ein exzellentes Beispiel einer lebhaft gemaserten Ahorndecke. Nicht alle Standards aus dieser Periode haben eine so effektvolle Oberfläche.

1958 Standard
An dieser Gitarre wird deutlich, wie die rote Farbe des Sunburst-Finish verblassen kann. Solche einfarbigen Oberflächen werden dann spöttisch gern "unburst"-Finish genannt.

LES-PAUL-VARIANTEN

Nach dem großen Erfolg der Les Paul Standard, Custom und Gold Top benutzte Gibson den Namen des berühmten Gitarristen bei einer Reihe weiterer Instrumente. Nicht alle waren erfolgreich, und sicher hatte keins von ihnen so dauerhaften Einfluß wie das gefeierte Trio.

Ab 1968 brachte Gibson verschiedene Nachbauten auf den Markt. Er begann mit der Gold Top. Es folgten die Heritage Standard (1980-82), Pro Deluxe (1977-83), 54 Limited Edition Custom (1972-73), 57 Gold Top (ab 1987) und die 58 Standard (ab 1985). Außerdem feierte die Firma drei Geburtstage mit Limited-Edition-Gitarren: 1974 kam die 20th Anniversary Custom auf den Markt, gefolgt von der 25/50 fünf Jahre später und der 30th Anniversary Gold Top 1982. Außerdem brachte Gibson von Zeit zu Zeit etwas ungewöhnlichere Les-Paul-Varianten auf den Markt, wie die Recording (1971-79) mit komplexer Schaltung für Studioaufnahmen, die batteriebetriebene Artist (1980-81) und die LP XR2 (1981-82) mit ungewöhnlichen Pickups.

1978 Artisan
Diese kurzlebige Version (1977-80) von Gibson war aufwendig verziert, besonders auffallend an Headstock und Griffbrett.

1979 25/50 Anniversary
Anlaß war Les Pauls "25-year association with Gibson and fiftieth year in the music business".

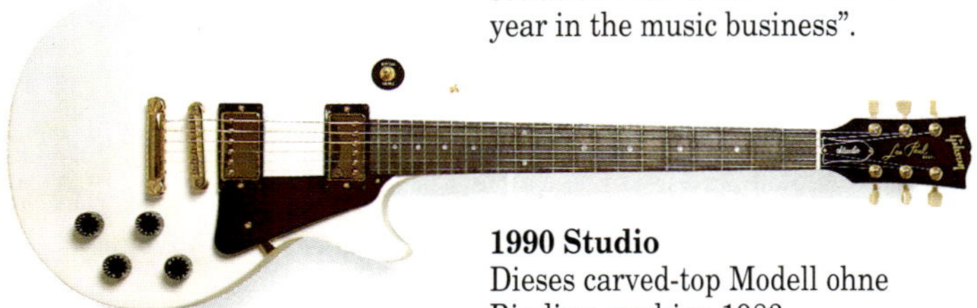

1990 Studio
Dieses carved-top Modell ohne Binding erschien 1983.

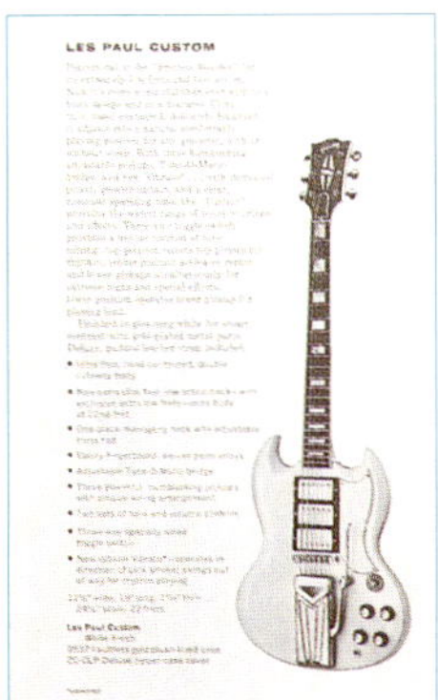

Werbung
SG/Les Paul Custom mit drei Humbuckern (Gibson-Katalog Anfang der 60er Jahre).

Logo *Bis 1962 erschien Les Pauls Name auf SG-Modellen.*

SG/Les Paul Standard
1961 änderte Gibson das Styling der Les-Paul-Modelle und führte ein etwas abenteuerliches Body-Shaping (SG genannt) ein. Das Ergebnis entsprach jedoch nicht mehr Les Pauls Geschmack, so daß die Gitarren ab 1962 ohne Les-Paul-Logo erschienen.

Einlagen *Nur die SG/Standard mit zwei Humbuckern war mit Kroneneinlagen versehen.*

Cutaways *Diese stark abgeschrägten Doppel-Cutaways boten besseren Zugriff zu den hohen Bünden.*

Body *Diese Konstruktion aus Mahagoni ist sehr viel leichter als frühere Les-Paul-Modelle.*

Vibrato *Im Gegensatz zu den üblichen Vibratos änderte dieses Modell von Gibson die Tonhöhe durch Seitwärtsbewegung des Hebels.*

Les Paul Junior Dies ist ein preiswerteres Modell von 1954 mit Brett-Body und einem P90 Pickup. Mit Single-Cutaway wurde es bis 1958 abgeboten.

Les Paul Special Ein weiteres Billig-Modell (1955) mit Magahoni-Solid-Body, jedoch mit zwei P90 Pickups. Das "TV"-Finish sollte im Schwarzweiß-fernsehen deutlich hervortreten.

Kippschalter *Die übliche Lage änderte sich bei der Special mit Doppel-Cutaway.*

Les Paul Junior 1958 brachte Gibson die Junior als sein erstes Modell mit Doppel-Cutaway auf den Markt. Die abgebildete Gitarre mit TV-Finish ist Baujahr 1958.

Body *Das Griffbrett ragt nicht mehr in den Body hinein.*

Les Paul Special Ursprünglich 1955 mit einem Cutaway eingeführt, wurde die Special 1958 ebenfalls mit Doppel-Cutaway ausgestattet. Die Gitarre von 1961 gehört zu den letzten dieser Serie.

1976 The Les Paul Gibson wählte den bestimmten Artikel nicht zufällig. Es wurden nur wenige Modelle dieser luxuriösen Version gebaut (Verkaufspreis 3.000 Dollar). Die hier gezeigte Gitarre gehört Steve Howe. Eine Perlmuttplatte auf der Rückseite weist sie als 26. Instrument aus, fertiggestellt am 13. August 1976.

Body *Der massive Ahornbody macht die Gitarre sehr schwer.*

Knöpfe *Auch sie sind aus Ahorn hergestellt.*

Hardware *Pickups und Schalter sind mit Holzfassungen umrahmt.*

1983 Gibson-Katalog Gibson hat immer die große Erfahrung seiner Mitarbeiter im Umgang mit Holz hervorgehoben. Hier ist eine Gitarre in den Umrissen Amerikas geschnitzt.

GIBSON MODERN

Bis Ende der 50er Jahre war das Design der Gibson Solid-Bodies sehr traditionell. Die Gitarren spiegelten den Entwurf der Akustikgitarre wider: ein taillierter Korpus, oben schmaler, unten breiter. Das änderte sich mit den Modellen, die die Firma "modernistic" nannte: die Flying V, die Explorer und die Moderne. Mit diesem ausgefallenen Trio bot Gibson ein originelles, abenteuerliches Styling an.

Gibsons Präsident Ted McCarty ist es zu verdanken, daß statt der traditionellen Kurven nun moderne Geradlinigkeit vorherrschend war - eine für damalige Verhältnisse radikale Veränderung. Sie war so radikal, daß weder der Handel noch die Spieler positive Reaktionen zeigten. Keins dieser ungewöhnlichen Modelle ließ sich gut verkaufen, und die Produktion wurde nach zwei Jahren eingestellt.

Jahre später jedoch wurden diese seltenen Gitarren plötzlich begehrt. Das wachsende Interesse führte dazu, daß andere Hersteller das Styling der Flying V und der Explorer übernahmen. Gibson selbst bot einfache Nachbauten an sowie verbesserte Modelle basierend auf dem Design der Explorer und der Flying V.

Rück- und Seitenansicht Beachten Sie die V-förmige Saitenverankerung im Boden dieser Flying V von 1958.

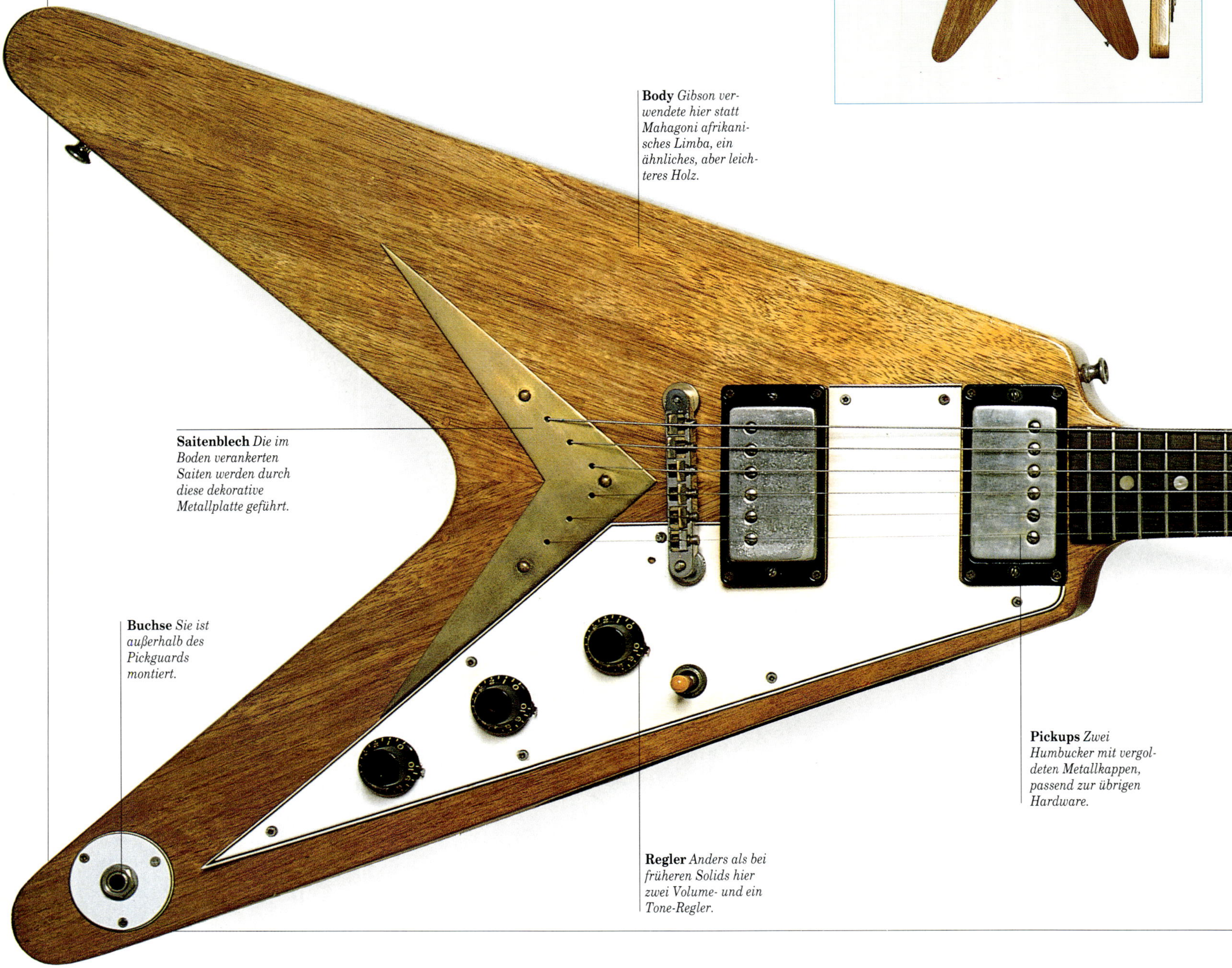

Body *Gibson verwendete hier statt Mahagoni afrikanisches Limba, ein ähnliches, aber leichteres Holz.*

Saitenblech *Die im Boden verankerten Saiten werden durch diese dekorative Metallplatte geführt.*

Buchse *Sie ist außerhalb des Pickguards montiert.*

Regler *Anders als bei früheren Solids hier zwei Volume- und ein Tone-Regler.*

Pickups *Zwei Humbucker mit vergoldeten Metallkappen, passend zur übrigen Hardware.*

“Reverse” Firebird (1963-65)

1963 brachte Gibson die ersten Firebird-Modelle auf den Markt, die mit Unterstützung des Automobil-Designers Ray Dietrich entwickelt wurden und offensichtlich Fender Konkurrenz machen sollten. Die vier Modelle I, III, V und VII waren mit speziellen Humbuckern ausgestattet und hatten bis auf die I einen Vibrato-Saitenhalter.
Die Firebirds waren Gibsons erste Gitarren mit durchgehendem Hals. Da sich die Verkaufszahlen als enttäuschend erwiesen, wurde das Design 1965 drastisch verändert.

“Non-reverse”-style (1965-69)

Mit den neuen Firebirds wollte Gibson auf der sicheren Seite sein. Der eingeleimte Hals ersetzte die teurere Konstruktion des durchgehenden Halses, die Mechanik war wieder seitlich angeordnet, und die Modelle I und III erhielten P90 single-coil Pickups.
Trotz der Veränderungen blieben auch diese Firebirds unpopulär. Erst eine später einsetzende Nachfrage nach der “Reverse”-Version führte zu Gibson-Nachbauten und Kopien.

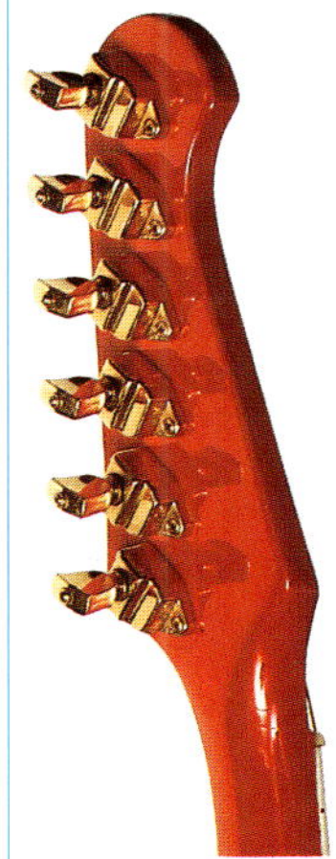

Reverse Headstock Das Body-Styling wird hier fortgeführt, die Mechaniken befinden sich auf der Rückseite.

1980 Explorer Das eigenwillige Styling, 1958 eingeführt, setzte sich erst später durch. Hier der Prototyp des 1983er Modells.

Reverse Body Phil Manzaneras VII: drei Humbucker, Gold-Hardware und rotes Finish.

Non-reverse Body Dave Gregorys 1966 III mit drei P90-Pickups und Pickup-Schieberegler.

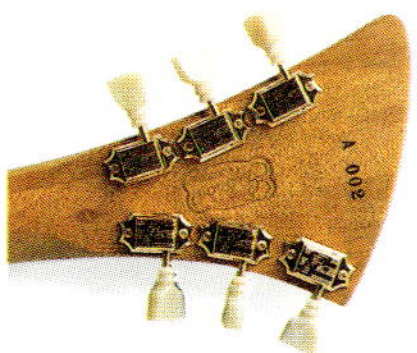

Headstock Der original Gibson-Prototyp-Stempel mit besonders niedriger Seriennummer.

1980 Moderne Dies war ein Prototyp für Gibsons 1983 erschienenes “Reissue”-Modell eines Designs von 1950.

1958 Flying V (oben) Von dieser ersten Version gibt es nur rund 100 Gitarren, da die Produktion 1959 eingestellt wurde. Heute sind sie besonders begehrt. Von 1967 bis 1979 gab es eine modifizierte Version mit normaler Hardware und veränderter Regleranordnung. Eine Neuauflage des 58er Modells erschien 1983.

Body *Er ist aus Ahorn und Nußbaum konstruiert.*

Saitenhalter *Hier wiederholt sich die Bumerang-Form der Pickups.*

Pickups *Die V2 hat zwei vergoldete “Bumerang”-Pickups.*

1981 V2 Gibsons Variation der V-Form (1979-1982).

WEITERE GIBSON SOLIDS

Anfang der 60er Jahre begannen immer mehr Teenager sich für elektrische Gitarren zu interessieren. Die Instrumente von Gibson entsprachen allerdings nicht ihrem Geschmack. Sie waren ihnen offenbar zu “seriös”. Nicht einmal die SG-Gitarren konnten mit dem auffälligen Styling der Jazzmaster, Jaguar oder Stratocaster von Fender mithalten.
Das Blatt wendete sich Ende der 60er Jahre, als aus der Teenager-Popszene ernsthafte Musiker hervorgingen. Gibson-Gitarren erlebten einen Boom (s. Les Paul Standard, S. 82).
In den 80er Jahren dominierte die Stratocaster. Gibsons Gitarren mit ihrem traditionell vollen Sound entsprachen der neuen Musikrichtung nicht mehr. Sogar die Heavy-Metal-Musiker, ursprünglich Gibson-Fans, spielten eine Fender.
Die von Gibson erwartete Wende rückte in weite Ferne, als sich Mitte der 80er Jahre mit der “Superstrat” ein neuer Trend zur Fender abzeichnete. Erst die musikalische Vielfalt zu Beginn der 90er Jahre brachte Gibson wieder Erfolge mit seinem klassischen Design.

1964 Melody Maker
Diese Solid, 1959 erschienen, war Gibsons erstes Spar-Modell, mit einem Cutaway und ein oder zwei Pickups, für Anfänger auch mit Kurzmensur. 1961 wurde das Design geändert. Es hatte nun auf beiden Seiten Cutaways. 1966 wurde das SG-Body-Styling bei der Melody Maker übernommen.

Headstock *Ein einfaches, sparsames Design*

Hals *Kurzmensur für Anfänger*

Body *Das schmale Brett verursachte wenig Kosten.*

Pickups *Einfacher single-coil Pickup*

SG Custom 1990
Dieses Modell mit drei Pickups ersetzte 1962 die Les-Paul-Logo-Version und wurde bis 1979 produziert. 1986 brachte Gibson einen Nachbau im Originalstil der 60er Jahre heraus.

1963 SG Special
Der SG Body-Style ersetzte 1961 die frühere Special. Dieses Modell mit P90-Pickup wurde bis 1971 produziert.

Datierung
Wie bei vielen Herstellern, bieten auch Gibsons Seriennummern oft nur einen groben Anhaltspunkt für die Baujahrbestimmung einer Gitarre. Man muß, um das Herstellungsdatum genauer bestimmen zu können, über spezielle Detailkenntnisse der Konstruktion und Hardware verfügen.

Gibson-Seriennummern
Solids von 1953-1961 lassen sich anhand der ersten Ziffer der Seriennummer datieren: 5 8274 = 1955, 910857 = 1959, 0 0195 = 1960, 1 2602 = 1961, usw.
Von 1961-1975 gab es kein einheitliches System. Als sehr grobe Richtlinie gilt:

100-99999 = 1961-63
000001-099999 = 1967
100000-199999 = 1963-67
200000-299999 = 1964-65
300000-599999 = 1965-69
600000-999999 = 1966-69
Die Nummern 000001-999999 wurden von 1970-75 noch einmal benutzt.
Sechs Ziffern mit Prefix C,D,E oder F wurden von 1974-75 benutzt; danach wurde ein 8stelliges System eingeführt, wobei die ersten beiden Ziffern codiert das Baujahr angeben (99 = 1975; 00 = 1976; 06 = 1977).
Ab 1977 gibt es ein einfaches System. Die erste und fünfte Ziffer ergeben zusammen das Baujahr (87684832 = 1984).

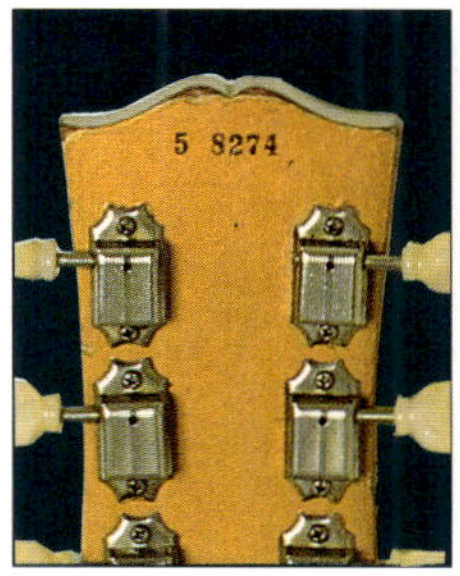

1955 Les Paul
Die Seriennummer auf dem Headstock stammt aus dem frühen Datierungssystem.

1990 Firebird
Die Nummer auf diesem Headstock gehört bereits zu dem durchschaubaren System, das Gibson 1977 einführte.

1976 S1
Das Modell (1975-1980 produziert) hat einen für Gibson untypischen verschraubten Hals. Die Schaltung entwarf der Pickup-Spezialist Bill Lawrence.

1982 Victory MVX
Als Reaktion auf Fenders Popularität brachte Gibson 1981 diese deutlich an Fender angelehnte Solid heraus. Um eine Gitarre mit vielseitigen Verwendungsmöglichkeiten zu schaffen, kombinierte er die Humbucker mit einem single-coil Pickup in der Mitte.

1983 Corvus III
An wen sich dieses Modell von 1983 mit dem "Dosenöffner"-Body richtete, bleibt Gibsons Geheimnis. Es verschwand zwei Jahre später vom Markt.

1978 Artist RD
Das Modell mit aktiver Schaltung erschien 1977 in Zusammenarbeit mit dem Synthesizer-Hersteller Moog. Eine unglückliche Kombination von Tradition und modernem Design.

Traditionen
Die Gibson Company ist fest in Traditionen verwurzelt. Neue Ideen konnte sie nur selten erfolgreich verkaufen, denn Gitarristen sind oft konservative Leute, die das klassische Design jederzeit den Gibson-Modellen des modernen Trends vorziehen.
Während der 70er Jahre hat Gibson viele Versuche unternommen, dieses Image zu verändern, doch leider trafen diese Bestrebungen mit einem deutlichen Qualitätsverlust zusammen, so daß keins der Modelle aus dieser Zeit den gewünschten Erfolg brachte oder das Interesse von Sammlern gefunden hat.
Erst als die Firma 1986 den Besitzer wechselte, erlebte sie einen neuen Aufschwung. Um der Nachfrage nach erschwinglichen "new oldies" zu begegnen, begann sie mit dem Nachbau ihrer klassischen Instrumente, ohne auf Modetrends im Design einzugehen. Der Erfolg scheint ihnen Recht zu geben.

Carlos Santana
Der Prospekt von 1973 zeigt Santana mit der Massivahorn-Solid L6S, die bis 1982 produziert wurde.

AMERIKA: 50ER UND 60ER JAHRE

Neben Fender und Gibson gab es andere amerikanische Hersteller, die in den 50er und 60er Jahren Solid-Body-Gitarren herstellten. Bekannte Namen wie Epiphone, Rickenbacker und Gretsch tauchen auf, aber auch kleinere Firmen wie Hallmark, Premier und Micro-Frets.
Auch viele andere Gitarrenhersteller erlebten während dieser Zeit einen Boom. Harmony und Kay, beide Firmen waren in Chicago ansässig, boten ein vielseitiges Sortiment an – Instrumente, die unter verschiedenen Markennamen erschienen, wie Silverstone, Regal, Airline und Old Kraftsman. Von den hier vorgestellten Marken überlebten drei bis in die 90er Jahre, wobei Rickenbacher der einzige ist, der die Produktion nicht nach Fernost verlagert hat.

Hallmark Sweptwing
Die Firma wurde Ende der 60er Jahre von dem ehemaligen Mosrite-Mitarbeiter Joe Hall gegründet. Er bot nur ein Design an: als Doppel-Hals-, semi-Baß- und 12saitige Version, und natürlich in der 6saitigen Solid-Version, die hier abgebildet ist.

Epiphone
1957 kaufte Gibson die Epiphone Company auf und brachte bald die Olympic Special, ein Äquivalent zur Melody Maker, heraus. Später kam ein neues Solid-Design hinzu (rechts), das grob der Gibson SG-Serie entsprach. 1970 wurde die Epiphone-Produktion in den USA eingestellt, spätere Solids sind japanische oder koreanische Produkte. Allerdings werden seit 1989 wieder einige Epiphone-Modelle in den USA hergestellt.

Headstock *Ab Mitte der 60er Jahre wurden die Mechaniken auf einer Seite angeordnet, vorher war eine 3/3-Anordnung üblich.*

Griffbrett *Bei dieser Deluxe wurden Blockeinlagen verwendet; die Custom-Version hatte ovale Einlagen.*

Body *Mitte der 60er Jahre wurden die symmetrischen Cutaways in diese Version verändert.*

Pickups *Die Deluxe hat drei Mini-Humbucker, die Custom nur zwei.*

Vibrato *Epiphones Trem-o-tone-Einheit.*

1966 Epiphone Crestwood Deluxe
Anfang der 60er Jahre brachte Epiphone eine Reihe von Solids mit gleichem Body-Stil auf den Markt. Das Top-Modell war die Crestwood Deluxe, gefolgt von der Crestwood Custom, Wilshire, Coronet und Olympic. Sie wurde bis 1970 produziert.

1962 Dwight (rechts)
Diese Epiphone Coronet wurde Anfang der 60er Jahre vom Musikhändler Dwight unter eigenem Markennamen angeboten, mit Dwight-Logo am Headstock und "D" auf dem Pickguard. Da vergleichsweise wenig Gitarren dieses Modells produziert wurden, handelt es sich heute um eine seltene Epiphone.

Premier
Premier war der Markenname der Multivox Company, New York. Premier-Solids der 50er und 60er Jahre hatten links die unverwechselbare Schneckenverzierung und, wie auch bei dem abgebildeten Modell, ein Pickguard aus Spezialplastik, auf dem die vielen Regler in Reihe angeordnet waren. Bei späteren Modellen war die Mechanik auf einer Seite angeordnet, der Body hatte ein Plastik-Finish.

Micro-Frets Golden Melody
Die Micro-Frets Company mit Sitz in Maryland stellte in den 60er und 70er Jahren Gitarren her. Sie spezialisierten sich auf Neuerungen bei der Hardware, wie den Micro-Sattel und den Calibrato-Vibrato. Auch diese Golden Melody ist damit ausgestattet. Andere Modelle hatten einen eingebauten Funksender, eine Idee, die ihrer Zeit weit voraus war.

1957 Rickenbacker Combo 800
Rickenbackers erste E-Gitarre, die Combo-Serie, erschien 1954. Es gab zwei Grundmodelle. Die Combo 600 hatte einen Pickup. Die frühen Combo 800 (links) scheinen mit einem Hufeisen-Pickup ausgestattet zu sein, es ist jedoch ein Pickup mit Doppelspule. Spätere Versionen hatten zwei getrennte Pickups. Die Combo wurde bis Ende der 60er Jahre hergestellt.

Rickenbacker Solids
Die kalifornische Firma ist für ihre Elektrik-Akustikgitarren bekannt (S. 148-149), doch vorher baute sie Solid-E-Gitarren. Von den zahlreichen Modellen sind nur wenige dem Rickenbacker-Image gerecht geworden, obwohl sie in handlicherem Design erschienen als die sperrigeren Elektrik-Akustiks. Am erfolgreichsten war die 600-Serie, produziert ab 1962. Sie übernahm die "hakenförmige" Bodyform der 400-Serie, die zwischen 1958 und 1984 produziert wurde.

1957 Gretsch 6129 Silver Jet
1955 brachte Gretsch die Jet-Modelle heraus, die sich durch ihre Farben unterschieden: die schwarze Duo Jet, die silbrig glitzernde Silver Jet und die rote Jet Firebird. Spätere Modelle wurden auch in anderen Farben geliefert.

Pickups *Die DeArmond Dynasonic single-coil Pickups wurden Ende der 50er Jahre durch Filter Tron-Humbucker ersetzt.*

Einlagen *Diese "Höcker"-Einlagen ersetzten die ursprünglichen Blockeinlagen und wurden 1957 von "Fingernägeln" abgelöst.*

Body *Der Single-Cutaway wurde 1962 von Doppel-Cutaways abgelöst.*

Gretsch
Gretsch baute während der 50er und 60er Jahre zahlreiche Solids, die heute bei Sammlern sehr begehrt sind. Hierzu zählen die 6121 Chet Atkins, die 6130 Round Up, die sehr seltene 6134 White Penguin und die 6132 Corvette sowie ihr Gegenstück in Pastell, die 6106 Princess. Spätere Solids waren wenig erfolgreich. Daraufhin ließ Gretsch Ende der 80er Jahre die 50er-Jahre-Modelle in Japan nachbauen.

Gretsch Astro Jet (unten)
Mit dieser eigenwillig geformten Solid von 1965 brach Gretsch mit der Tradition. Die 2/4-Anordnung der Mechanik ist ungewöhnlich.

AMERIKA: SEIT DEN 70ER JAHREN

Während der 70er Jahre stürzten sich zahlreiche Hersteller in den USA auf den E-Gitarren-Markt, darunter auch etablierte Akustikgitarrenhersteller. Neue Markennamen tauchten auf, kleine und große Firmen. Die wachsende Konkurrenz zwang die Hersteller zu einem eigenen Stil, was zu einer Vielzahl von originellen Designs führte. Den meisten gelang es allerdings nicht, den Geschmack der Kunden zu treffen, so daß viele Marken schnell wieder verschwanden. Da Originalität sich offenbar nicht auszahlte, wurde in den 80er und 90er Jahren hauptsächlich konventionelles Design angeboten. Die meisten Hersteller folgten dem Trend der “Superstrat” (S. 96).

1990 Paul Reed Smith EG4
Als eine für PRS recht deutliche Veränderung bietet die EG wahlweise zwei Pickup-Layouts an. Der 22bündige Hals ist aufgeschraubt. Das Modell erschien 1990, wie auch das abgebildete Instrument.

Paul Reed Smith
Das Design dieses Herstellers aus Maryland wurde Ende der 80er Jahre richtungsweisend. Smith begann mit dem Gitarrenbau 1975 in einer Dachstube. 1982 hatte er seine nun berühmte Konstruktion entwickelt. In einem handlichen Instrument vereinte er Fender- und Gibson-Traditionen zu einer “new vintage”-Gitarre. Smith gründete 1985 seine eigene Fabrik, wo er sein erfolgreiches Design mit wenigen, geringfügigen Variationen produziert.

Kopf *Klemm-Mechaniken für bessere Stimmstabilität.*

Einlagen *Punkte mit effektvoll kontrastierenden Farben*

Body *Cutaways sind innen ausgekehlt*

Regler *Master Volume und Drehschalter*

1986 Paul Reed Smith
Dies war die erste PRS-Gitarre, die nach England exportiert wurde. Erst ein Jahr zuvor hatte die Produktion in den USA begonnen. Das Design blieb seither unverändert, wie auch das einfache, aber effektive Vibrato-System.

Veillette-Citron Shark Baritone Guitar (rechts)
Jeo Veillette und Harvey Citron begannen mit dem Instrumentenbau Ende der 70er Jahre. Dieses Baritone-Modell aus ihrer S-Serie Anfang der 80er Jahre ist der Thunderbird von Guild nachempfunden. Durch die lange Mensur (73 cm) und die tiefere Stimmung sollte es die Kluft zwischen Gitarre und Baß füllen.

Konstruktion *Korpus mit durchgehendem Hals aus Ahorn und Ahornseitenteilen*

1980 Martin EM18
Martin ist eher für seine Flat-top-Akustikgitarren berühmt, gelegentlich liebäugelte er aber auch mit E-Gitarren. Die erste Solid erschien 1979 mit schichtverleimtem Body, wie an unserem Beispiel deutlich wird. 1980 kam eine zweite Serie heraus, mit carved-top Body und aktiver Schaltung. Beide Modelle blieben erfolglos, so daß Martin die Solid-Produktion 1983 einstellte.

Body *Entgegen des äußeren Anscheins ist der Hals nicht durchgehend, sondern eingeleimt.*

1975 Ovation Breadwinner
Auch Ovation ist besser bekannt für Akustik- und Elektro-Akustikgitarren. Die Breadwinner, 1971 erschienen, war Ovations erste Solid-E-Gitarre. Wegen des ungewöhnlichen Designs fand das Modell ebensowenig Anklang wie die Deacon von 1972. Mit der Preacher und der Viper brachte Ovation 1975 konventionellere Solids heraus. Auch sie blieben erfolglos. Mitte der 80er Jahre wurde die Solid-Produktion eingestellt.

Body Dieser Cutaway sollte das Spiel im Sitzen erleichtern.

1979 Guild S70D
Guilds erste Solids der 60er Jahre waren die Polara, Thunderbird und Jet-Star-Modelle. In den 70er Jahren folgten die von Gibson beeinflußten "M"- und "S"-Serien. Die abgebildete Gitarre stammt aus der dritten Generation, die Guild 1977 herausbrachte, mit neuem, aber wenig begehrtem Styling. Auch weitere Modelle blieben erfolglos, so daß Guild die Solid-Serien 1989 einstellte.

Amerikanische Kataloge
Dean (1879), Hamer (1975) und B C Rich (1979) sind bekannt für ihre ausgefallen Solids.

1988 Mosrite Model 88 (unten)
Semie Moseley gründete die Mosrite Company in den 50er Jahren. Mit seinen "lop-sided" (unsymmetrischen) Ventures-Modellen hatte er großen Erfolg. Dann flaute das Geschäft ab. Moseley versuchte viele Comebacks, wozu auch dieses Modell von 1988 zählt.

1979 Peavey T60 (unten)
Hartley Peavey gründete 1966 die Peavey Electronics. Zunächst produzierte er Verstärker. Gitarren folgten ab 1978. Als einer der ersten führte er computergesteuerte Produktionssysteme ein.

SUCHE NACH NEUEN MATERIALIEN

Traditionell werden Gitarren aus Holz gebaut, doch gelegentlich experimentierten Hersteller mit alternativen Materialien. Manchmal geschah dies aus wirtschaftlichen Gründen, manchmal aber auch mit dem Ziel, den Klang, die Festigkeit oder die Erscheinung der Gitarre zu verbessern. Metall und Plastik wurden seit den 20er Jahren verwendet, um Festigkeit und Sustain zu verbessern. Aber die Verwendung dieser Materialien stellte die Hersteller oft vor neue Probleme, und einige Spieler fanden, Metall fühle sich kalt an und Plastik sähe billig aus. Erst als in den 80er Jahren neue Materialien wie "Graphit" auftauchten, akzeptierten Musiker allmählich Alternativen zum guten, alten Holz.

1977 Travis Bean TB 1000 Standard (links)
Um die Instabilität des Holzhalses zu überwinden, entwickelte Travis Bean 1974 einen Hals aus Aluminium. Trotz verbesserter Lautstärke und mehr Sustain konnte sich Beans teure Qualitätsgitarre nicht durchsetzen. Der Hals fühlte sich unangenehm kalt an. Die Produktion wurde 1979 eingestellt.

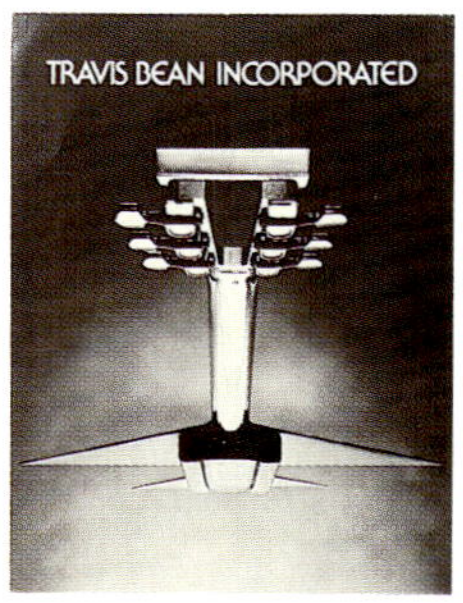

Katalog
Das Cover zeigt ein TB-Chassis im Flug.

Kramer's Hals-Design
Der Prospekt zeigt eine Querschnitt-Zeichnung.

1977 Kramer 450G
Gary Kramer, ehemaliger Partner von Travis Bean, gründete 1975 seine eigene Firma. Zunächst wurden Gitarren mit Aluminiumhals hergestellt. Erfolge stellten sich jedoch erst ein, als Kramer 1986 zum normalen Holzhals zurückkehrte.

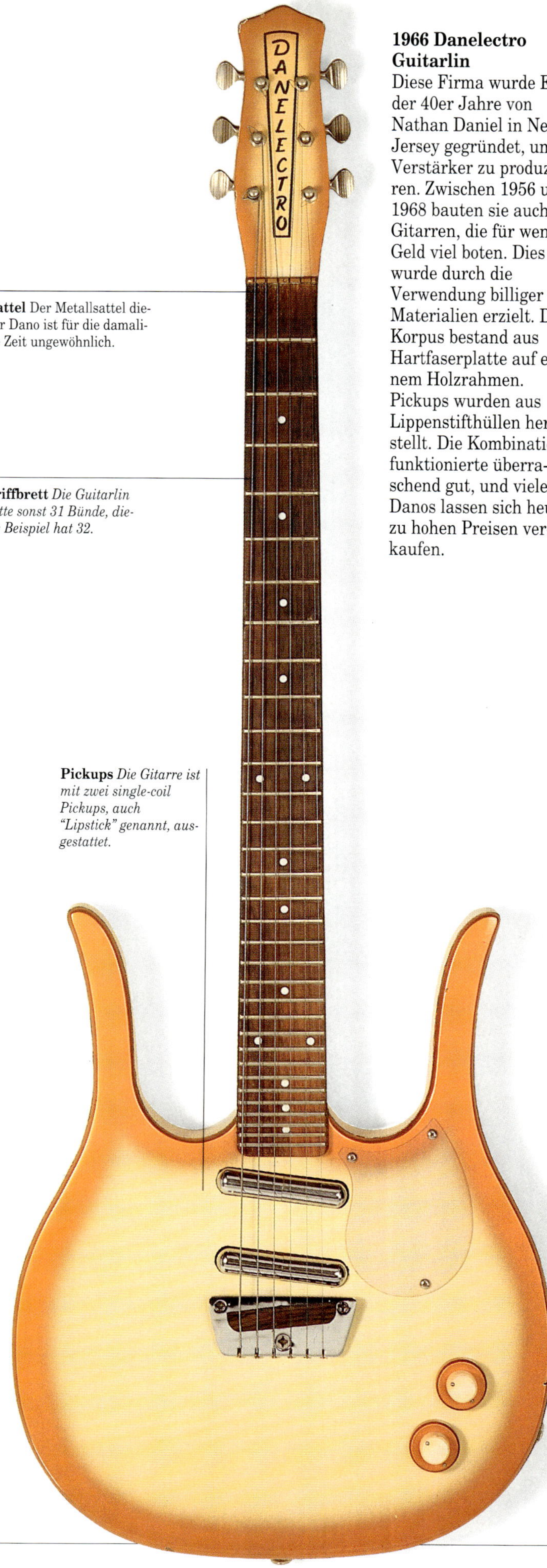

1966 Danelectro Guitarlin
Diese Firma wurde Ende der 40er Jahre von Nathan Daniel in New Jersey gegründet, um Verstärker zu produzieren. Zwischen 1956 und 1968 bauten sie auch Gitarren, die für wenig Geld viel boten. Dies wurde durch die Verwendung billiger Materialien erzielt. Der Korpus bestand aus Hartfaserplatte auf einem Holzrahmen. Pickups wurden aus Lippenstifthüllen hergestellt. Die Kombination funktionierte überraschend gut, und viele Danos lassen sich heute zu hohen Preisen verkaufen.

Sattel Der Metallsattel dieser Dano ist für die damalige Zeit ungewöhnlich.

Griffbrett *Die Guitarlin hatte sonst 31 Bünde, dieses Beispiel hat 32.*

Pickups *Die Gitarre ist mit zwei single-coil Pickups, auch "Lipstick" genannt, ausgestattet.*

Veleno (links)
John Veleno baute seine ungewöhnlichen Gitarren Anfang der 70er Jahre in Kalifornien. Sie bestanden nahezu ausschließlich aus Aluminium. Der ausgefallene Headstock war mit einem Rubin versehen.

Headstock *Supros zeigen nach links, Nationals nach rechts.*

Body *Valco nannte sein Fiberglas "Res-o-glas", beschrieben als "Polyesterharz mit reinen Galsfasern".*

Pickups *Der Vista-Power-Pickup soll das "Verblassen" der Saiten verhindern.*

Schalter *Wahlweise für die Pickups*

Volume-Regler *Die drei Pickups haben je einen Regler.*

Tone-Regler *Für alle drei Pickups*

Steg *Silver-Sound-Einheit mit eingebautem Kontakt-Pickup*

1964 National Glenwood 95 (rechts)
In den 60er Jahren erwarb Valco den National-Namen und stellte eine Serie von Modellen mit Fiberglas-Body her, mit dem Ziel, Produktionskosten einzusparen. Doch seine Pläne gingen nicht auf. Auch Newport bot Fiberglas-Gitarren an, ähnliche Westwood-Modelle mit Holzbody machten ihm Konkurrenz, und außerdem gab es billigere Supro-Versionen.

1969 Ampeg Dan Armstrong
Armstrong entwarf dieses Modell für Ampeg. Um die Sustain-Eigenschaften zu verbessern, benutzte er Plexiglas. Die Gitarre wurde zwischen 1969 und 1971 gebaut.

1969 Kalamazoo KG2A
Mit diesem Modell aus Hartfaserplatte begegnete Gibson dem Preisdruck aus Fernost. Er ließ zu diesem Anlaß den Billigmarkennamen Kalamazoo wieder aufleben.

1980 Ovation UKII
Für Ovation war der Umgang mit synthetischen Materialien nicht neu. Der Plastikbody dieser Solid ist auf einen Aluminiumrahmen montiert.

Vom Holz zum Plastik
Gitarrenhersteller werden in Zukunft Alternativen zum Holz finden müssen. Die Verwendung bestimmter Hölzer läßt sich mit der modernen ökologischen Denkweise nicht mehr vereinbaren. Einige Hölzer sind bereits mit einer Handelssperre belegt, andere Sorten sind zu kostspielig. Inzwischen werden billigere Sorten wie Linde benutzt, aber der Trend geht dahin, Holz mit synthetischen Materialien zu kombinieren.

SUPERSTRATS

Die Erfindung der sogenannten "superstrat" kann Grover Jackson zugeschrieben werden, einem kalifornischen Hersteller. Er modernisierte und verbesserte Fenders Stratocaster-Design (S. 72), indem er das Griffbrett auf 24 Bünde erweiterte und die Cutaways entsprechend tiefer ausschnitt. Statt des aufgeschraubten Halses mit der sperrigen Verbindungsplatte benutzt Jackson bei den teuren Superstrats einen durchgehenden Hals, der den Zugriff zu den hohen Bünden erleichtert. Zu den Strat-Pickups fügte er einen Humbucker hinzu, und den einfachen Fender-Vibrato ersetzte er durch einen leistungsfähigen Locking-Vibrato.

1980 erschien Jacksons erste Superstrat, die Soloist. Sie wies all diese Verbesserungen auf. Bezeichnend ist außerdem der "hängende", zugespitzte Kopf. Neben den in den USA gebauten Varianten, erschienen unter den Jackson-Markennamen Pro, Charvel und Charvette in Fernost gefertigte Instrumente. Der Erfolg dieses Designs hat Gitarrenhersteller in aller Welt veranlaßt, die Superstrat zu kopieren.

1988 Jackson Custom Shop Soloist Ein abgewinkelter Headstock für exakte Saitenspannung. Custom-Shop-Jackson-Modelle werden nach Kundenwünschen gefertigt, wie z.B. hier mit vier Mini-Schaltern.

Bund-Zugang *Durch diese Ausfräsung wird der Zugriff zu den hohen Bünden erleichtert.*

Pickups *Standard-Superstrat-Layout: zwei Single-coils und ein Humbucker*

Body *Andere Graphiken hießen "skull graveyard", "psychedelic checkerborads" und "eerie dess".*

Vibrato *Floyd Roses-Locking-Vibrato*

Ahorngriffbrett *Superstrats haben meist ein Palisander- oder Ebenholzgriffbrett.*

1989 Charvel Spectrum
Diese japanische Gitarre weicht vom klassischen Superstrat-Design ab. Wesentliche Unterschiede sind: aktive Tone-Schaltung, Pickguard und "reversed" Headstock.

Pickup-Layout
Gitarristen haben sich oft gewünscht, ihre Strats - und besonders die Steg-Pickups - würden einen kraftvolleren, Gibson-ähnlichen Sound erzeugen. Diesen Wunsch erfüllt ihnen die Superstrat, die den single-coil Steg-Pickup durch einen Humbucker ersetzt. Dieser Humbucker ist mit einer Spulenanzapfung ausgestattet, mit der eine der beiden Spulen ausgeschaltet werden kann. Dadurch erhält man mit der Superstrat sowohl den typischen Single-Coil-Sound als auch den warmen, lauteren Humbucker-Sound, und auch jede Kombination daraus.

Locking-Vibrato

Die frühen Vibratos, wie das Fender- oder Bigsby-System, waren für einen sachten, mäßigen Gebrauch konstruiert. Die Gitarristen jedoch verlangten nach größeren Variationsmöglichkeiten in der Tonhöhe, wodurch die Mängel der frühen Systeme sichtbar wurden. Ihr Hauptproblem war die Stimmstabilität. Die Vibratos brachten die Saiten nicht immer in die Ausgangsstimmung zurück.
Ende der 70er Jahre zeichnete sich eine Lösung für dieses Problem ab: Die Saiten wurden festgeklemmt. Der Neuseeländer Dave Storey entwickelte ein Design, das die Saiten am Sattel festklemmte. Diese Idee führte der Amerikaner Floyd Rose noch weiter. Er fügte für jede Saite Stegklemmen hinzu. Beide Systeme benutzten Fine-Tuning-Einstellungen am Steg, mit denen die Saiten, nachdem sie festgeklemmt waren, justiert werden konnten.
Diese Locking-Vibratos wurden populär, als eine neue Generation von "fast-fingered" Gitarristen heranwuchs. Das wirksame System bot ihnen völlig neue Möglichkeiten, Klangvariationen, die weit über das normale Maß hinausgingen. Das Floyd-Rose-Design ist heute marktführend, und jede Superstrat wird standardmäßig mit diesem System angeboten.

1990 Jackson Custom Shop Soloist (rechts)
Attraktiv gemasertes Ahorn mit Sunburst-Finish und Gold-Hardware. Ab 1990 wird das original Jackson-Logo nur noch für Custom-Shop-Modelle verwendet.

1990 Jackson USA Soloist (unten)
Dieses Finish nennt sich "Californian Sunset". Alle in den USA produzierten Jackson-Modelle sind mit Graphik-Finish erhältlich.

Griffbrett *Diese "Shark-fin"-Einlagen sind ein Warenzeichen von Jackson.*

Sattel *Drei Saitenklemmen arretieren die Saiten.*

1988 Washburn EC36 (rechts)
Eine japanische Superstrat mit "Stephens Extended Cutaway". Man hat Zugang zu allen 36 Bünden. Das Gegenstück, die EC29, hat nur 29 Bünde, dafür aber einen zusätzlichen single-coil Pickup.

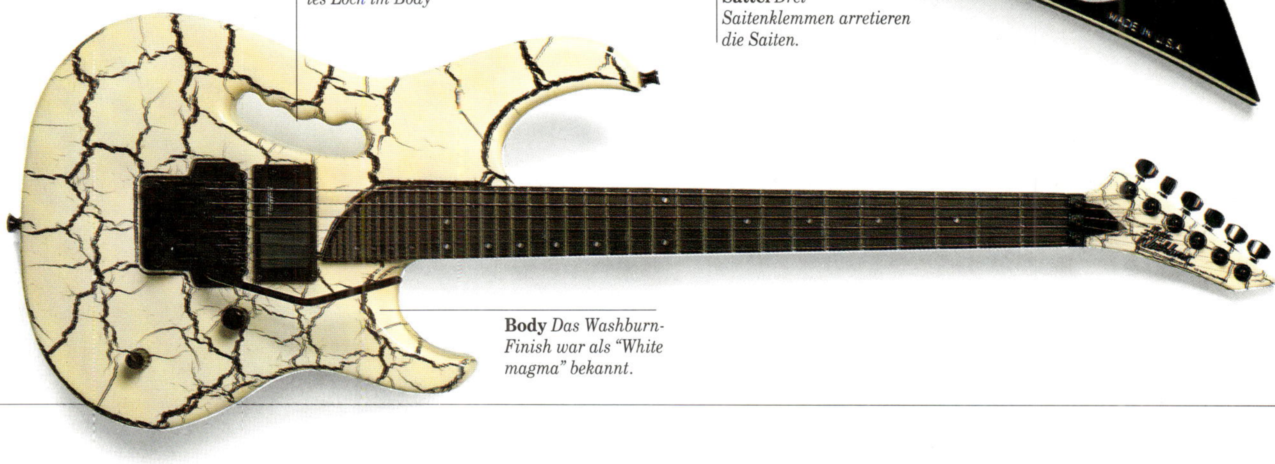

Griff *Ein als Griff geformtes Loch im Body*

Body *Das Washburn-Finish war als "White magma" bekannt.*

GROSSBRITANNIEN: JIM BURNS

Nach einem bescheidenen Anfang als Burns-Weill wurde Jim Burns in den 60er Jahren zum bedeutendsten Gitarrenhersteller in Großbritannien. Er exportierte seine Qualitätsinstrumente in alle Welt und lieferte auch Beiträge zur Weiterentwicklung der E-Gitarre.
1965 kaufte die amerikanische Firma Baldwin - sie hatte bereits versucht, Fender zu erwerben, wurde jedoch von CBS überboten - Burns Firma auf. Sie war wenig erfolgreich und stellte die Gitarrenproduktion 1970 ein. Doch Burns gab nicht auf. 1974 brachte er als Burns UK eine Serie von seltsam aussehenden Solid-E-Gitarren auf den Markt, die jedoch 1977 wieder verschwanden.
Zwei Jahre später versuchte er ein weiteres Comeback, mit einer neuen Firma und neuen Gitarren-Modellen, sowohl Nachbauten als auch ausgefallenen Designs. Die Reaktion der Spieler blieb wiederum verhalten, was in Verbindung mit einem schwachen Management 1983 zum endgültigen finanziellen Ruin führte.

Jim Burns Scorpion
Der Name dieses Modells von 1979 spielt auf seine ausgefallene Bodyform an.

Burns Vibra-Artiste
Dies war Burns' erste Solid (1960-62), mit Kurzmensur und komplexen Reglern.

1977 Burns UK Flyte
Ein offenbar von der "Concorde" inspiriertes Design.

Pickups *Drei Ormston Burns Ultra-Sonic single-coil Pickups.*

Farbe *Dies ist ein seltenes Modell von 1964 mit rotem Finish, sonst waren die Gitarren schwarz.*

Regler *Von links nach rechts: Volume, Tone, 2-Weg-Schalter, 4-Weg-Pickup-Schalter für Baß, Treble, Wild Dog und Split-Sound.*

Rück- und Seitenansicht
Bei der ersten Version war der Hals eingeleimt, bei diesem Modell wurde er bereits aufgeschraubt. In der Seitenansicht wird deutlich, wie die Hörner nach vorn geneigt sind.

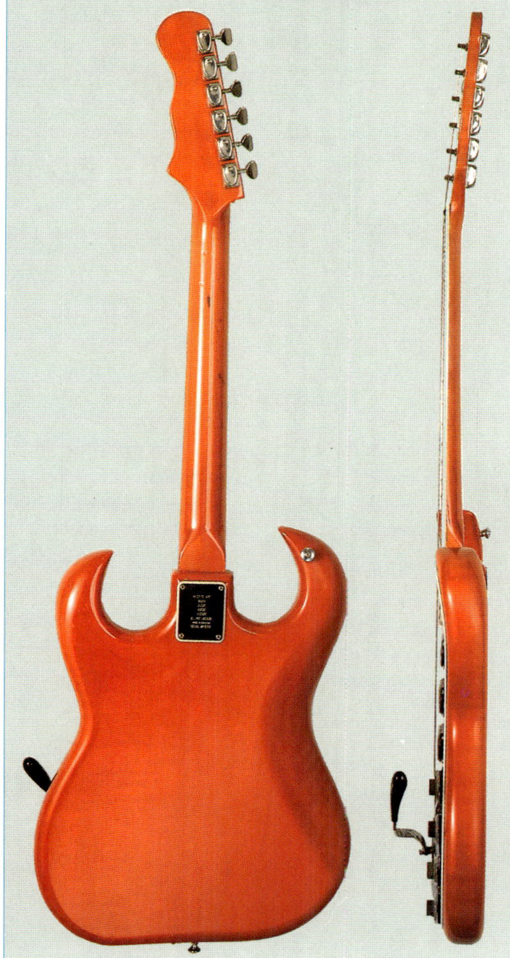

Burns Ideen
Jim Burns und sein Team waren um originelle Ideen nie verlegen. Die Artist von 1960 hatte einen absatzlos eingeleimten Hals mit 24bündigem Griffbrett. Die Bison von 1961 hatte ein Trussrod-Getriebe zur besseren Einstellung der Halsneigung und niederohmige Pickups für reineren Klang. Die Burns TR2 von 1963 war die erste Gitarre mit klangverstärkender aktiver Schaltung, und die Virginian von 1965 hatte einen stacked-coil Pickup.

Sammelobjekte
Die meistgesuchte Burns-Gitarre ist die Marvin von 1960. Die Nachfrage ist groß, hauptsächlich wegen der Verbindung zu den Shadows, doch es wurden nur 350 gebaut. Auf der Liste der Sammler stehen an zweiter Stelle die Bison-Modelle, alle anderen Instrumente sind sehr viel weniger begehrt. Viele dieser Modelle der 60er Jahre werden jedoch Erinnerungen wecken, besonders bei älteren britischen Gitarristen, die ihre Karriere vielleicht mit einer Sonic, einer Jazz Split Sound, einer Vibraslim oder einer Vista Sonic begonnen haben.

Scroll Headstock
Dieses Schnecken-Design wurde von Hank Marvin für die Burns Marvin vorgeschlagen.

Literatur
Burns' Werbematerial war schwärmerisch und überschwenglich. Die Abbildung läßt bereits vermuten, in welch bildhafter Sprache er seine Texte gestaltete.

Baldwin Baby Bison (rechts)
1965 entwarf Burns für den Export eine kleinere Version der Bison, die allerdings unter dem Namen Baldwin erschien. Eine spätere Version wies einen veränderten Headstock auf.

Bison (oben links)
Diese zweite Version (1962-64) ersetzte die frühere mit vier Pickups (1961-62). Später wurde sie von der scroll-head Bison (1964-65) abgelöst.

BRITISCHE HERSTELLER

In den vergangenen 30 Jahren übte die britische Musik weltweit großen Einfluß aus. In der Hersteller-Szene jedoch spiegelt sich diese Entwicklung nicht wider. Nur eine Handvoll britischer Gitarrenmarken erzielte auf dem heimischen Markt während der 60er Jahre Erfolge, denn die meisten Gitarristen schienen Import-Produkte zu bevorzugen.

Obwohl die in England hergestellten Gitarren oft bessere Qualität boten, ließen sie offenbar den Zauber der USA-Instrumente vermissen. Meist sind es Anfänger oder britische Enthusiasten, die den Wert der britischen Gitarren zu schätzen wissen. Die meisten UK-Modelle sind für den einheimischen Markt bestimmt, nur Burns und Vox gelang es, mit ihren Gitarren auch Exportmärkte zu erobern.

Konkurrenz

Der Zustrom ausländischer Gitarren, hauptsächlich aus Fernost, hat alle großen Hersteller in Großbritannien zur Aufgabe gezwungen. Dafür sind zahlreiche kleine Werkstätten entstanden, in denen handgefertigte Gitarren für den gehobenen Anspruch gebaut werden. Einige mutige Hersteller bringen auch Modelle mit ausgefallenem Design heraus.

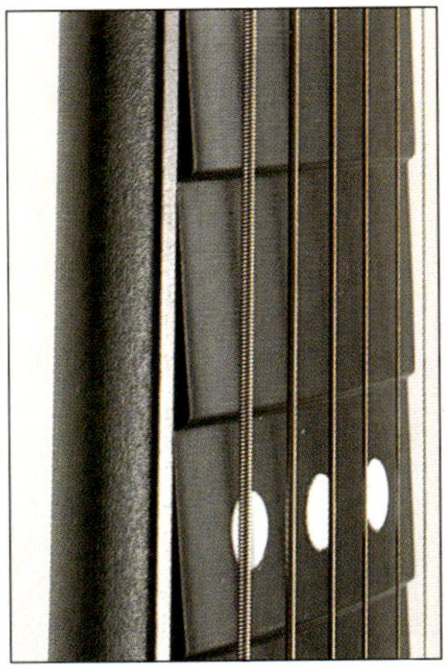

Griffbrett *Statt der normalen Bünde mit abgeschrägten Stufen.*

Display *Digital-Display für Regler und Pickup.*

Ned Callan Cody
Ned Callan ist ein Pseudonym für den Hersteller Peter Cook. Das unverwechselbare Styling brachte der Hombre und der Cody (rechts) den Spitznamen "Nobbly Neds" ein. Die Solids wurden Mitte der 70er Jahre produziert.

Karnak Isis II
Von 1985 bis 1987 produzierten die schottischen Hersteller Maurice Bellando und James Cannell Gitarren mit neuem Styling, denen sie treffende ägyptische Namen gaben.

Bond
Diese Graphit-Gitarre mit Control-Anzeige und Stufengriffbrett ist die Erfindung des schottischen Herstellers Andrew Bond. Nach einem beeindruckenden Start Anfang 1984 folgten weitere Serien. Doch die ursprünglichen Erwartungen wurden durch den ständig steigenden Preis zunichte gemacht. Es wurden nur wenige Instrumente verkauft. Trotz erheblicher Investitionen mußte die Firma 1986 aufgeben.

Material *Hals und Body aus Carbon.*

Regler *Pickup-Druckschalter und beleuchtete Kippschalter für Volum Treble und Baß.*

Vox
Als einer der wenigen britischen Hersteller produzierte Vox in den 60er Jahre einige Modelle, die seither zu Klassikern geworden sind. Am bekanntesten sind die “sargähnliche” Phantom und die Mk-Serien, wie die Mk VI (rechts), auch “teardrops” genannt. Vox brachte ständig wechselnde, neue Designs heraus. Anfang der 60er Jahre erschien der Name zunächst nur auf Import-Modellen. Später folgten in Großbritannien hergestellte Gitarren. Ende der 60er Jahre wurde die Produktion nach Italien verlagert.

Shergold Custom Masquerader (oben)
Eine ungewöhnlich Farbkombination: grünes Sunburst-Finish mit schwarzer Hardware.

Shergold
Der ehemalige Burns-Mitarbeiter Jack Golder gründete seine Firma Ende der 60er Jahre. Er lieferte Instrumente und Einzelteile für Hayman, Burns UK und Ned Callan. In den 70er Jahren produzierte er seine eigene Shergold-Serie. Dazu zählten die Meteor, Modulator, Cavalier und Activator. Shergold war die letzte britische Firma, die Gitarren in Massenproduktion herstellte. Inzwischen konzentriert Jack Golder sich auf Sonderanfertigungen und Maßarbeit.

Hayman White Cloud (rechts)
Die ersten Hayman-Modelle erschienen 1970. Jim Burns half bei der Entwicklung, Shergold lieferte die Holzarbeit. Die White Cloud war eins der letzten Modelle von Hayman, bevor die Firma 1975 schloß.

Kataloge
Das britische Werbematerial unterscheidet sich im allgemeinen erheblich von den bunten Borschüren amerikanischer oder anderer europäischer Hersteller. Britische Prospekte der vergangenen 30 Jahre erkennt man bereits an ihrer eintönigen Aufmachung, die Produkte werden meist in typisch englischer Zurückhaltung dargestellt

Vox Apache
Einige Vox-Modelle gab es nur in sehr geringer Auflage, wie auch diese Apache aus den 60er Jahren. Konstruktion, Hardware und Materialien sind typisch für Vox.

Fenton-Weill Triplemaster (links)
Henry Weill gründete seine Firma 1959. Bis Mitte der 60er Jahre produzierte er eigenwillige Solid- und Semi-Solid-Gitarren. Das Beispiel ist von 1962.

Wilson Sapphire III (rechts)
Wilson ging aus Watkins hervor, ein bekannter Name aus den 60er Jahren. Bis 1982 produzierte Wilson Gitarren.

DEUTSCHE HERSTELLER

Durch die in Deutschland stationierten amerikanischen Streitkräfte wurde der Einfluß des Rock'n'Roll hier früher spürbar als in anderen Teilen Europas. Da amerikanische Instrumente entweder zu teuer oder nicht erhältlich waren, sahen sich die deutschen Gitarrenhersteller Ende der 50er Jahre einer wachsenden Nachfrage gegenüber. Die deutschen Gitarristen wollten den Sound des amerikanischen Rock'n'Roll erzeugen. Dadurch erhielten deutsche Firmen einen deutlichen Vorsprung vor anderen europäischen Herstellern. Sie begannen schon bald, ihre Gitarren ins Ausland zu exportieren - auch in die USA.

Die bekanntesten Hersteller - Hofner, Framus, Klira und Hoyer - waren in der Gegend von Bubenreuth und Erlangen ansässig. Im Zuge des Beat-Boom der 60er Jahre, es bildeten sich Tausende von Gruppen, weiteten sie ihre Produktion aus. Nach diesem Höhepunkt begannen sie in den 70er Jahren, wie alle Hersteller, berühmte Fender- und Gibson-Originale zu kopieren. Als dann die Nachfrage nach Inlandsprodukten abnahm, verschwanden manche der großen Namen. Gegenwärtig produzieren deutsche Firmen immer noch Gitarren von hoher Qualität, jedoch in geringeren Auflagen. Sie sehen sich einer harten Konkurrenz aus Amerika und Fernost gegenüber.

Frühe E-Gitarren
Modelle wie die Roger 54 (rechts) und die Framus Hollywood 3 waren deutlich von Gibson beeinflußt. Beide Semi-Solid-Gitarren wurden um 1960 gebaut.

***Einlagen** Hofners dreiteilige Bundmarkierer.*

Regler *Ungewöhnlich sind die Roll- und Schieberegler für Pickup-Schaltung und Tonregulierung.*

Hofner 176 Galaxie
Gitarristen, die sich keine original Fender leisten konnten, waren mit Hofners Solids der 60er Jahre durchaus zufrieden. Die Galaxie war eine klassische Mischung aus Hofner Merkmalen und Fender-Einflüssen.

Hofner 175 (rechts)
Diese Spezialversion hat einen vinylbeschichteten Body und ein rotes Perloid-Pickguard. In den 60er Jahren war die Nachfrage nach Gitarren so groß, daß manche Hersteller die Produktion beschleunigten, indem sie statt des zeitaufwendigen Farb-Finish Vinyl benutzten.

Framus Nashville
Framus, gegründet 1946, baute in den 60er Jahren Solids basierend auf dem Fender-Design. Später erschienen eigene Modelle wie die Jan Akkerman und diese Nashville von 1975.

Hopf Telstar Standard
Hopf wurde 1669 gegründet. Mehr als drei Jahrhunderte lang, bis in die 80er Jahre hinein, stellte die Firma Instrumente her. In den 60er und 70er Jahren erschienen viele gute Qualitäts-Solids. Diese Telstar ist Baujahr 1963.

Huttl Star
Die Star von 1982 ist eine ausgefallene Solid dieser weniger bekannten Firma. Huttl-Gitarren konnten mit der Qualität der großen deutschen Marken sicher nicht konkurrieren.

Griffbrett
Ungewöhnlich sind die seitlich angeordneten Bundmarkierer.

Klira Tornado
Klira ist der Markenname des Herstellers Johannes Klier, der seine Firma 1887 gründete. Während der 60er Jahre kamen zahlreiche Solids heraus, die von Fender beeinflußt waren, so auch diese Tornado von 1966. Später konzentrierte sich Klira auf Kopien.

Rockinger Lady
Seit 1978 stellt Rockinger hochwertige Einzelteile und komplette Gitarren her.

Kataloge
Deutsche Gitarrenhersteller versuchten, das moderne, amerikanische Design zu imitieren, ihre Kataloge wirken allerdings eher altmodisch.

Roger Rossmeisl
Die meisten deutschen Gitarrenbauer waren damit zufrieden, ihren Beruf im eigenen Land auszuüben. Wenzel Rossmeisl, der seine Firma nach seinem Sohn Roger benannte, erging es nicht anders.

Roger Rossmeisl (1927-79) jedoch ging in den 50er Jahren nach Amerika, wo er zunächst bei Gibson in Michigan tätig war. Schon bald wechselte er zu Rickenbacker nach Kalifornien. Hier war er für Einzelanfertigungen, aber auch für Produktionsmodelle wie die Capri und die Combo verantwortlich. 1962 verließ er Rickenbacker und ging zu Fender, wo er die erste Fender-Akustik-Serie entwickelte, sowie die Montego und LTD, beides Archtop-E-Gitarren. Die Arbeit Rossmeisls beeinflußte auch Semie Moseley, der Rossmeisl bei Rickenbacker als Lehrling zugeteilt war und später seine eigene Firma gründete.

Rossmeisls Markenzeichen war die "German carve", ein Profil am Korpusrand, das schon sein Vater verwendete. Dieses Detail wurde von vielen Herstellern übernommen, besonders in Japan, wo Mosrite äußerst beliebt war.

Warum ein solch bedeutender Gitarrenbauer keine eigene Firma gegründet hat, bleibt ein Geheimnis. Statt dessen brachte Roger Rossmeisl die Vorteile deutscher Gitarrenbaukunst einigen großen amerikanischen Herstellern nahe.

ITALIENISCHE HERSTELLER

Wie die anderen europäischen Länder erlebte auch Italien in den 60er Jahren den Popmusik-Boom, der zu einer großen Nachfrage nach E-Gitarren führte. Viele italienische Modelle wurden von Akkordeon-Herstellern geliefert, die die Aspekte dieses etablierten Instruments mit ihren eigenen Vorstellungen von E-Gitarren kombinierten. Das Ergebnis war ein Instrument, das den sonst angebotenen kaum ähnelte.
Später machten sich amerikanische Einflüsse bemerkbar, und in den 70er Jahren wurden fast ausschließlich, wie in den meisten anderen Ländern, Kopien der berühmten Marken produziert.

Finish
Zwei Beispiele italienischer Plastik-Mode der 60er Jahre, Bartolini (rechts) und Crucianelli (mit dem Firmennamen Elite). Beide Instrumente sind im Akkordeon-Stil mit Plastik beschichtet. Ebenfalls dem Akkordeon angelehnt die in Reihe angeordneten Drucktastenschalter.

Drucktasten *Für eingestellte Klangfarben wie "Twang", "Take Off" oder "Jazz".*

Pickups *Vier doppelpolige Alnico V.*

Eko 700 4V
Der größte italienische Hersteller Oliviero Pigini & Co brachte dieses Modell mit drei Cutaways 1964 heraus und exportierte unter dem Namen Eko in 28 Länder. Es war das Top-Modell der Eko-Solid-Serie mit plastikbeschichtetem Body. Eko warb besonders mit dem Hinweis, daß sich das thailändische Holz nicht verzog.

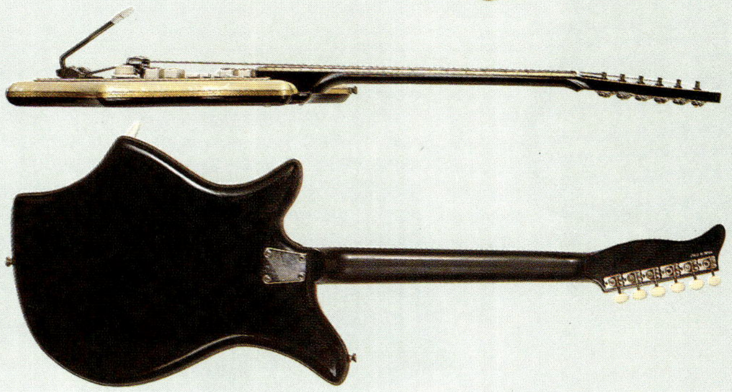

Rück- und Seitenansicht
Eine Gitarre mit zweifarbiger Plastikbeschichtung. Zwischen den Farben ein goldener Trennstreifen.

Wandre
Mit dem "Duraluminium"-Metallhals und -Headstock zeichnete sich bei diesem Modell aus den 60er Jahren ein neuer Trend ab, der dem amerikanischen Design um einige Jahre voraus war.

Galanti Grand Prix
Diese Solid aus den 60er Jahren wurde ausnahmsweise nicht mit Plastik beschichtet. Auf die typischen Drucktasten wollte der Hersteller jedoch nicht verzichten, diesmal auf einem "Blitz"-Pickguard.

Stonehenge II
Dieses Modell mit Metallröhrenrahmen wurde 1984 von Alfredo Bugari entworfen und gebaut. Der Name spielt auf seine Theorien über die Akustikeigenschaften des englischen Steinkreises an.

Melody Blue Sage
1982 brachte eine deutlich konservative Firma dieses Modell heraus. Es ist hochwertiger als die meisten Melody-Gitarren. Der Humbucker ist mit einer Holzabdeckung versehen; am Steg ein Piezo-Pickup.

Gemelli 195/4/V
Ein Modell von Benito & Umberto Cingolani. Wie ihre Werbung versprach, erzeugten die verschiedenen Tasten Klangfarben wie "Acute", "Bass Acute" und "Closed".

Kataloge
Die Prospekte waren nicht selten noch exotischer als die Instrumente, für die sie werben sollten. In der glitzerden lockeren Aufmachung paßten sie perfekt zu diesen Fun-Gitarren.

EUROPÄISCHE HERSTELLER

Während des Gitarren-Booms der 60er Jahre wurden in Europa viele Firmen gegründet. Oft genügte bereits eine einheimische Marke, um den Bedarf eines Landes zu decken. Diese Hersteller boten preiswerte Alternativen zu Import-Produkten an.
Natürlich ähnelten diese Gitarren weitgehend den amerikanischen Marken. Trotzdem gab es einige europäische Hersteller, die ihren eigenen Stil entwickelten und Kopien, wie sie in den 70er Jahren in Fernost üblich waren, vermieden.
Obwohl die europäischen Instrumente nicht den weltweiten Erfolg der amerikanischen verzeichneten, konnten sich doch manche Markennamen über einen beachtlichen Zeitraum auf dem Markt halten. Später wurden die meisten von ihnen durch die Massenprodukte aus USA und Fernost verdrängt. Kleine Hersteller überlebten, indem sie hochwertige Gitarren für eine Minderheit von recht wohlhabenden Spielern anboten.

Europa Cristal Dieses Modell brachte ein französischer Hersteller in den 80er Jahren heraus, mit Graphit-Hals, Kunststoffgriffbrett, deutschen Pickups und amerikanischem Vibrato-System.

Egmond 3 Die holländischen Egmond-Gitarren (produziert von 1960 bis Mitte 1970) richteten sich an Anfänger. Dieses vinylbeschichtete Modell von 1965 trägt den Namen des UK-Importeurs Rosetti.

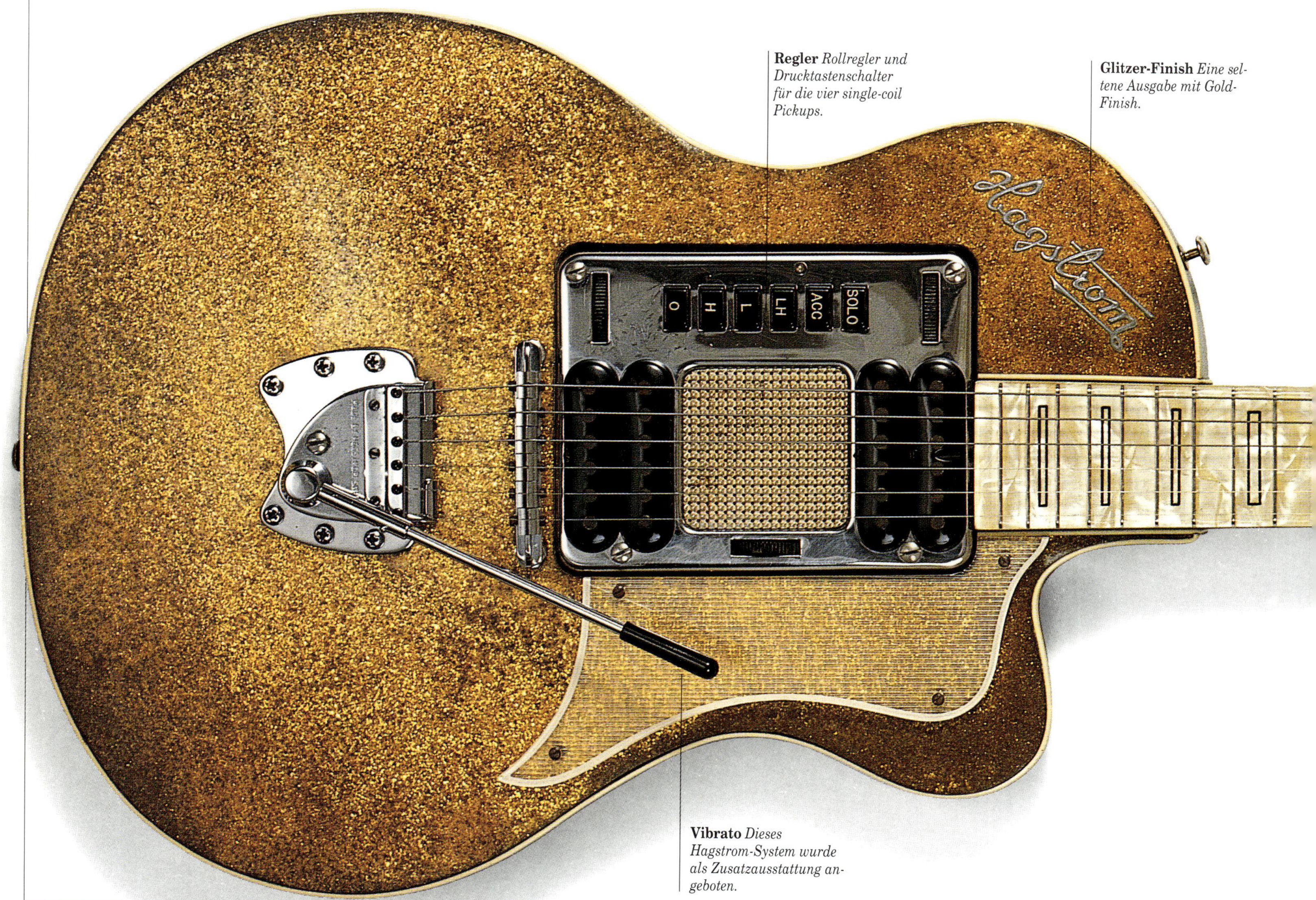

Regler *Rollregler und Drucktastenschalter für die vier single-coil Pickups.*

Glitzer-Finish *Eine seltene Ausgabe mit Gold-Finish.*

Vibrato *Dieses Hagstrom-System wurde als Zusatzausstattung angeboten.*

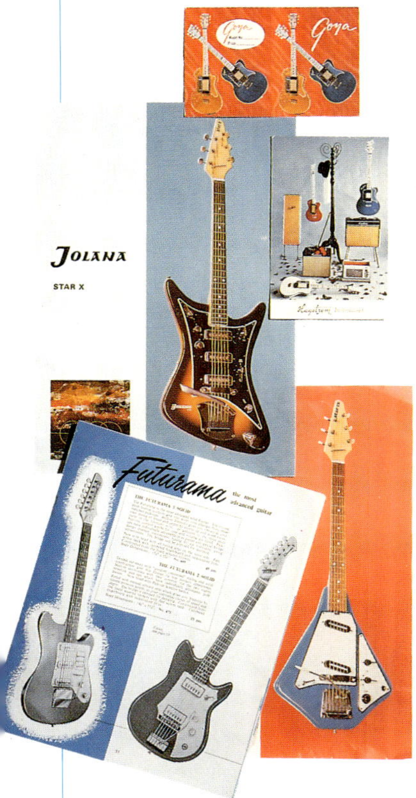

Kataloge
Prospekte von Jolana und Futurama, beide aus der Tschecheslowakei, und Hagstrom und Goya aus Schweden. Futurama und Goya waren Namen ausländischer Importeure.

Special 64
Diese Solid wurde Mitte der 60er Jahre von der jugoslawischen Firma Muzicka Naklada herausgebracht. Obwohl sie grob verarbeitet ist und von minderer Qualität, ist der Fender-Einfluß unübersehbar.

Futurama 3 (oben)
Der Markenname des britischen Importeurs Selmer tauchte zuerst bei diesen tschechischen Solids Ende der 50er Jahre auf.

Musima Eterna Deluxe (unten)
Ende der 50er Jahre brachte eine DDR-Firma E-Gitarren heraus. Hier eine Version der Eterna Deluxe von 1982.

Griffbrett *Die Bünde sind in die Plastikschicht über dem Perlmutt-imitat eingelassen.*

Hagstrom P46 Deluxe (oben)
Die schwedische Firma Hagstrom bestand seit Ende der 50er Jahre bis Anfang der 80er Jahre. Neben dem hier gezeigten Modell mit vier Pickups gab es auch eine Version mit zwei Pickups.

Defil Jola 2
Defil ist Polens einziger Großhersteller. Er bietet ein breites Sortiment von Solids und Semi-Solids an. Diese Gitarre wurde Mitte der 70er Jahre gebaut.

1959 Guyatone LG30 Guyatone stellt seit 1933 Gitarren her. Die ersten Solids kamen Ende der 50er Jahre heraus. Unter den Namen Star, Guyatone und Antoria wurden sie nach Großbritannien exportiert.

Pickguard *Das dreiteilige Design wurde von Burns-Gitarren kopiert.*

1965 Ibanez Dies ist der Markenname der angesehenen Firma Fuji Gen-Gakki. Ibanez' Solid-E-Gitarren als Original-Design erschienen Anfang der 60er Jahre. In den USA wurden sie unter dem Goldentone-Logo verkauft.

1968 Tokai Humming Bird Das Original-Design dieser frühen Solid der Firma Tokai war stark von Mosrite beeinflußt. Mosrite war durch die Ventures-Modelle in den 60er Jahren in Japan populär geworden.

Logo *Yamahas Markenzeichen, die gekreuzten Stimmgabeln, erscheint auf vielen Instrumenten.*

1967 Yamaha SG5A Seit über hundert Jahren stellt Yamaha Musikinstrumente her. Die ersten Solid-E-Gitarren kamen 1966 heraus, eine Serie mit deutlich amerikanischem Charakter. Die abgebildete Gitarre stammt aus der zweiten Serie, ein eigener Entwurf von einer Qualität, die den meisten zeitgenössischen Konkurrenzmodellen überlegen war.

Regler *Volume, Tone und Balance, sowie Pickup-Schalter.*

JAPAN: ORIGINALE UND KOPIEN

Die Japaner begannen Ende der 50er Jahre Solid-E-Gitarren herzustellen. Die ersten Instrumente zeigten starke westliche Einflüsse, kombiniert mit eigenen Ideen. Fälschlicherweise wird oft behauptet, die japanische Gitarrenproduktion würde sich ausschließlich auf Kopien gründen.

Die Phase der Kopien begann erst um 1970. Dabei richteten die Japaner ihr Hauptaugenmerk auf die bekanntesten US-Modelle wie die Gibson Les Paul und die Fender Stratocaster, aber auch alle anderen Originalmodelle wurden imitiert. In der frühen Phase genossen die japanischen Kopien keinen guten Ruf, denn der Mangel an technischen Kenntnissen führte zu einer nur minderwertigen Qualität. Inzwischen haben sich die Fertigungsmethoden deutlich verbessert, so daß die Fernost-Produkte eine ernstzunehmende Konkurrenz für die westlichen Hersteller darstellen.

1975 Ibanez 2364
Ibanez wurde in den 70er Jahren zum führenden Hersteller von Kopien, die allerdings feine Details vermissen ließen. Diese Gitarre ist eine Kopie der Ampeg Dan Armstrong (S. 95). Der verschiebbare Pickup des Originals wurde durch zwei fixierte Pickups ersetzt.

1978 Clearsound "Strat"
Dies ist keine Kopie eines bestimmten Fender-Modells. Der durchsichtige Plastikbody im Strat-Style ist dünner, um das Gewicht zu reduzieren. Hals und Hardware basieren auf dem viel kopierten Stratocaster-Design.

1985 Tokai TST50
Einige japanische Firmen kopierten die US-Originale so perfekt, daß die Amerikaner ihre Anwälte einschalteten. 1982 entschloß sich Fender angesichts der wachsenden Konkurrenz, wie sie an dieser Tokai deutlich wird, zu einer eigenen Fernost-Produktion.

Headstock *Bei diesem Mosrite-Logo-Versuch fehlt der wichtigste Zusatz: "... of California".*

Pickups *Eine gewissenhafte Kopie des Mosrite-Originals.*

1979 "Mosrite"-Kopie (rechts)
Hier wird der Kopist zum Plagiator. Diese nicht genehmigte "Mosrite" versucht sich als Original zu verkaufen, indem sie selbst den Namen entlehnt.

Kataloge
Frühe Yamaha- und Ibanez-Originale, die Tokai-"Les Paul" und eine Mosrite Raubkopie.

JAPAN: SEIT DEN 70ER JAHREN

Nach dem großen Erfolg ihrer Kopien fühlten sich viele japanische Hersteller sicher genug, wieder eigene Entwürfe auf den Markt zu bringen. Westliche Einflüsse waren immer noch erkennbar, doch es entstand ein unverwechselbar japanischer Stil. Die radikale Gestaltung wurde in den 80er Jahren mit synthetischen Materialien kombiniert. Während dieser Zeit entstanden eine Reihe begehrter Designs, wie zum Beispiel der schichtverleimte durchgehende Hals.

Infolge der steigenden Produktionskosten in den USA begannen amerikanische Firmen Anfang der 80er Jahre, ihre Gitarren in Japan produzieren zu lassen. Das bekannteste Beispiel ist Fender, dessen Stratocaster neben den modernen "Superstrat"-Versionen das dominierende Modell der 80er Jahre war. Firmen aus Fernost folgten diesem Trend.

Da sich auch die Japaner bald steigenden Produktionskosten gegenübersahen, verlagerten sie ihre Produktion ebenfalls in andere östliche Länder. Heute unterscheiden sich die Preise der japanischen Modelle kaum noch von denen ihrer amerikanischen Konkurrenten.

1990 Jackson Professional Warrior (oben)
Mit dieser in Japan hergestellten Jackson trennt sich die US-Firma radikal von ihrem bekannten Superstrat-Stil.

1982 Aria Urchin Deluxe
Aria ist der Markenname der Firma Arai. Zwischen 1977 und 1987 stellte sie in der Fabrik in Matsumoku verschiedene erfolgreiche Modelle her. Die ausgefallene Urchin ließ sich jedoch nicht so gut verkaufen wie die traditionell gestalteten Aria-Instrumente.

Body *Er besteht aus einem Eschenkern mit Ahorndecke und -boden.*

1982 Aria-Katalog
Ein Prospektblatt über die Urchin-Serie.

1984 Tokai Talbo A80D
Die Talbo (Tokai ALuminium BOdy) ist ein Originalentwurf der Firma Tokai. Das Material wurde wegen seiner Ton- und Sustain-Eigenschaften ausgewählt. Um den vollen Sound zu vollenden wurden zwei "Blazing Fire Humbucker" hinzugefügt.

1985 Tokai MAT M602
Diese Gitarren der "Most Advanced Technology"-Serie waren mit Graphit- oder Fiberglas-Hals und Body erhältlich. Das abgebildete Instrument hat eine aktive Schaltung, Hals und Body sind aus Fiberglas.

1981 Yamaha SC400 (rechts)
Trotz des Erfolgs der traditionellen SG-Serie, besonders der 2000 (unten), entschloß sich Yamaha, ein früheres, ausgefallenes Design wieder aufzunehmen. Das Pickup-Layout entsprach der Strat, die Konstruktion war hochwertig. Das ungewöhnliche Styling fand jedoch bei den Spielern kaum Anklang, so daß die SC400 nur wenige Jahre produziert wurde.

Yamaha SG2000S (unten)
Wie kein anderes Modell überzeugte die SG2000 die Musiker davon, daß die Japaner Gitarren bauen konnten, die mit dem besten westlichen Standard vergleichbar waren. Dieses Modell aus Yamahas dritter SG-Serie (Mitte der 70er Jahre) kombiniert moderne Aufmachung mit Vintage-Charakter. Die Serie wurde von 1973 bis 1988 produziert.

Bundmarkierer *Bei teuren Modellen verwendete Yamaha diese "Pfeilspitzen"-Einlagen.*

1979 Ibanez Iceman IC210
Diese eigentümlich geformte Gitarre von Ibanez trägt Züge von Rickenbacker und der Gibson Firebird. Der Pickup wurde durch den schwarzen 4stufigen Schalter sowie die normalen Tone- und Volume-Knöpfe geregelt. Andere Iceman-Modelle dieser Periode hatten zwei Humbucker oder einen verschiebbaren Pickup.

1989 Ibanez Maxxas MX3
Obwohl im Zeitalter der Superstrat entstanden, läßt dieses Design mit den geschwungenen Linien, den "Dan Dare"-Knöpfen und dem "Black Hole"-Finish die 50er Jahre wieder aufleben. Amerikanische DiMarzio-Pickups sind in einem Korpus mit akustischen Hohlräumen montiert. Die Maxxas war ein mutiger, wenn auch erfolgloser Versuch, sich vom zeitgenössischen Styling abzuwenden.

Pickup *Dieser überbreite Pickup hat drei Spulen statt der üblichen zwei, wodurch ein spezieller Sound erzeugt wird.*

Aufschwung der Japaner
In den 70er Jahren hätte sich kein Berufsgitarrist mit einer japanischen Gitarre sehen lassen. Das änderte sich in den 80er Jahren. Die deutlich verbesserte Qualität machte die japanischen Gitarren auch auf der Bühne konkurrenzfähig, wie diese Ibanez-Werbung zeigt.

KOREA UND TAIWAN

Gitarristen scheinen für ihre Instrumente nicht den Betrag zahlen zu wollen, der für Keybord-Spieler oder auch Bassisten inzwischen selbstverständlich ist. Entsprechend mußten sich die großen Hersteller nach anderen Standorten umsehen, als die Produktionskosten in den USA und in Japan stiegen. Einige wichen nach Taiwan aus, den meisten erschien aber Korea wegen der klimatischen Verhältnisse geeigneter.
Die primäre Anforderung an die koreanischen Hersteller war ein niedriges Preisniveau. Dies führte unausweichlich zu Kompromissen bei der Materialauswahl. Das Ergebnis ist oft eine Gitarre, bei der modernes Aussehen und ansprechendes Finish den Vorrang haben vor Qualität und Haltbarkeit. Allerdings sind diese Instrumente technisch sehr viel besser als die frühen japanischen Gitarren. Mit einem nach und nach verbesserten Standard gehen auch steigende Preise einher, so daß sich die Firmen bereits wieder nach günstigeren Standorten umsehen.

Yamaha Pacifica
Einige Yamaha-Modelle wurden im Westen entwickelt. So entwarf Marty Booth 1989 die MSG-Serien bei Yamaha UK. Die Weddington (ähnlich der Les Paul) und die Pacifica (Fender-ähnlich) entstanden bei Yamaha USA.

Yamaha RGX Custom (links)
Yamaha-Gitarren wurden zunächst in Japan hergestellt. Anfang der 80er Jahre wurde die gesamte Produktion nach Taiwan verlagert. Die Firma baute ihre eigene Fabrik in Taiwan auf, um das Risiko von Qualitätsverlusten auszuschalten.
Diese RGX Custom von 1989 entspricht dem Stil der populären Superstrat.

Hals *Durchgehender Hals mit 24bündigem Ebenholzgriffbrett.*

Bundmarkierer *Mit diesen rautenförmigen Einlagen sind die RGX Custom und die Standard versehen.*

Pickups *Ein weniger gebräuchliches Superstrat-Layout: zwei Humbucker, in der Mitte ein single-coil Pickup.*

Vibrato: *Der Yamaha-RM-Pro-Vibrato basiert auf dem Floyd-Rose-Locking-System.*

Hohner G3T
Diese Gitarre ohne Kopf von 1990 zeigt, daß östliche Hersteller immer noch gern kopieren. Das Design entspricht unverkennbar einer teuren, in den USA hergestellten Steinberger von 1983. Sie wurde oft kopiert, doch dies ist eins der wenigen Modelle, die sich auf dem Markt hielten. Das Original besteht aus Graphit, diese erheblich preisgünstigere Alternative aus Holz.

Pickups *Diese Select-Pickups wurden von EMG, USA, entwickelt.*

Vibrato *Eine Steinberger-USA-Lizenz.*

Regler *Mit "Blend-Sound"-Tonschaltung, entworfen von Claim Guitars, Deutschland.*

Gretsch Traveling Wilburys
Ende der 80er Jahre versuchte Gretsch, die Popularität der Traveling Wilburys (siehe unten) für sich zu nutzen. Das Instrument ähnelte entfernt den alten Danelectro-Gitarren der Gruppe. Gretsch ließ die verschiedenen in den USA entworfenen Modelle in Korea bauen. Die benutzten Materialien waren billig, die Konstruktion primitiv. Das einzige, was die Gitarre attraktiv machte, war ihr dekoratives Finish. Gretsch nannte es "original graphics".

Die Traveling Wilburys
Die Wilburys waren eine sogenannte Familien-"supergroup", die sich Ende der 80er Jahre aus Spaß zusammenfand: George Harrison ("Nelson"), Jeff Lynne ("Otis"), Bob Dylan ("Lucky"), Tom Petty ("Charlie T Jr") und Roy Orbison ("Lefty").

Marlin Masterclass
Der Name Marlin (britische Importfirma) erschien Ende der 80er Jahre auf koreanischen Gitarren. Die meisten Marlins waren preiswerte Kopien, Instrumente für Anfänger. Dieses Masterclass-Modell ist jedoch von hochwertiger Qualität, mit aufladbarer aktiver Schaltung.

Encore SE1
Der koreanische Name Encore steht für preiswerte Kopien. Bei diesem Modell von 1989 wird deutlich, wie die Firma dem modernen Trend folgt und den Stil des amerikanischen Herstellers Paul Reed Smith kopiert. Das schöne Finish verhüllt allerdings einen Sperrholzbody.

Onyx 1030
Dieser Firmenname eines australischen Importeurs erscheint auf einer Reihe von koreanischen Gitarren. Die 1030 aus den späten 80er Jahren verbindet Merkmale der Mosrite-Instrumente der 60er Jahre mit moderner Schaltung und Hardware.

Starforce 8007
Auch die Starforce-Modelle sind, wie die meisten koreanischen Gitarren, stark an das amerikanische Design der Fender- und Superstrat-Originale angelehnt. Die 8007 wirkt mit ihren "Sternchen"-Einlagen in dieser Hinsicht zurückhaltender.

Korea-Produkte

Viele weltweit bekannte Firmen lassen ihre preiswerteren Modelle in Korea herstellen: Harmony, Gibsons Epiphone und Fenders Squier sind koreanischen Ursprungs. Einige amerikanische Firmen, darunter Kramer und B.C. Rich, verfolgen ein dreigleisiges Programm: Die teuersten Modelle werden in den USA gebaut, Mittelklassemodelle in Japan, und die billigsten Instrumente kommen aus Korea. Auch die führenden japanischen Hersteller, wie Washburn Westone, Aria und Hondo, haben ihre Produktion nach Korea verlagert. Neuerdings erscheinen koreanische Firmen unter eigenem Namen auf dem Markt, zum Beispiel Fenix.

Maton Wedgtail
Diese Solid wurde Ende der 60er Jahre von einer australischen Firma herausgebracht, die der gebürtige Brite Bill May 1946 gründete.

Simpson Pan-o-sonic
Der Neuseeländer Ray Simpson baute seine erste E-Gitarre 1941. Dieses Modell (Mitte der 60er Jahre) zeigt deutliche Strat-Einflüsse.

DIE ÜBRIGE WELT

Die Popularität der elektrischen Gitarre hat sich in den vergangenen 30 Jahren weltweit ausgebreitet. Es gibt kein Land, das nicht seine eigenen Instrumente produziert.

Selbst bei Gitarren, die weit entfernt von den traditionellen Zentren des Gitarrenbaus hergestellt wurden, haben sich die Einflüsse der führenden US-Marken durchgesetzt. Man findet sehr sorgfältige Kopien ebenso wie Gitarren, die nur entfernt an die Originale erinnern, je nach Wissensstand und Sorgfalt der einheimischen Hersteller. Wo nur wenig ausländische Einflüsse wirksam sind, hat sich ein Design mit sehr individuellen Ausprägungen entwickelt.

Werden kulturelle und wirtschaftliche Schranken in den 90er Jahren weiterhin abgebaut, so wird wohl die amerikanische und fernöstliche Gitarrenindustrie den weltweiten Bedarf decken. Es wäre allerdings traurig, wenn dies zur Folge hätte, daß einheimische Hersteller vom Markt verschwinden würden. Besonders für jene, die ungewöhnliche und individuelle Gitarren bauen, wie sie auf diesen Seiten vorgestellt werden.

Body *In Form und Gestaltung besteht nur wenig Ähnlichkeit zu westlichen Instrumenten.*

Dämpfer *Eine federgelagerte, gummibeschichtete Platte dämpft die Saiten.*

Binding *Es dient hier nur als Verzierung.*

Pickups *Die drei single-coil Pickups werden über vier Drehknöpfe und sechs Drucktasten geregelt.*

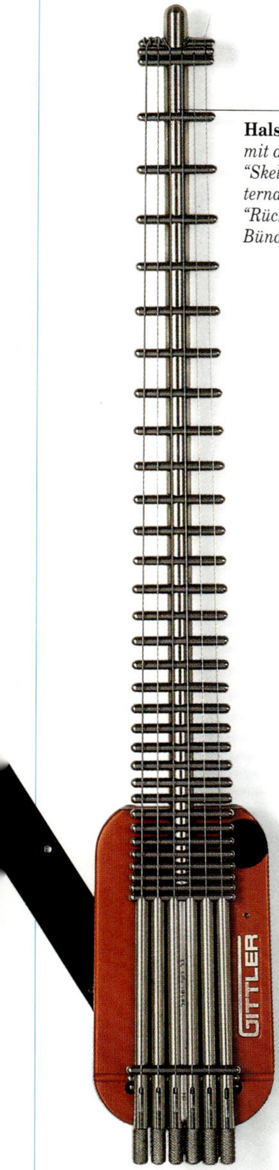

Hals *Die Gittler wurde mit diesem offenen "Skelett"-Hals oder alternativ mit einem "Rücken" hinter den Bünden angeboten.*

Gittler
Der Amerikaner Alan Gittler entfernte alle Details der konventionellen Gitarre, sofern er sie für überflüssig hielt. 1978 hatte er die Entwicklung abgeschlossen und baute kleinere Mengen in Handarbeit. Später ging er nach Israel. 1985 gab die Firma Bar-Rashi die Serienfertigung des Modells (ganz links) bei Astron Engineering Enterprises in Auftrag. Dem "Skelett" aus Edelstahl wurde ein kleiner Korpus hinzugefügt sowie ein einstellbarer Holm für Tragband oder Knieauflage. Auch das Bar-Rashi-Modell von 1990 (links) spiegelt in der einfachen Konstruktion Gittlers Idee der Minimalausstattung wider: ein Sperrholzkorpus, Angelschnurbünde, Flügelmuttern als Stimmvorrichtung.

Sunn Mustang (rechts)
Sunn, bekannt für Verstärker, gehört heute zu Fender. Diese Mustang von 1990 wurde in Indien gebaut. Der Name ist einem Fender-Modell der 60er Jahre entlehnt.

Hang-Don (oben)
Abgesehen von Konstruktion und Material zeigt diese Mitte der 70er Jahre in Vietnam gebaute Gitarre sehr deutliche Fender-Einflüsse.

Logo *Der russische Markenname heißt "Aelita".*

AK Admiral
Dieses Modell wurde 1984 in Leningrad gebaut. Das Projekt, seriengefertigte E-Gitarren herzustellen, scheiterte.

Aelita (Oben)
Diese russische Solid wurde von der Rostov-on-Don-Akkordeonfabrik Ende der 70er Jahre herausgebracht. Das Styling ist ungewohnt, besonders auffällig bei Hardware und Reglern. Obwohl erst relativ spät entwickelt, sind die Instrumente primitiv.

KUNDENAUFTRÄGE

Das breite Sortiment seriengefertigter E-Gitarren ist für die meisten Spieler mehr als ausreichend. Doch es gibt auch Gitarristen, die nicht von der Stange kaufen wollen und eine Gitarre nach ihrem eigenen Entwurf spielen möchten. Dieser Wunsch nach einer Sonderanfertigung wird ihnen von kleinen Werkstätten erfüllt, die praktisch jedes Styling mit jeder Ausstattung und nach jedem Geschmack, sei er auch noch so ausgefallen, herstellen können. Manchmal werden solche Einzelstücke auch für Werbezwecke gebaut, wobei dann der optische Eindruck deutlich im Vordergrund steht.

Solche im Kundenauftrag arbeitenden Werkstätten bieten eine willkommene Abwechslung zum sicheren Kurs der Massenproduktion.

Pickup *Um den optischen Eindruck der Gitarre nicht zu zerstören, ist der Pickup mit einem extrem starken Magneten in den Korpus eingelassen.*

Wolke *Sie verdeckt Steg und Saitenhalter. Außerdem sind in ihr die Mechaniken sowie Lautstärke- und Tonregler montiert.*

Framus Super Yob
Dies ist die deutsche Kopie (1974) einer Sonderanfertigung, die der englische Gitarrenbauer John Birch für Dave Hill von der Gruppe Slade konstruierte.

Body *Die Gitarre soll eine Sience-fiction-Strahlenpistole darstellen.*

Stuart Toms Making Music
Diese "Recycle"-Gitarre baute der englische Hersteller 1989, anläßlich des dritten Geburtstags des britischen Musiker-Magazins MAKING MUSIC.

Hardware *Das vereinte Europa: italienischer Vibrato, deutscher Steg, britischer Pickup.*

Gitarren-Bausätze

Meist werden für Sonderanfertigungen bunt zusammengewürfelte Materialien benutzt. Geeignetes Holz wird zurechtgesägt und gestaltet und selbst entworfene Hardware hinzugefügt.
Während der 70er Jahre erschienen dann Bausätze für Gitarren auf dem Markt. Sie sind nicht so individuell wie Einzelanfertigungen, bieten aber immer noch vielfältige Kombinationsmöglichkeiten. Manche Werkstätten bieten Bausätze als preiswertere Variante an, andere haben sich ausschließlich auf dieses Gebiet spezialisiert. Die Bausatzgitarren bieten praktisch jedem die Möglichkeit, sein eigenes Instrument zu bauen. Voraussetzung sind Grundkenntnisse der Holzbearbeitung und der Funktionsweise elektrischer Gitarren. Mit etwas Zeit und Ausdauer kann ein sehr brauchbares Instrument entstehen.

Viele amerikanische Firmen versuchen sich mit den Gitarren-Bausätzen neue Märkte zu erobern. Pioniere auf diesem Gebiet waren Mighty Mite, Schecter und DiMarzio. Sie boten hochwertige Einzelteile sowie komplette Instrumente an. Firmen wie Performance, Warmoth, Chandler und Stewart-MacDonald folgten ihrem Beispiel. Auch die Japaner ließen diese Entwicklung nicht ungenutzt, genannt seien ESP und Double Eagle. In Deutschland stellte Rockinger qualitativ hochwertige Einzelteile her.
Eine Gitarre nach dieser Methode zu bauen, kann eine große Befriedigung bedeuten und zu besserem Verständnis der Konstruktion und Funktionsweise der E-Gitarre führen und so der Gitarrenbaukunst ein wenig von ihrer geheimnisvollen Aura nehmen.

Headstock *Ein Spiegelstern mit Verankerungen für die Saiten.*

Eastwood Blue Moon (oben)
Diese aufsehenerregende Solid wurde 1980 von dem Engländer Brian Eastwood gebaut. Sie war von der Rock'n'Roll Revival Band Showaddywaddy in Auftrag gegeben, als Werbung für ihre *Blue Moon*-Single, und war in etlichen TV-Sendungen zu sehen. Zweifellos hat sie ihre Werbefunktion erfüllt. Im Klang unterschied sie sich nicht von normalen Instrumenten.

Rebeth Gothic Cross
Dieses Instrument mit deutlich okkultem Charakter wurde Anfang der 80er Jahre von Barry Collier gebaut. Auf der Rückseite ist ein Ziegenkopf abgebildet. Absichtlich grob verarbeitetes Holz und Messing-Hardware unterstützen die übersinnliche Botschaft.

Cobra Rook
Die Engländer John Birch und Barry Kirby bauten das Instrument 1980 für Rook Music. Das Wort Rook hat zwei Bedeutungen: Saatkrähe und Turm (Schachfigur). Beide Symbole tauchen auch auf dem Firmenlogo von Rook Music auf.

Schloß *Das "Fallgitter" wurde aus Bunddraht gebaut.*

Rob Armstrong Corn Flakes
Die Gitarre wurde Ende der 70er Jahre für Simon Nicol (Fairport Convention) gebaut. Die Hardware stammt von einer Columbus-Les-Paul-Kopie. Unter der Kellogg's-Schachtel verbirgt sich ein Holzbody.

ABSEITS DER SECHS SAITEN

Die meisten Gitarristen sind zufrieden, wenn sie die 6saitige Gitarre beherrschen. Einige mutige bevorzugen Gitarren mit zusätzlichen Saiten, die üblicherweise direkt neben den vorhandenen liegen und so "Chöre" bilden. Der Klang wird durch die zusätzlichen, höher gestimmten Saiten unterlegt, besonders wirkungsvoll beim Rhythmus-Spiel.

Manchmal werden für das Solo-Spiel auch nur einzelne Saiten zu den normalen sechs hinzugefügt. Ein Pionier auf diesem Gebiet war der Jazzgitarrist George Van Eps, dessen Gretsch (60er-Jahre-Modell) an die 7-saitige Epi Deluxe der 40er Jahre angelehnt war.

Auch die Reduzierung der Saiten kann zu einem neuen Sound führen. Der vielleicht bekannteste Vertreter dieser Technik ist Keith Richards. Der Gitarrist der Rolling Stones benutzte oft ein 5saitiges Instrument, indem er von einer normalen Gitarre die tiefe E-Saite entfernte. David Bowie dachte den Gedanken weiter und kam bei seiner Tournee 1990 zu einer Minimallösung: Er "spielte" eine 1saitige Gitarre.

1968 Rickenbacker 366-12
Mit Rickenbackers "string converter" konnte eine Gitarre mit 6 oder 12 Saiten gespielt werden. Auch die 336-12 und 456-12 wurden mit dieser kurzlebigen, 1966 erfundenen Vorrichtung angeboten.

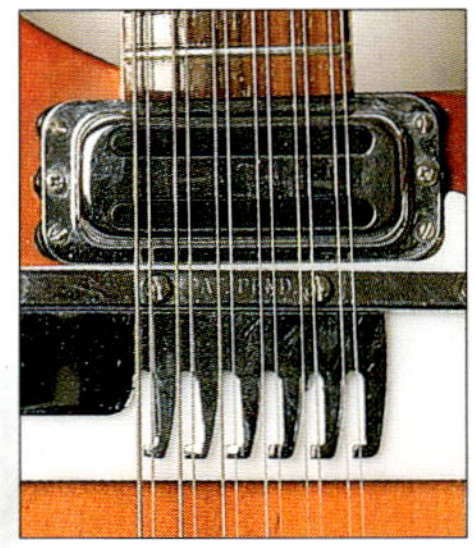

String Converter
Ein "Kamm" mit Haken drückt die Extra-Saiten nach unten und hebt sie wieder.

Saitenhalter *Die schlichte Version wurde durch ein Modell mit einem "R" in der Mitte ersetzt.*

Schalloch *Ein einfacher Schlitz statt des üblichen F-Lochs.*

Einlagen *Die dreieckigen Bundmarkierer sind ein typisches Rickenbacker-Merkmal.*

Pickguard
Rickenbackers "Split-level"-Stil. Lautstärke und Tonregler für jeden Pickup sowie ein Mischregler.

Fender Electric XII
1965 brachte Fender USA seine erste und einzige 12saitige E-Gitarre heraus. Der "Hockey-Schläger"-Headstock war ein typisches Fender-Merkmal. Das gesamte Styling erinnerte an Modelle wie Jazzmaster und Jaguar. Ab 1966 wurde der Hals der Electric XII mit Binding, das Griffbrett mit Blockeinlagen gefertigt. 1969 wurde die Produktion eingestellt.

Steg *Fender brachte als erster einen Steg mit 12 einstellbaren Einzelsätteln heraus.*

Headstock *Hier wiederholt sich das grüne Sunburst-Finish passend zum Body. Bei späteren Modellen bekam der Headstock ein Natur Finish.*

Baldwin Double Six
Britische 12saitige Gitarre von 1965. Nachfolgerin der Burns-Version.

Washburn A 10/12
Sechs der zwölf Mechaniken sind unten am Body montiert.

Vox Starstream XII
Eine 12saitige Semi-Solid mit aktiver Elektronik, Ende der 60er Jahre von Eko in Italien produziert: Eingebauter Tuner, Verzerrer, Treble- und Bass-Boost, Repeat Percussion und ein neuer handbetriebener "wah-wah" zeichnen sie aus.

Headstock *Das ungewöhnliche "Reversed"-Styling schafft Platz für die neun Mechaniken.*

1960 Framus Melodie nine-string
Diese Mitte der 60er Jahre in Westdeutschland erschienene 9saitige Solid hat eine ungewöhnliche Saitenanordnung: Die oberen drei Saiten sind doppelt, die unteren drei einzeln. Der Sound sollte der gleiche sein, wie bei einer 12saitigen Gitarre.

12saitige Gitarre

Bei einer 12saitigen Gitarre bestehen die unteren vier Saitenpaare aus einer normal gestimmten Saite und einer zweiten, die eine Oktave höher gestimmt ist. Die beiden oberen Paare sind unisono. Dadurch entsteht der kräftige, klirrende Sound der 12saitigen Gitarre. Es hört sich beinahe an, als würden zwei Gitarristen spielen. Normalerweise ist die obere Saite der Oktaven-Paare dünner, so daß sie zuerst erklingt. Rickenbacker hat jedoch seine eigene umgekehrte Methode.

Rickenbacker 360-12
Diese Gitarre war ein Geschenk an George Harrison anläßlich der Amerikatournee der Beatles 1964. Es soll die zweite 12saitige Gitarre sein, die Rickenbacker je gebaut hat. Ihr unverwechselbarer Sound ist auf vielen Beatles-Aufnahmen zu hören.

Rückansicht
Die Ansicht zeigt, wie genial Rickenbacker das Problem löst, zwölf Mechaniken unterzubringen. Er arrangiert die zusätzlichen sechs im rechten Winkel zwischen den anderen.

DOPPELHALS-GITARREN

Warum soll man zwei Gitarren benutzen, wenn eine auch genügt? Das ist der Grundgedanke der Doppelhals-Gitarre. Ein Korpus mit zwei Hälsen erlaubt einen übergangslosen Wechsel zwischen zwei völlig verschiedenen Instrumenten, meist einer 6saitigen und einer 12saitigen Gitarre.

Die Nachteile des Instruments liegen unübersehbar im Gewicht und der Unhandlichkeit der Konstruktion. Um die beiden Hälse, die Regler, Pickups und Hardware unterzubringen, muß der Korpus verhältnismäßig groß sein. Es ist nicht ganz leicht, eine Doppelhals-Gitarre zu spielen - wenn ein Hals in idealer Position ist, ist der andere zu hoch oder zu niedrig. Ein Gitarrist geht mit einem solchen Instrument immer einen Kompromiß ein.

Rick Nielson
Für den Cheap-Trick-Gitarristen baute der amerikanische Hersteller Hamer Anfang der 80er Jahre diese 5halsige Sonderanfertigung.

Gibson Double-Bass
Im Zuge einer Doppelhals-Serie (1962-70) bot Gibson auch dieses Gitarre-Baß-Modell an. Es war mit eingebautem "fuzztone" erhältlich.

Rück- und Seitenansicht
Die Double-12 ist jeweils am Halsende mit Tragbandknöpfen versehen, so daß der Gitarrist die Spielposition variieren kann.

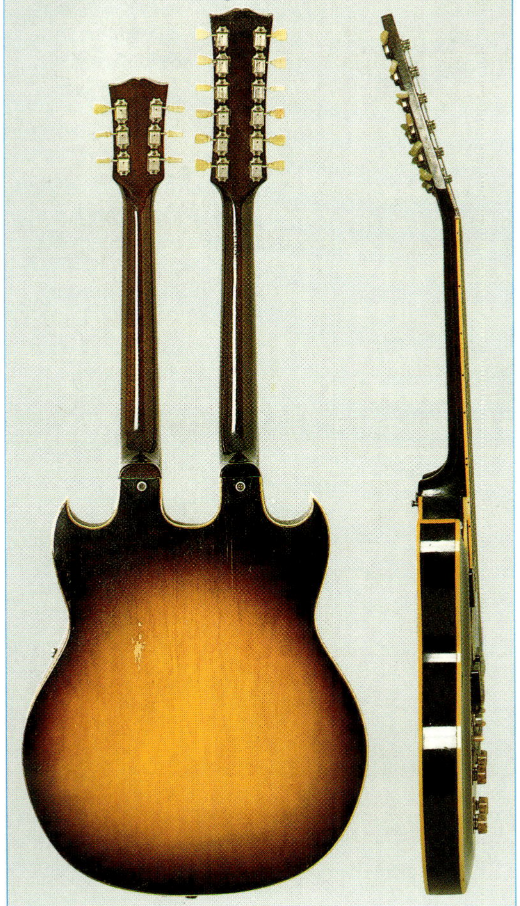

Otwin Four/Six
Mit diesem Modell stellte sich die DDR-Firma Musima Anfang der 60er Jahre bei einer Musik-Ausstellung vor. Um den Zugriff zum Griffbrett zu erleichtern, wurde der untere Hals abgewinkelt

Fender 6/12
Auch diese Doppelhals-Gitarre ist ein Ausstellungsstück. Es kombiniert das Design der alten Strats mit modernen Fender Lace Pickups.

Doppelhals-Design

Nachdem Gibson das Konzept erfolgreich eingeführt hatte, stellten viele führende Hersteller Doppelhals-Instrumente her. Originalentwürfe wurden von verschiedensten Firmen angeboten: Danelectro, Mosrite und Rickenbacker in den USA, Hofner und Framus in Deutschland, Shergold in Großbritannien, Ibanez und Aria in Japan.
Die relativ große Nachfrage nach Doppelhals-Gitarren aus Gibsons zweiter Serie führte in den 70er Jahren zu japanischen Kopien. Fender hat die Doppelhals-Gitarre nie in das Serienprogramm aufgenommen, das hielt japanische Hersteller aber nicht davon ab, die 4/6- und 12/6-Modelle im Fender-Stil herauszubringen.
Der Bau von Gitarren mit mehr als einem Hals hat sich zu einer Domäne der kleineren Werkstätten entwickelt. Ein gutes Beispiel dafür ist die von dem Amerikaner Hugh Manson 1980 gebaute Solid mit drei Hälsen. Bei Doppelhals-Gitarren liegen die Hälse meist parallel, ist gibt aber auch abenteuerliche, artistische Varianten, bei denen die Hälse zu beiden Seiten des Korpus angeordnet sind.

Gibson Double-12
Die kombinierte 6- und 12saitige Gitarre ist eine seltene Gibson aus der ersten Doppelhals-Serie der späten 50er Jahre. Zu dieser Zeit wurde außerdem die Double Mandolin angeboten, 6saitig mit Mandolinenhals. Diese Modelle wurden bis 1962 hergestellt. Da es sich aber ausschließlich um Kundenaufträge handelte, begegnet einem ein solches Instrument sehr selten.

Double-12-Merkmale
Gibsons erste Dooppelhals-Gitarre hatte eine Fichtendecke, um das Gewicht zu reduzieren, die Hälse waren aus Mahagoni. Sie hatte zwei Humbucker pro Hals, Regler für Lautstärke und Ton, für jeden Hals einen 3-stufigen Pickup-Schalter und einen Halswahlschalter über dem 12saitigen Steg. Bei Gibsons Tune-O-Matic-Stegen wurde der Saitenhalter durch spezielle Saitenanker ersetzt.

REISE-GITARREN

Die Solid-E-Gitarre ist ein recht schweres Instrument und muß außerdem an einen Verstärker angeschlossen werden. Diese beiden Faktoren schränken ihre Benutzung ein, zum Beispiel unterwegs auf Reisen. Von einigen Herstellern werden Gitarren angeboten, die dieses Problem zu lösen versuchen.

Die sogenannten "Travel Minis" sind Instrumente, die in der Gesamtgröße reduziert sind, manche haben auch nur einen kleineren Korpus. Die zweite Gruppe sind die "self-contained" Gitarren. Sie haben einen eingebauten, batteriebetriebenen Verstärker mit Lautsprecher. Durch ihr handliches Format bieten diese Instrumente dem Gitarristen die Möglichkeit, praktisch überall zu spielen. Wie auf diesen Seiten deutlich wird, scheint es nicht ganz einfach, ein ansprechendes Design für solche Reise-Gitarren zu entwerfen. Bei einigen Modellen wurde keine besonders elegante Lösung gefunden.

Pangborn
Diese Mini-Gitarre wurde von dem britischen Hersteller Ashley Pangborn für Phil Manzanera gebaut.

Yamato
Eine Kopie aus Fernost (80er Jahre) des US-Modells Chiquita von Mark Erlewine.

Kay K45
Das koreanische Modell (80er Jahre) war in den USA als Austin Hatchet bekannt.

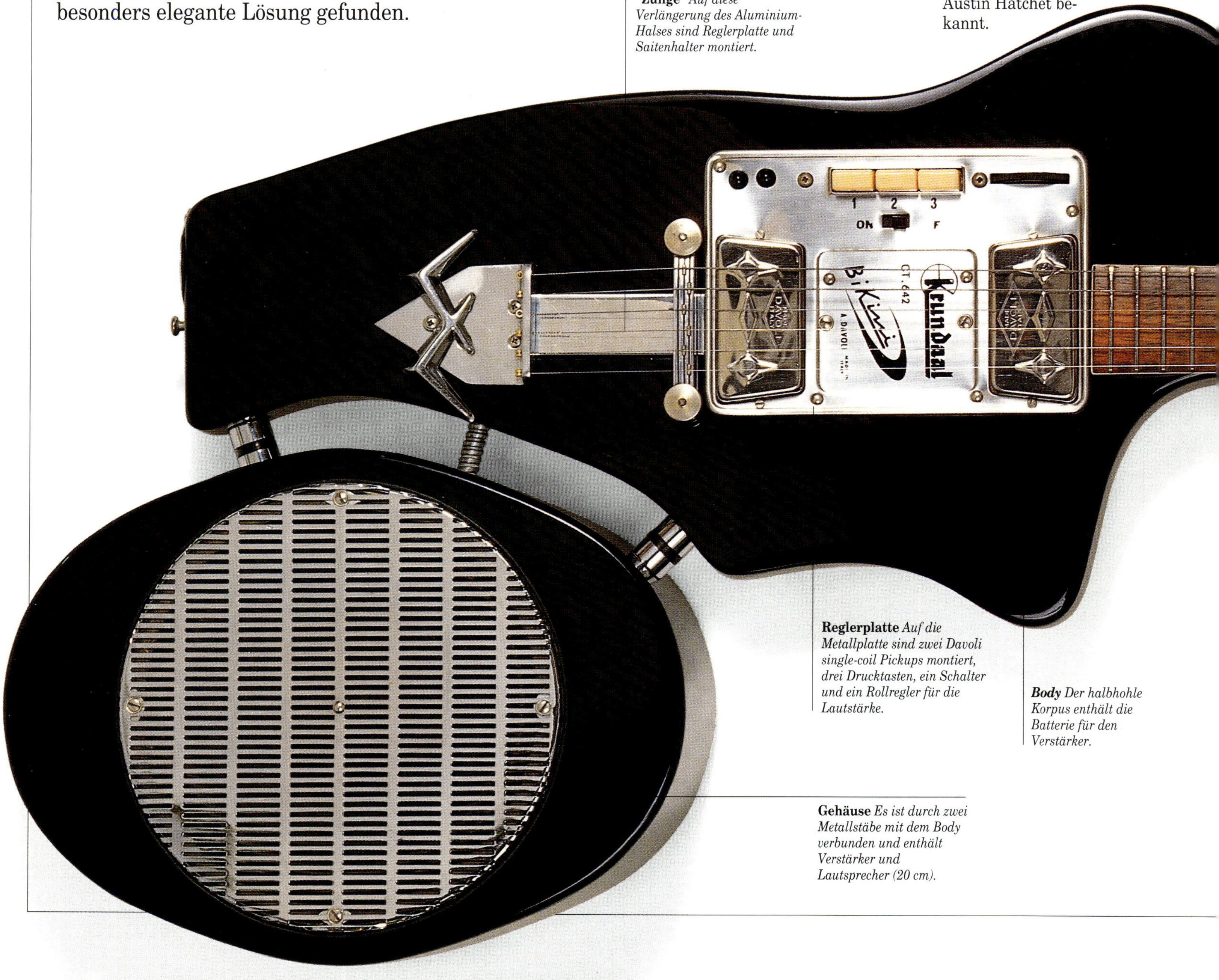

"Zunge" *Auf diese Verlängerung des Aluminium-Halses sind Reglerplatte und Saitenhalter montiert.*

Reglerplatte *Auf die Metallplatte sind zwei Davoli single-coil Pickups montiert, drei Drucktasten, ein Schalter und ein Rollregler für die Lautstärke.*

Body *Der halbhohle Korpus enthält die Batterie für den Verstärker.*

Gehäuse *Es ist durch zwei Metallstäbe mit dem Body verbunden und enthält Verstärker und Lautsprecher (20 cm).*

Silvertone
Silvertone war der Markenname der amerikanischen Versandfirma Sears, die dieses Modell Mitte der 60er Jahre bei Teisco in Japan bauen ließ. Es ähnelte der japanischen Originalversion, von der Teisco behauptete, es wäre die erste “self-contained” E-Gitarre der Welt.

1982 Melody Blue Sage Nomad
Die italienische Firma Melody baute hauptsächlich Solids nach dem Entwurf anderer Hersteller. 1982 brachte sie ihre eigene Blue-Sage-Serie heraus, zu der auch die Nomad (mit eingebautem Verstärker und Lautsprecher) zählt. Hier der Prototyp.

1986 Kay Busker
Das preiswerte Modell aus Korea bot viel für wenig Geld. Der Verstärker war sogar mit elektronischem Tremolo ausgestattet, ein für diese Preisklasse ungewöhnlicher Zusatz.

1984 Maya 8029
Mitte der 80er Jahre erschien dieses japanische Modell. Das kompakte Instrument ist kaum größer als eine Travel Mini, dennoch sind Verstärker und Lautsprecher eingebaut.

Palisandergriffbrett *auf einem plastikbeschichteten Aluminium-Hals.*

Headstock *Holzmittelteil mit Aluminiumrahmen, an dem die Mechaniken befestigt sind.*

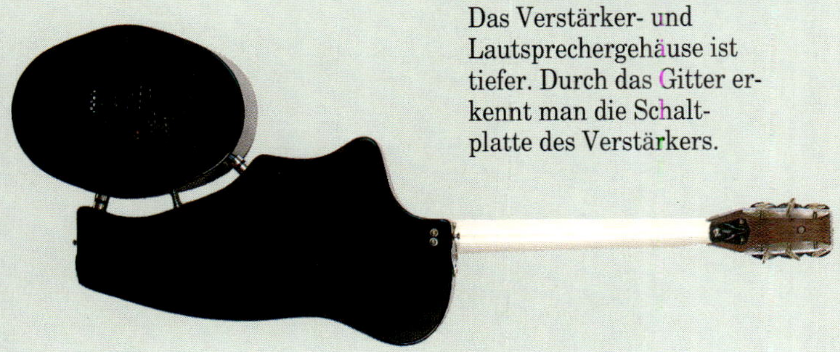

Rück- und Seitenansicht
Das Verstärker- und Lautsprechergehäuse ist tiefer. Durch das Gitter erkennt man die Schaltplatte des Verstärkers.

Das Verstärker-Problem

Viele Hersteller haben versucht, die E-Gitarren in handlichen Paketen zu gestalten. Hoyer brachte mit der Foldaxe ein Modell mit abklappbarem Hals heraus. Erstaunlicherweise wirkte sich die Konstruktion nicht nachteilig auf die Saitenspannung aus. Höfners Travel Mini, die Shorty, hatte einen eingebauten Verstärker. Andere Hersteller bauten Verstärker und Lautsprecher in den Gitarrenkoffer ein. Solche Versionen erschienen zum ersten Mal Ende der 50er Jahre in den USA (Danelectro). Anfang der 80er Jahre bot Peavey den “Electric Case” als Zusatzausstattung für die Kurzmensur-Solids T15 und T30 an. Trotz der unübersehbaren Vorteile der Reise-Gitarren hat sich keins der Modelle durchgesetzt. Sie werden heute nur noch von wenigen Herstellern produziert.

Krundaal Bikini (oben links)
Das Anfang der 60er Jahre von der italienischen Firma Davoli gebaute Instrument war wahrscheinlich die erste “self-contained” E-Gitarre, mit den gleichen Neuerungen wie andere italienische Modelle dieser Zeit. Ihre Korpusform erinnert an ein Ohr, wobei das Lautsprechergehäuse das Ohrläppchen darstellt.

"Die Elektrik-Akustikgitarre verbindet den warmen, weichen Klang eines Akustikkorpus mit dem scharfen, brillanten Sound von Pickups."

ELEKTRIK-AKUSTIK-GITARRE

1961 GIBSON ES355TD-SV, Guitar Gallery (UK).

ELEKTRIK-AKUSTIK-ANATOMIE

Eine präzise allgemeine Bezeichnung für elektrische Gitarren mit Hohlkorpus ist Elektrik-Akustikgitarre. Oft werden diese Instrumente auch fälschlicherweise als Semi-Akustik oder Semi-Solid bezeichnet. Diese Begriffe lassen sich aber nur auf Gitarren wie die Gibson ES335 (S. 138) anwenden, bei denen durch den Thinline-Akustikkorpus ein massiver Holzblock läuft. Eine solche Semi-Akustikgitarre ist hier abgebildet. Sie stammt aus der Werkstatt des englischen Gitarrenbauers Chris Eccleshall. Die Fotos sind bei Rickenbacker in Kalifornien aufgenommen.

Binding
Für diese Arbeit wird der Korpus in eine Schraubzwinge gespannt.

Boden *Für den Boden wird hier leichtes Ahorn benutzt, passend zum Zargenholz.*

Reifen *Dieser geschlitzte Streifen verbindet Boden und Decke mit den Seiten.*

Tragbandknopf

Mittelblock *Bei einer Semi-Akustikgitarre läuft ein massiver Block (aus Mahagoni oder Ahorn) durch den Hohlkorpus.*

Seiten *Die Seiten, oder Zargen, bestehen aus Ahorn.*

Fräsen
Mit einer Maschine werden die Fräsungen für Pickups und Regler vorgenommen (hier bei Rickenbacker).

Finish
Der geschliffene Korpus wird im Spritzverfahren lackiert und nach dem Trocknen auf Hochglanz poliert.

Steg *Die Saitenlänge kann an den Satteln einzeln "bundrein" eingestellt werden.*

Potentiometer *für Ton- und Lautstärkeregelung, kurz Poti genannt.*

Reglerknöpfe *Sie werden auf den Potentiometerschaft aufgesetzt.*

Klinkenbuchse *Sie wird entweder vorn oder seitlich montiert.*

Pickup-Schalter

Saitenhalter *Hier werden die Saiten verankert.*

Endbearbeitung

Das Montieren der Mechaniken gehört zu den letzten Arbeitsgängen beim Bau einer Gitarre (hier bei Rickenbacker).

DIE GIBSON ES175

Ende der 40er Jahre nahm Gibson nach einigen vorangegangenen Experimenten die E-Gitarre in die Serienproduktion auf. Die mit Pickups ausgestatteten Gitarren - ES350 (1947), ES175 (1949) und ES5 (1949) - richteten sich an Spieler, die ein vollelektrisches Instrument bevorzugten. Gleichzeitig führte Gibson bei den E-Gitarren Cutaways ein. Bei Akustikgitarren war dies nicht erforderlich, denn das Spiel der hohen Bünde war kaum wahrnehmbar. Bei den elektrisch verstärkten Instrumenten bekamen die hohen Bünde jedoch eine größere Bedeutung, so daß es sinnvoll erschien, den Zugriff zu erleichtern.

Boden und Seite Die Rückansicht verdeutlicht die elegante Linienführung der ES175, die standardmäßig mit Sunburst-Finish angeboten wurde, so auch dieses Modell von 1949. Einige Instrumente erschienen auf Wunsch mit Natur-Finish ("blonde"). Ein typisches Merkmal sind die nachgedunkelten Bindings.

Decke *Die schichtverleimte, gepreßte Ahorndecke erzeugt einen helleren Klang als die gefrästen (carved-top) Massivdecken der traditionellen Jazzgitarre.*

Regler *"Hatbox"-Knöpfe regeln Ton und Lautstärke.*

1949 ES175
Das einfache Instrument gehört zu Gibsons erster bedeutender E-Gitarren-Serie. Als klassische Jazzgitarre wurde sie von Gitarristen wie Joe Pass und Pat Metheny gespielt.

Die 175 war jahrelang das einzige Instrument mit spitzem Cutaway. Ebenfalls neu war die schichtverleimte und gepreßte Ahorndecke, die mit zum unverwechselbaren Klang der 175 beiträgt.

1952 ES350
1947 brachte Gibson die 350 auf den Markt. Auch sie war mit Cutaway versehen. Die frühen Modelle hatten nur einen Pickup. Später kam eine Version mit zwei Pickups heraus. Die Lautstärke war getrennt regelbar, der Tonregler arbeitete für beide Pickups gemeinsam, wie bei diesem Modell von 1952. Noch im gleichen Jahr wurde das Layout auf vier Regler geändert. Das Modell wurde bis 1956 gebaut.

1951 ES5
Die ES5 war das erste Modell mit drei Pickups. Es erschien 1949. Wie auch die anderen Gibson-E-Gitarren aus dieser Zeit, hatte die ES5 keinen Pickup-Schalter, was die Handhabung erschwerte. Dieses "blonde" Modell gehört heute Mark Knopfler.

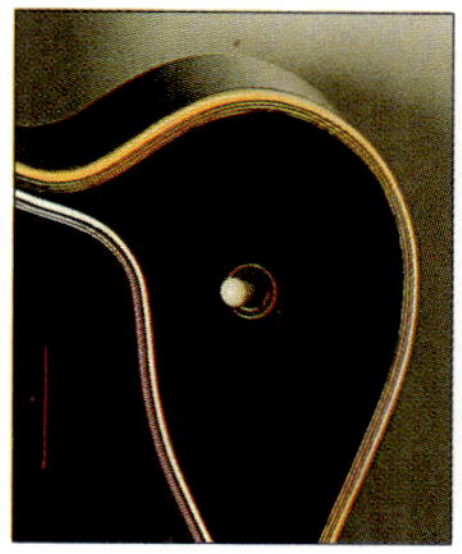

Rund-Cutaway
Dieses Design erschien bei einer E-Gitarre zum ersten Mal 1947. Gibson bezeichnete sie entsprechend als "Premier"-Modelle und gab ihnen den Zusatz P. Ab 1949 wurden sie "Cutaway"-Modelle genannt und erhielten den Zusatz C.

Spitz-Cutaway
Mit der ES175 von 1949 wurde dieses Design eingeführt. Erst 1960 übertrug Gibson das Design auch auf andere Modelle, die vorher mit Rund-Cutaway versehen waren. Beide Formen erleichtern dem Spieler den Zugriff zu den hohen Bünden.

Headstock *mit Gibsons "Kronen"-Einlage.*

Bundmarkierer
Geteilte Blockeinlagen.

Finish *25 Prozent der 1960er Produktion erschienen im Natur-Finish.*

1960 ES175DN
Ab 1953 wurde die 175 mit zwei Pickups angeboten. Humbucker ersetzten 1957 die single-coil Pickups. Abgebildet ist ein Modell mit "blonde"-Finish, verändertem Saitenhalter und Pickup-Schalter. Die Produktion der ES175 dauert bis heute an.

GIBSONS "CES"

1951, zwei Jahre nach dem Erscheinen der ES175 und ES5, entschloß Gibson sich, seine beiden großen Akustik-Jazzgitarren, die L5 und die Super 400, vollelektrisch auszustatten. Das Ergebnis waren die CES-Versionen (ursprünglich SEC-Modelle) dieser Gitarren, mit fest installierten Pickups und Reglern. Beide neuen Modelle erschienen mit Rund-Cutaway. Außerdem waren die L5SEC und die Super 400SEC mit einem Pickup-Schalter am Cutaway ausgestattet, um einen schnellen Wechsel zwischen den Pickups zu ermöglichen.

50th Anniversary L5CES (oben) und Super 400CES (unten) Die beiden Jubiläumsmodelle (80er Jahre) haben am 19. Bund eine "50th Anniversary"-Einlage.

Decke *Die L5SEC und die Super 400SEC hatten statt der Sperrholzdecke eine gefräste Massivholzdecke.*

F-Löcher *Das Etikett weist diese L5 als "SEC"-Modell aus.*

Pickups *Bis 1957 hatten die SEC-Gitarren P90 (wie hier) oder Alnico single-coil Pickups.*

Musiker

Die Super 400CES und die L5CES gelten unter Jazzmusikern seit langem als erlesene Instrumente. Viele große Gitarristen haben diese beeindruckenden Gitarren gespielt. Der bekannteste von ihnen war Wes Montgomery (1925-1968), der mit seiner L5CES durch seinen Picking-Stil einen weichen Klang erzeugte. Die Super 400CES wurde von Jazzgitarristen wie Larry Coryell und Kenny Burrell gespielt.

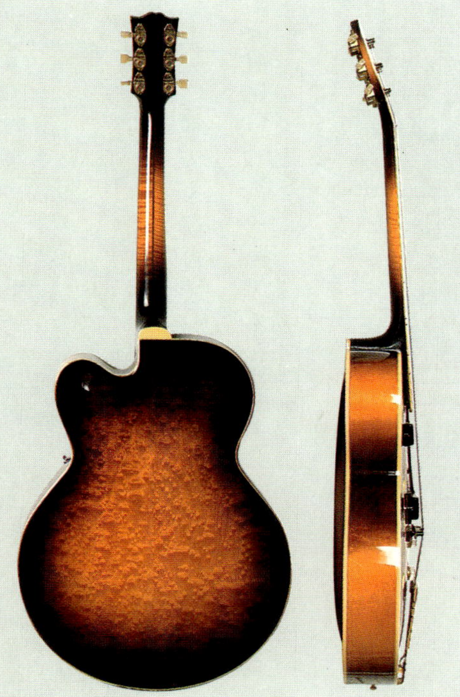

Boden und Seite
Das Modell von 1951, mit herrlich gemasertem Holz, weist die bei Archtops übliche Standardtiefe von 8,6 cm auf.

Super 400CES

Die E-Version der großen Akustikgitarre Super 400 erschien, ebenso wie die L5CES, 1951 auf dem Markt. Mit diesen beiden Gitarren überzeugte Gibson Hersteller wie Gitarristen von der Archtop-Elektrik-Akustikgitarre. Die "Super 4", wie sie manchmal auch abgekürzt wird, ist bei Gitarristen wegen ihres großen Korpus (knapp 11 cm tief, 45 cm breit) nicht ganz so beliebt wie die L5CES.

Katalog
Der Katalog aus den späten 50er Jahren zeigt die 1951 eingeführte Super 400CES mit Rund-Cutaway.

1968 Super 400CES
In den 60er Jahren wurden auch bei der Super 400CES Veränderungen vorgenommen. Humbucker wurden ab 1957 verwendet. Um 1960 wurde der Spitz-Cutaway Standard, Ende des Jahrzehnts kehrte man zum Rund-Cutaway zurück, wie dieses Beispiel von 1968 oder 1969 zeigt. In dieser Form wurde das Modell bis in die 90er Jahre produziert.

Markierer *"Split-block"-Markierer sind in das Ebenholzgriffbrett eingelegt.*

Korpus *Massive Fichtendecke; Seiten, Boden und Hals aus Ahorn. Von den 228 Super 400CES, die 1968 und 1969 gebaut wurden, hatte nur ein Viertel dieses "blonde"-Finish.*

Griffbrett *Auch die Super 4 hatte diese spitze Verzierung am Griffbrettende.*

Saitenhalter *Der typische Y-in-V-Saitenhalter der Super 400, in dem der Modellname eingraviert ist.*

1951 L5SEC (oben)
Die SEC ist ebenso aufwendig verziert wie die L5-Akustikgitarre. Im Saitenhalter ist der Modellname eingraviert. Diese Gitarre wurde 1951 für eine Ausstellung gebaut.

Blockeinlagen *Typisch für die L5CES sind die rechteckigen Einlagen im Ebenholzgriffbrett.*

Cutaway *Die spitze Form wurde um 1960 eingeführt. Ende der 60er Jahre kehrte man zum Rund-Cutaway zurück.*

L5CES
Humbucking-Pickups ersetzten ab 1957 die singel-coil Pickups. Dieses Modell wurde um 1967 gebaut. Die L5CES wird in begrenzter Stückzahl noch heute produziert.

GIBSON-MODELLE

Gibson hat eine Reihe weiterer Elektrik-Archtop-Gitarren hergestellt. Für Anfänger erschien 1950 das Modell ES140 auf dem Markt. Es war eine kleinere Version der ES175 und wurde vom Hersteller als "Dreiviertel-Größe" bezeichnet. Später ersetzte Gibson die ES140 durch eine Thinline-Version. Mitte der 50er Jahre kombinierte er zwei seiner ältesten Elektrik-Archtops, die ES150 und die ES125, in dem Modell ES135, dessen Produktion jedoch Ende der 50er Jahre wieder eingestellt wurde.
Eine der kostbarsten Elektrik-Archtops war die Citation, die von Gibson 1969 als "the finest instrument of its kind in the world" angekündigt wurde. Sie wurde ausschließlich im Kundenauftrag gebaut und kostete 1971 2.500 Dollar. Bis 1984 wurden 20 Gitarren dieses Modells gebaut. Danach brachte Gibson nur noch sehr wenig neue Elektrik-Archtop-Modelle auf den Markt. Ende der 70 Jahre erschien die Super V BJB, eine Floating-Pickup-Version der V CES (rechts). Ende der 80er Jahre wechselte Chet Atkins von Gretsch zu Gibson. Es entstand eine Version der Gretsch Country Gentleman (S. 146). Die Gibson Country Gent hatte rot-weiße Bundmarkierer. Auf der Trussrod-Abdeckung stand der Name Chet Atkins. Zur gleichen Zeit brachte Gibson die L4CES als Teil der "Historic Series" heraus, mit gefräster Massivdecke, Ebenholzgriffbrett und ausgefallenem Saitenhalter.

Gibsons Modell-Code
Die Modellnummern der Archtop- und Semi-Solid-Gitarren sind oft mit einem Buchstabencode versehen:
- ES Electric Spanish (Hohlkorpus, fester Pickup)
- T Thinline (Schalenkorpus)
- D Double (zwei Pickups)
- C Cutaway (kann auch Cherry-Finish bedeuten)
- 3/4 Dreiviertelgröße (und Kurzmensur)
- SV Stereo and Varitone (Schaltauswahl)

1979 Kalamazoo Award (rechts) Das Modell kam 1978 auf den Markt und wurde zur teuersten Gibson-Gitarre. 1984 ließ sie sich in den USA für 5.350 Dollar verkaufen, annähernd doppelt so teuer wie das nächstfolgende Modell dieser Qualitätsklasse. Es handelt sich in der Tat um eine Luxusgitarre, mit handgeschnitzter Decke und aufwendigen Intarsien. Das abgebildete Instrument ist auf den 11. September 1979 datiert und von Wilbur D. Fuller signiert. Bis 1985 wurde die Award im Gibson-Katalog angeboten.

Griffbrett *Attraktive Abalone-Einlagen auf Ebenholz.*

Pickguard *Hier befinden sich Lautstärke- und Tonregler.*

Steg *Der Ebenholzsteg ist mit reizvollen Intarsien versehen.*

Saitenhalter *Der Adler setzt das Thema der Pickguard- und Headstock-Intarsien fort.*

Super V CES (rechts) Die Gitarre kam Ende der 70er Jahre auf den Markt. Sie ähnelte der Super 400CES. Unverwechselbar ist jedoch der Saitenhalter, mit dem die Saiten einzeln gespannt werden konnten. Die Saiten liefen durch einen schwenkbaren "Finger", an dessen Ende sich eine Einstellschraube befand, mit der der Winkel des "Fingers" veränderte werden konnte. Die Super V CES wurde bis 1987 produziert.

Gibsons Pickups

P90
Gibsons erster single-coil Pickup (40er Jahre), mit einstellbaren Polen. In Schwarz, Cream, Weiß oder verchromt.

Alnico
Erschien Anfang der 50er Jahre, mit Magnet aus Eisen, ALuminium, NIckel und CObalt.

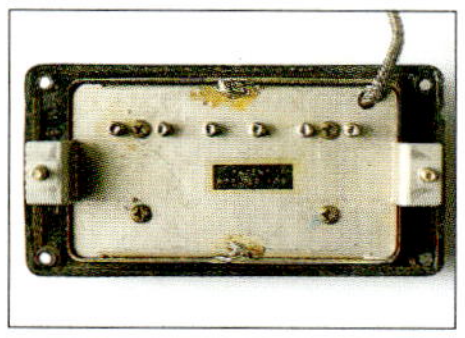

PAF
Die frühen Humbucker hatten die Aufschrift: Patent Applied For.

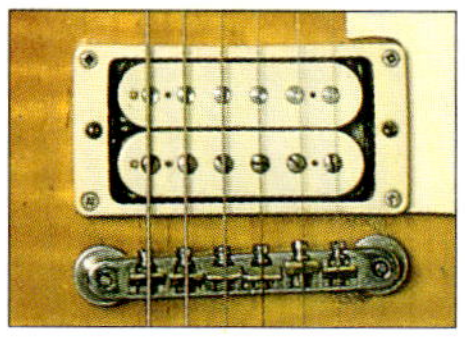

Humbucker
Von Gibson 1955 erfunden, 1957 eingeführt, 1959 patentiert. Das Bild links unten zeigt die Doppelspulen, die die Nebengeräusche reduzieren ("buck the hum").

1958 ES5 Switchmaster
Diese neue Version der ES5 (S. 129) erschien 1955, jetzt mit Lautstärke- und Tonregler für jeden Pickup. Der 4stufige Schalter am Cutaway schaltete die Pickups einzeln oder zusammen. Das Modell wurde bis 1961 produziert.

1952 ES295
Das Instrument erinnert deutlich an die Les Paul All-Gold (oder eine goldene ES175). Der "Trapez"-Saitenhalter im frühen Les-Paul-Stil ist unverkennbar. Steve Howes ES295 hat neue Mechaniken. Das Modell wurde bis 1958 gebaut. 1990 erschien eine Neuausgabe.

Pickups *Die Ohren des P90 werden auch "dog ears" genannt.*

Seriennummern und Fabriknummern
Bei den meisten Herstellern haben die Seriennummern nicht den Zweck, die Instrumente zu datieren. Auch Gibson stellte lange Zeit keine Ausnahme dar. Die hier zusammengefaßten Informationen sollen als grobe Richtlinie zur Datierung von Akustik-, Elektrik-Archtop- und Semi-Solid-Gitarren dienen. (Informationen über das Gibson-System vor 1947 finden Sie auf Seite 37, über Gibsons Solid-E-Gitarren auf Seite 89).

1947 - 1961
Seriennummern dieses Zeitraums setzen sich aus drei, vier oder fünf Ziffern mit dem Prefix A zusammen, bis 1954 auf weißem Etikett, danach auf orangem Etikett, das sich innen am oberen F-Loch befindet. Es können auch Überschneidungen auftreten.
A100-A9999 = 1947-52
A10000-20000 = 1952-55
A20000-30000 = 1955-59
A30000-36500 = 1959-61
Zwischen 1952 und 1961 wurde innen am unteren F-Loch manchmal zusätzlich eine Fabriknummer aufgestempelt, die aus mehreren Ziffern und Prefix besteht. Die Prefix-Buchstaben reichen von Z bis Q, wobei Z 1952 bedeutet, Y 1953 usw. bis R 1960 und Q 1961.

1961 - 1977 Ab 1961 wurde ein neues System benutzt, die Seriennummern wurde auf die Rückseite des Headstocks gestempelt (bei manchen Gitarren der 60er Jahre ist zusätzlich auf dem F-Loch-Etikett die Seriennummer vermerkt). Auch dies war kein durchschaubares chronologisches System, außerdem traten Überschneidungen auf. Als sehr grobe Richtlinie für diesen Zeitraum dienen die in dem Kästchen unten zusammengefaßten Daten.

Ab 1977 wurde schließlich ein einfaches System verwendet. Die erste und die fünfte Ziffer ergeben das Baujahr; 87684832 bedeutet also Baujahr 1984.

Seriennummern 1961 - 1977
100-99999 = 1961-63
000001-099999 = 1967
100000-199999 = 1963-67
200000-299999 = 1964-65
300000-599999 = 1965-69
600000-999999 = 1966-69
Die Nummern 000001-999999 wurden zwischen 1970 und 1975 noch einmal benutzt. Sechs Ziffern mit Prefix C, D, E oder F wurden von 1974 - 1975 benutzt. Danach gab es ein System mit acht Ziffern, wobei die ersten beiden das Baujahr angeben (99 = 1975; 00 = 1976; 06 = 1977).

Datierungshinweise
Innen am oberen F-Loch befinden sich bei Gibsons Elektrik-Akustikgitarren Aufkleber mit Angaben zum Modell und Seriennummer. Bis 1954 waren sie weiß (oben), danach bis in die 60er Jahre orange (Mitte). Zusätzlich findet man manchmal am unteren F-Loch eine Fabriknummer (unten).

GIBSONS JAZZGITARRISTEN

Als führender Hersteller akustischer und elektrischer Archtop-Gitarren stand Gibson natürlich mit vielen bekannten Jazzgitarristen in Verbindung. Einige Gibson-Modelle wurden nach Musikern benannt, meist als Folge einer Zusammenarbeit beim Entwurf des Instruments.
Aber nicht nur Gibson profitierte davon, daß seine Instrumente mit berühmten Jazzgitarristen in Verbindung gebracht wurden. Epiphone-Instrumente, der Name wurde später auch von Gibson benutzt (s.S. 142), waren bei Jazzmusikern ebenfalls sehr beliebt, obwohl nur wenige "Namen"-Gitarren angeboten wurden, darunter das Thinline-Modell Al Caiola aus den 60er Jahren. Guilds Artist Award hieß ursprünglich Johnny Smith Award, bevor der Gitarrist Anfang der 60er Jahre zu Gibson wechselte. Ende der 50er Jahre brachte der amerikanische Hersteller Kay eine Serie von Jazzmodellen unter dem Namen Barney Kessel heraus.
Gretsch unternahm Anfang der 70er Jahre den mutigen Versuch, ein 7saitiges Instrument, die George Van Eps, auf den Markt zu bringen. Harmony bot die Roy Smeck an (1960), Framus die Attila Zoller (1960) und Gretsch außerdem die Sal Salvador (1958).
Inzwischen werden signierte Instrumente auch von japanischen Herstellern angeboten: die drei Ibanez-Modelle Lee Ritenour (1977), George Benson und Joe Pass (beide 1981); und die beiden Aria-Modelle Ike Isaacs und Herb Ellis (beide 1979).

Tal Farlow
Tal (Kurzform für Talmage) wurde 1921 in North Carolina geboren. Bekannt wurde er vor allem durch seinen schnellen, bebop-ähnlichen Stil und das Finger-Tapping.

1964 Tal Farlow
Von diesem Modell mit dem auffälligen Schnörkel am Cutaway wurden zwischen 1962 und 1967 nur 215 Stück hergestellt. Um den Pickup-Schalter gefällig unterzubringen, wurde das Pickguard entsprechend verändert. Die Mensur ist mit 65 cm relativ lang. Erwähnenswert sind auch die aufwendigen Griffbretteinlagen.

Cutaway
Für das Schneckenornament der Tal Farlow wurde das Binding in die Gitarrendecke hineingezogen.

Seriennummer *Gibson-Gitarren wurden zeitweise auf der Rückseite des Headstocks mit Seriennummern versehen (S. 133).*

Mechanik *Diese geschlossenen Mechaniken wurden von Grover hergestellt. Gibson verwendete sie bei vielen Modellen.*

Tal Farlow Headstock
Diese Gibson Tal Farlow von 1964 wurde von Tal auf der Rückseite des Headstocks signiert, was die seltene Gitarre für Sammler noch attraktiver macht.

1961 Barney Kessel Custom
Das Modell wurde von 1961 bis 1971 produziert. Die Custom-Version war mit Gold-Hardware ausgestattet. Die Griffbretteinlagen in Form einer "Fliege" spielen auf die formale Kleidung des Jazzmusikers bei Bühnenauftritten an. (Das BKR-Standard-Modell war mit Nickel-Hardware und schlichten Bundmarkierern versehen.) Eine Rarität bei Gitarren mit tiefem Korpus sind die symmetrischen Cutaways.

Barney Kessel (oben)
Barney Kessel wurde 1923 in Oklahoma geboren. Sein an den Blues angelehnter Stil zeigt Einflüsse von Charlie Christian. Bis in die 70er Jahre arbeitete Kessel an Studioaufnahmen für Film und Fernsehen mit. Als "Great Guitars" ging er mit Herb Ellis und Charlie Byrd auf Tournee. Außerdem spielte er mit Oscar Peterson und natürlich auch als Solo-Gitarrist.

Johnny Smith (unten)
Berühmt wurde der 1922 in Alabama geborene Musiker mit der Aufnahme *Moonlight In Vermont*. Was den meisten nicht bekannt sein dürfte, Johnny Smith schrieb auch den Song *Walk Don't Run*, den die amerikanische Gruppe The Ventures später zu einem Pop-Hit machte. Smith zog sich Anfang der 60er Jahre endgültig von der Bühne zurück.

1962 Johnny Smith
Diese Gitarre wurde von Gibson als "Verbesserung" der von Smith gespielten D'Angelico New Yorker Special entworfen. Der Mini-Humbucking-Pickup war eigens für die Johnny-Smith-Gitarre konstruiert. Außerdem bot Gibson eine Version mit zwei Pickups an, die JSD. Wie auch bei anderen Gibson-Archtop-Modellen wurde der größte Teil der Serie mit Sunburst-Finish angeboten, das "blonde"-Finish ist selten zu sehen.

DIE GIBSON BYRDLAND

Mit der ES175, der L5CES und der Super 400CES hatte Gibson die serienmäßige Herstellung von Elektrik-Archtop Jazzgitarren eingeführt, die Nachfrage hielt sich jedoch in Grenzen. Den Hauptgrund dafür sah Gibson in dem unbequemen tiefen Korpus dieser Instrumente. 1955 brachte Gibson dann eine Serie von Gitarren in einem neuen “Thinline”-Stil auf den Markt. Die Byrdland und die ES350T hatten eine Korpustiefe von rund 5 cm, das sind 4 cm weniger als die vorherigen Jazzgitarren. Auch die Mensur wurde auf 60 cm gekürzt, ein kürzerer und schmalerer Hals erleichterte das Spiel. Durch diese Veränderungen waren die Instrumente handlicher als ihre Vorgänger.

Boden und Seite
Bei dieser Byrdland aus den 50er Jahren wurde zur Unterstützung der Fichtendecke für Boden und Seiten erlesenes Ahorn verwendet. Diese Kombination benutzte Gibson bei den meisten besseren Elektrik-Archtops. In der Seitenansicht wird deutlich, wie schmal der Korpus war.

Holz *Die Byrdland hat eine gefräste Massivholzdecke.*

Pickups *Die single-coil Pickups wurden 1957 durch Humbucker ersetzt.*

Cutaway *Bis 1960 wurde die Byrdland mit Rund-Cutaway gebaut.*

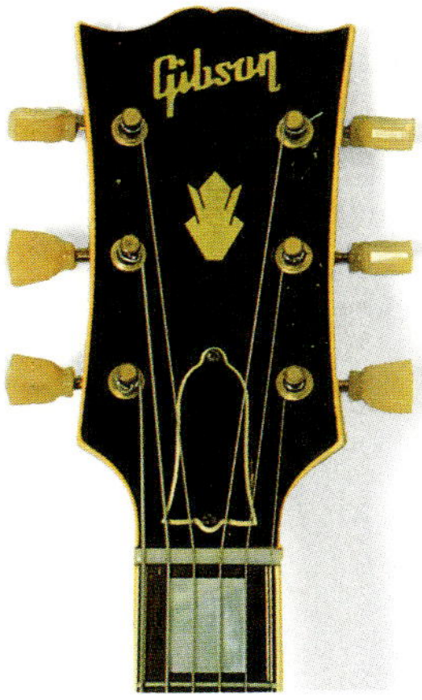

Crown-Headstock

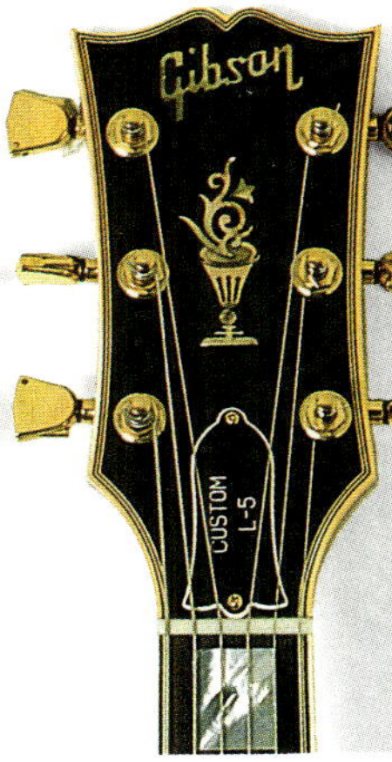

Flowerpot-Headstock

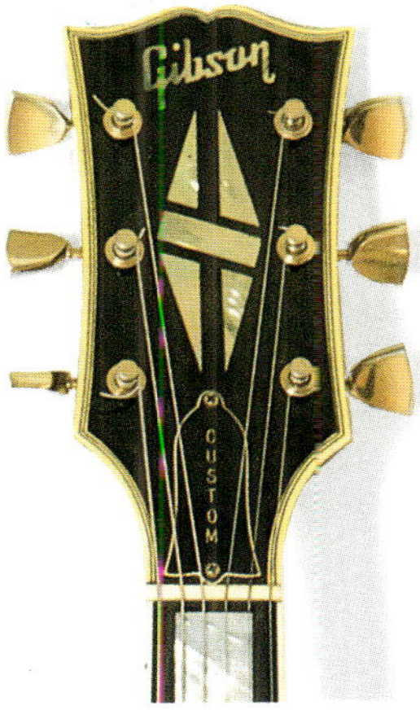

Split-Diamond-Headstock

Gibson-Headstock-Motive
Bei manchen frühen Gibson-Modellen war der Headstock nur mit dem Gibson-Logo versehen. Die meisten Instrumente haben jedoch zusätzliche Intarsien (Motive links). Fast alle ES-Modelle haben das "Crown"-Motiv. Das "Flowerpot"-Motiv ist für Spezial-Modelle wie die L5CES und die Byrdland reserviert. Instrumente der gehobenen Preisklasse wie die Super 400CES oder die ES355 erkennt man am"Split Diamond"-Motiv.

1960 ES350T
Ab 1960 bot Gibson die 350T mit Spitz-Cutaway an. Das Modell hielt sich nicht lange auf dem Markt, die Produktion wurde 1963 eingestellt. Eine Neuauflage erschien 1977, ebenfalls mit wenig Erfolg.

1957 ES350T
Dies war eine preiswertere Ahornkorpus-Version der Byrdland, allerdings ohne die besonderen Feinheiten wie das spitz auslaufende Griffbrett. Die ersten 350T hatten P90 single-coil Pickups, dieses Modell von 1957 ist mit Humbucking-Pickups ausgestattet.

Thinline

Die Thinline-Gitarre richtete sich an Spieler, denen die normale Jazzgitarre zu sperrig und zu unhandlich war. Natürlich hatten die neuen Thinline-Instrumente einen Hohlkorpus, so daß auch Gitarristen an ihnen Geschmack fanden, die sich an das Gewicht der Solid-E-Gitarren nicht gewöhnen konnten.

Weitere Thinline-Modelle

Neben der Byrdland und der ES350T brachte Gibson zur gleichen Zeit ein drittes Modell auf den Markt, die ES225T. Sie hatte den ungewöhnlichen langen "Trapez"-Saitenhalter wie die frühen Les-Paul-Modelle und die ES295. 1960 verwandelte sich die 225T in die ES125TC, mit normalem Steg und Saitenhalter.

1956 kam ein Thinline-Modell ohne Cutaway hinzu, die ES125T, mit Einzel-Pickup. Eine Version mit zwei Pickups (ES125TD) erschien 1957, außerdem eine Variante in Dreiviertelgröße (ES125 3/4).
Eine weiteres Modell in Dreiviertelgröße, die ES140 3/4, erschien 1956 als Thinline-Version (ES140T 3/4).
Es folgten Thinline-Versionen anderer Gibson-Standardmodelle, wie die ES120T, die von 1962 bis 1968 produziert wurde, und sogar seltene Thinline-Ausgaben der ES175 und der L5. Als Gibson dann 1958 die ES335 auf den Markt brachte, war ein neuer Gitarrentyp erfunden, die Semi-Solid, die den Thinline-Stil mit den Eigenschaften einer Solid-E-Gitarre verband.

1965 Byrdland (unten)
Dieses Modell aus einer mittleren Serie hat zwei Humbucking-Pickups und ist mit Spitz-Cutaway versehen, der um 1960 eingeführt wurde. 1968 kehrte man zum Rund-Cutaway zurück und blieb dabei bis in die 90er Jahre.

1957 Byrdland (oben)
Gibson benannte das Modell nach den beiden Countrygitarristen Billy Byrd und Hank Garland, die vermutlich auch Vorschläge zum Design machten. Die Byrdland ähnelt der L5CES, hat jedoch den neuen Thinline-Korpus, einen kürzeren Hals und einen neuen Saitenhalter, auf dem der Name eingraviert ist.

DIE GIBSON ES335

1958 brachte Gibson die ES335 auf den Markt, eine gelungene Kombination aus Akustik- und Solid-Gitarre. Äußerlich wirkt sie wie ein Thinline-Instrument, doch durch den Hohlkorpus läuft in der Mitte ein massiver Holzblock. Außerdem ist sie mit symmetrischen Cutaways ausgestattet.

Wenn eine elektrisch verstärkte Akustikgitarre bei großer Lautstärke gespielt wird, treten oft Rückkopplungen auf. Sie entstehen, wenn die Pickups ihren eigenen Klang von den Lautsprechern wieder aufnehmen und so ein schrilles Pfeifen erzeugen. Die "semi-solid" 335 bot den vollen, tiefen Klang einer Akustikgitarre und war durch den massiven Mittelblock gegen Rückkopplungen unempfindlich. Diese Kombination aus Akustik-Jazzgitarre und Solid-Rockgitarre schien vielen Musikern geeignet, ihre musikalischen Ideen umzusetzen. Zu ihnen zählten auch die Jazz-Rock-Gitarristen Larry Carlton und Allan Holdsworth.

Boden und Seite Für den Boden dieser ES335TN wurde ausgesuchtes Ahorn benutzt, ebenso für die Seiten und den Massivblock im Innern der Gitarre. Der Mahagonihals wurde aus einem Stück gefräst.

Hardware *Der Mittelblock ermöglicht die Verwendung eines Stegsaitenhalters, wie bei Solid-Gitarren.*

Pickups *Die 335 hatte von Anfang an zwei Humbucking-Pickups.*

Pickguard *Bis 1960 wurde diese Form benutzt, die über den Steg hinausragte.*

1958 ES335T
Dies ist eine der allerersten 335. Das in den Korpus hineinragende Griffbrett ist noch nicht mit weißem Binding versehen, wie es bald üblich wurde (vgl. die rote 335 rechts). Das Instrument soll von dem britischen Bluesgitarristen Peter Green, Gründer von Fleetwood Mac, gespielt worden sein.

1961 ES335TDC
In den 60er Jahren wurde Rot die Farbe für die 335. Dieses Beispiel von 1961 zeigt eine Reihe von Veränderungen bei der Hardware, die in diesem Zeitraum vorgenommen wurden. Das verkürzte Pickguard wurde 1961 eingeführt, die beschrifteten Metallkappen für die Regler ein Jahr zuvor. 1962 wurden die Markierpunkte von Blockeinlagen abgelöst.

1960 ES335 twelve-string
Im Gegensatz zu anderen amerikanischen Herstellern (s.S. 118-119), hat Gibson nur wenig 12-saitige Gitarren gebaut. Die 12-Saiten-Version der ES335 ist eine davon. Sie wurde während der 60er Jahre in begrenzter Stückzahl hergestellt. Das Instrument gehört Frank Allen, Bassist der Searchers.

Bundmarkierer *Bis 1962 waren diese Markierpunkte üblich.*

1960 ES335 (unten)
Mitte der 60er Jahre löste der "Trapez"-Saitenhalter den Stegsaitenhalter ab. Da viele Gitarristen annahmen, daß gerade der Stegsaitenhalter für die guten Sustain-Eigenschaften der 335 verantwortlich war, wurden einige Modelle entsprechend umgebaut. Ab 1981 kehrte man grundsätzlich zu Stegsaitenhalter und Punkteinlagen am Griffbrett zurück.

1959 ES335TN (oben)
Die 335 wird seit 1958 bis heute produziert. Bei Gitarristen und Sammlern am begehrtesten sind die Modelle, die zwischen 1958 und 1962 gebaut wurden, denn diese Klassiker sollen alle Nachfolgemodelle übertreffen. Das hier gezeigte Modell von 1959 ist eine der seltenen Gitarren mit "blonde"-Finish. Von 1958 bis 1960 baute Gibson 1.193 335-Modelle mit Sunburst-Finish (Modell-Nummer ES335T), aber nur 209 mit "blonde"-Finish (Modell-Nummer ES335TN).

DIE GIBSON ES355

Neben der ES335 brachte Gibson Ende der 50er Jahre zwei weitere Serien auf den Markt, die ES345 und die ES355, ebenfalls eine Kombination aus Akustik- und Solid-Gitarre. Auch diese Instrumente waren mit symmetrischen Cutaways versehen. Der massive Mittelblock gab den leichten Gitarren die Vorzüge einer Solid-Body-E-Gitarre.

Sowohl die 345 als auch die 355 wurden mit Stereo-Ausgang angeboten und einem ungewöhnlichen 6stufigen Pickup-Schalter, dem Vari-tone. Diese Schaltung war von Gibsons Pickup-Experten Walt Fuller entwickelt worden, fand bei Gitarristen jedoch wenig Anklang, so daß viele Stereo-Instrumente mit Vari-tone später umgebaut wurden und eine normale Schaltung erhielten.

1969 ES340 (oben) Dieses Modell, produziert von 1969 bis 1974, war äußerlich mit der 335 identisch. Es war jedoch mit einer ungewöhnlichen 3stufigen Pickup-Schaltung ausgestattet: beide Pickups on, beide Pickups off und Pickups out-of-phase (phasenverschoben).

1963 Gibson-Katalog (rechts) Das Cover zeigt die Stereo/Vari-tone-Version der 355.

Vibrato *Meist wurde das Bigsby-System benutzt, seltener das Vibrola-System.*

Pickups *Die Hardware der 355 war vergoldet.*

Binding *Paralleles Mehrfach-Binding an Body und Headstock zeichnet Gibsons Qualitätsmodelle aus.*

Finish *Zunächst war die 355 nur in Rot erhältlich. Später wurde sie auch mit dunkelbraunem "Nußbaum"-Finish angeboten.*

1959 ES345TN
Diese Semi-Solid wurde von 1959 bis 1980 produziert. Man erkennt sie an den schrägen, geteilten Blockeinlagen im Griffbrett. Stereo-Ausgänge für jeden Pickup einzeln und Vari-tone-6-Stufen-Schalter sind weitere Merkmale. Das "blonde"-Finish wurde nur in den ersten zwei Jahren in sehr begrenzter Auflage angeboten.

1961 ES330
Dieses in vielerlei Hinsicht ausgefallene Modell kam 1959 auf den Markt. Es hatte keinen massiven Mittelblock, der Hals war in den Korpus hineingezogen, der 16. Bund traf den Korpusrand (bei Modellen von 1968-72 traf der 19. Bund den Korpusrand). Auffällig sind auch der Trapez-Saitenhalter, die P 90 Pickups und der Headstock ohne Intarsien.

Von Trini Lopez bis B.B. King

Gibson brachte eine Reihe weiterer Semi-Solid- und Thinline-Elektrik-Modelle mit Hohlkorpus auf den Markt, nachdem diese Instrumente bei den Gitarristen Anklang fanden.
1964 erschienen zwei Versionen eines Modells, das nach dem Latin-Popmusiker Trini Lopez benannt war. Die TLD ähnelte mit ihren symmetrischen Spitz-Cutaways der Barney Kessel (S. 135), die Mechaniken allerdings waren, wie auch bei der TLS mit Rund-Cutaways, auf einer Seite des Headstock angeordnet, im Fender-Stil. Die Trini Lopez wurde bis 1972 produziert.
Weitere Modelle erschienen mit symmetrischen Cutaways: die Crest (1969-71) mit Mini-Humbuckern und 16. Bund am Korpusrand wie bei frühen 330ern; die ES150DC (1969-75) mit tiefem Korpus; die ES320 (1972-73) mit schwarzen Humbuckern und Reglern auf einer Halbkreisplatte; und die ES325 (1972-75), wie die 320, jedoch mit schlichten Metall-Pickups.
Ein ausgefallenes Modell der Les-Paul-Serie war die Les Paul Signature (1973-78), eine Semi-Solid mit verschobenen Cutaways, zwei niederohmigen Humbuckern und "Kronen"-Einlagen im Griffbrett.
Immer wieder nahm Gibson neue Gitarren-Trends in seinen Semi-Solid-Stil mit auf. Die ES347 (Ende der 70er Jahre) war mit einem Feinstimm-Saitenhalter ausgestattet und "coil-tapped" Pickups, die sowohl als single-coil als auch als Humbucking-Pickups arbeiteten. In den 80er Jahren wurden aktive Elektroniken Mode, Gibsons ES369 war entsprechend ausgestattet. Die ES Artist (1980-85), mit aktiver Schaltung, hatte keine F-Löcher. Sie fehlten auch bei der B B King, einem teuren Signature-Modell.

Griffbrett *Blockeinlagen auf Ebenholz*

"Split Diamond" *Ein Indikator für Gibsons gehobene Qualitätsklasse*

ES355TD
Diese Semi-Solid von 1959 ist eine Luxus-Version der 335. Bis 1970 gab es dieses TD-Modell (mono) und ein Stereo-Modell mit 6-stufigem Vari-tone-Schalter (TDSV). Die Stereo-Version der 355 wurde bis 1981 produziert.

Seite und Boden
Das beste Holz reservierte Gibson für die Fichtendecken und Ahornböden der Gitarren mit Natur-Finish ("blonde"), das die Maserung effektvoll betonte. Aber auch Sunburst und rotes Finish lassen manchmal die Maserung durchscheinen.

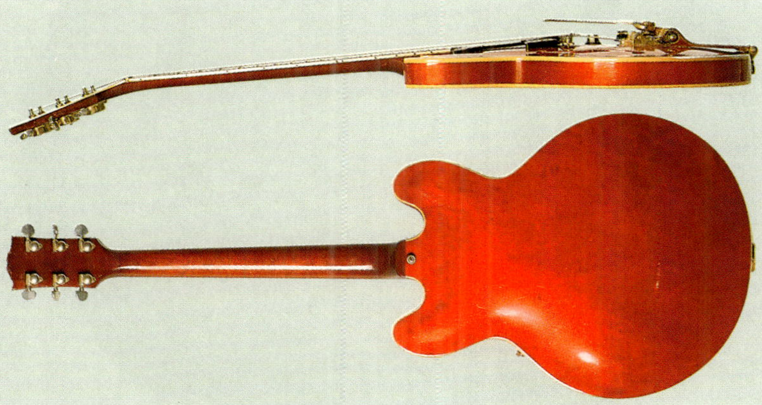

EPIPHONE UND GUILD

Epiphone wurde 1928 von Epaminondas (Epi) Stathopoulos gegründet. In den 30er Jahren begann die Firma, elektrische Instrumente zu bauen. Am bekanntesten sind ihre frühen Archtop-Akustikgitarren (S. 34), aber auch die elektrischen Versionen einiger dieser Modelle sind berühmt geworden. Nach der Übernahme durch Gibson 1957 erschienen unter dem Namen Epiphone hauptsächlich Thinline-Elektrik-Gitarren. Nach 1970 wurde der Name für japanische und in letzter Zeit auch für koreanische Gitarren benutzt. Guild begann mit dem Gitarrenbau 1952. Der Ruf dieser Firma gründet sich auf ihre hochwertigen Flat-top-Akustikgitarren (S. 40) und ihre Archtop-Elektrik-Gitarren, von denen einige hier vorgestellt werden. 1989 wurde Guild von Randall, Wisconsin, aufgekauft.

Epiphone Riviera twelve-string
Die hier gezeigte 12-saitige Version dieses Modells hat Seltenheitswert. Das 6saitige Modell E360TD war mit Gibsons ES335 fast identisch, einschließlich Trapez-Saitenhalter. Den Hauptunterschied bilden Epiphones Mini-Humbucker.

Epiphone Zephyr Emperor Regent
Das Instrument wurde von Epiphone Anfang der 50er Jahre in New York gebaut. Das Name sagt aus, daß es sich um eine elektrische Gitarre (Zephyr) mit Cutaway-(Regent) und Emperor-Korpus handelt. Die neue Schaltreihe bot verschiedene Pickup-Kombinationen. Auffällig sind die Pickup-Umrandungen und Epiphones achteckige Reglerknöpfe.

Epiphone-Katalog
Auf der rechten Seite dieser Broschüre aus den 60er Jahren ist die von Gibson gebaute elektrische Emperor abgebildet.

1964 Epiphone Sheraton (links)
Die Sheraton war eine von Gibson hergestellte hochwertige Thinline-Elektrik-Gitarre, mit Ahornkorpus, Mahagonihals und Palisandergriffbrett mit Perlmutteinlagen im klassischen Epi-Stil. Die Gitarre hatte Mini-Humbucker, der Headstock war mit Intarsien im Wein-Motiv verziert, das Zeichen für erstklassige Qualität.

Regler *Lautstärke- und Tonregler für die Pickups*

SaitenhalterTypisch für Epiphone der "Frequensator": "Die kurze Gabel für die tiefen Töne, die lange für brillante Töne".

Von Epiphone zu Gibson
Nachdem Gibson 1957 den Markennamen Epiphone erwarb, wurden Epis bei Gibson in Kalamazoo hergestellt. Einige Epiphone-Namen blieben erhalten, darunter Emperor und Broadway, doch die meisten neuen Epiphones waren "Nachbauten" von Gibson-Modellen. Die Sorrento war mit der ES125TD vergleichbar, die Granada ähnelte der ES120T, und die Casino war fast identisch mit der ES330. Die neuen Epis hatten meist Mini-Humbucking-Pickups, der Headstock war mit dem Epiphone-Logo versehen (manchmal auch mit Intarsien). 1970 wurde die Produktion nach Fernost verlagert.

1960 Epiphone Professional (links)
Die Thinline-Elektrik-Gitarre wurde mit einem speziellen Verstärker geliefert, der von der Gitarre aus gesteuert werden konnte. Die Schaltung schloß tone boosts, reverb und Tremolo ein. Die Gitarre war zusätzlich mit einer normalen Klinkenbuchse ausgestattet, allerdings arbeiteten nur wenige Regler ohne den Professional-Verstärker.

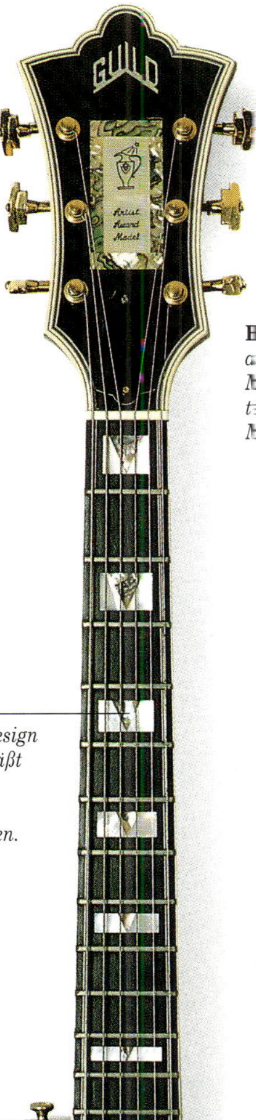

Headstock *Er hat ein auffälliges Perlmutt-Motiv und die "abgestuften" Grover-Imperial - Mechaniken.*

Einlagen *Das Design dieser Einlagen läßt Guilds frühe Verbindung zu Epiphone erkennen.*

1976 Guild Artist Award (rechts)
Dieses Modell kam Ende der 50er Jahre als Johnny Smith Award auf den Markt. Nachdem der Gitarrist Anfang der 60er Jahre zu Gibson gewechselt war, änderte Guild den Gitarrennamen in Artist Award. Nur die besten Materialien wurden benutzt, Fichtendecke, Ebenholzgriffbrett und vergoldete Hardware.

Pickguard *Pickup, Lautstärkeregler und Buchse sind hier montiert.*

Saitenhalter *Die Harfenform war ein Markenzeichen für Guild-Gitarren.*

1961 Guild Stratford (links)
Das X350-Modell wurde Anfang der 60er Jahre für einen kurzen Zeitraum produziert. Es ähnelt der Zephyr Emperor Regent und unterstreicht noch einmal Guilds Verbindungen zu Epiphone.

1974 Guild X500 (rechts)
Die X500 kam in den 50er Jahren auf den Markt. Sie zählte zu Guilds ersten E-Gitarren. Regler-Knöpfe und Headstock tragen das "G-Wappen"-Logo.

Mehr über Guild
Die Guild Company wurde 1952 von Alfred Dronge, bis dahin Gitarrist und Gitarrenhändler, in New York gegründet. Archtop- und Flat-top-Gitarren wurden in der New Yorker Werkstatt hergestellt, die jedoch bald zu klein wurde. 1956 zog die Firma nach New Jersey um. Während der 50er Jahre wechselten viele Epiphone-Mitarbeiter zu Dronge. Ihr Einfluß wird besonders bei den Griffbretteinlagen deutlich.
Neben den hier gezeigten Elektrik-Archtops und Thinline-Modellen, bot Guild weitere Gitarren an: die Duane Eddy, ein signiertes Modell, und die Thinline Aristokrat (auch bekannt als Bluesbird), die der Gibson Les Paul ähnelte. Außerdem brachte Guild preiswertere Jazzgitarren auf den Markt: die Capri CE100, die Manhattan X175 und die Mini-Manhattan X170.

Guild-Katalog
Diese Broschüre aus den 70er Jahren stellt zwei Guild-Modelle der Starfire-Thinline-Elektrik-Serie vor. Die Gitarren waren mit Einzel- oder Doppel-Cutaway erhältlich.

DIE GRETSCH WHITE FALCON

Gretsch ist bekannt für seine Elektrik-Akustikgitarren der 50er und 60er Jahre. Obwohl viele dieser Instrumente starke Einflüsse der Countrymusik zeigen, erzielen sie auch unter Pop- und Rockmusikern hohe Preise. Als deutscher Immigrant eröffnete Friedrich Gretsch 1883 in New York ein Musikgeschäft. Sein Sohn Fred Gretsch gründete die Fred Gretsch Manufacturing Co., die in den 30er Jahren in Brooklyn mit dem Gitarrenbau begann. Fred Gretsch führte das Geschäft, bis Baldwin 1967 die Firma aufkaufte. 1981 wurde die Produktion eingestellt. Seit 1985 befindet sich die Firma wieder im Besitz der Familie Gretsch, die Produktion wurde 1990 nach Japan verlagert.

Dave Stewart Gretsch-Gitarren sind seit langem besonders bei Rockmusikern beliebt, die den Sound und die Spielbarkeit dieser Instrumente ebenso schätzen wie ihr attraktives Aussehen. Bei Pop-Videos und Fototerminen darf eine Gretsch nicht fehlen. Auch Dave Stewart (Eurythmics) ist ein Gretsch-Fan. Er ist hier mit einer Stereo White Falcon zu sehen.

Schalter *Wahlweise für Hals-, Steg- oder beide Pickups*

Regler *Zwei Lautstärkeregler für die Pickups, ein Tonregler sowie ein Hauptlautstärkeregler am Cutaway.*

Pickups *Gretschs FilterTron-Pickups erschienen um 1958.*

Cutaway *Die White Falcon erschien von 1955 bis 1963 nur mit einem Cutaway.*

1978 7595 White Falcon
Die Modellnummer wurde eingeführt, als Baldwin die Gretsch Company übernahm. Von 1974 bis zur Einstellung der Produktion 1981 wurde die Falcon mit Einzel-Cutaway, Modellnummer 7593, oder mit Doppel-Cutaway, Modellnummer 7594, angeboten, beides waren Mono-Versionen. Diese 7595 mit Doppel-Cutaway ist eine Stereo-Version.

White Falcon
Als Gretsch den Prototyp der White Falcon Mitte der 50er Jahre auf einer Messe für Musikinstrumente in Chicago ausstellte, nannte er die White Falcon "The Guitar of the Future". An ihrer Entwicklung beteiligt war der Musiker Jimmie Webster, der in den 50er und 60er Jahren für viele klassische Gretsch-Instrumente und Zusatzausstattungen verantwortlich war. Die Gitarre erregte soviel Aufsehen, daß Gretsch das Modell 1955 als "Cadillac der Gitarren" in Produktion nahm. Das weiße Finish und die vergoldete Hardware des Ausstellungsstücks wurden beibehalten, hinzugefügt wurde - aus Gretschs sehr erfolgreicher Drum-Abteilung - goldgesprenkeltes Plastik.

Falcon-Daten
Die Original-Falcon von 1955 hatte den normalen Mono-Ausgang und Rund-Cutaway. Der Stereo-Ausgang wurde ab 1959 angeboten. Der Doppel-Cutaway wurde 1963 Standard, ab 1974 war die White Falcon mit Einzel- oder Doppel-Cutaway erhältlich. Nach achtjähriger Pause wurde das Modell 1990 wieder ins Programm aufgenommen. Die in Japan hergestellten Instrumente sind mit Einzel- oder Doppel-Cutaway erhältlich.

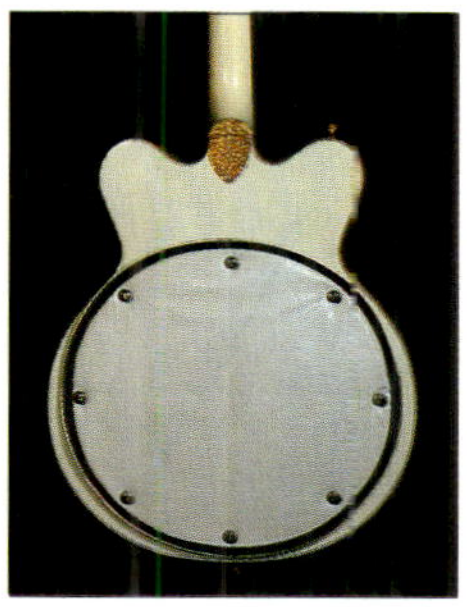

Boden
Auch dies ist eine Erfindung von Jimmie Webster: ein rundes Plastikpolster, mit Druckknöpfen befestigt, patentiert 1963. Es soll das Finish vor Beschädigungen schützen und verhüllt die Elektrik-Abdeckung.

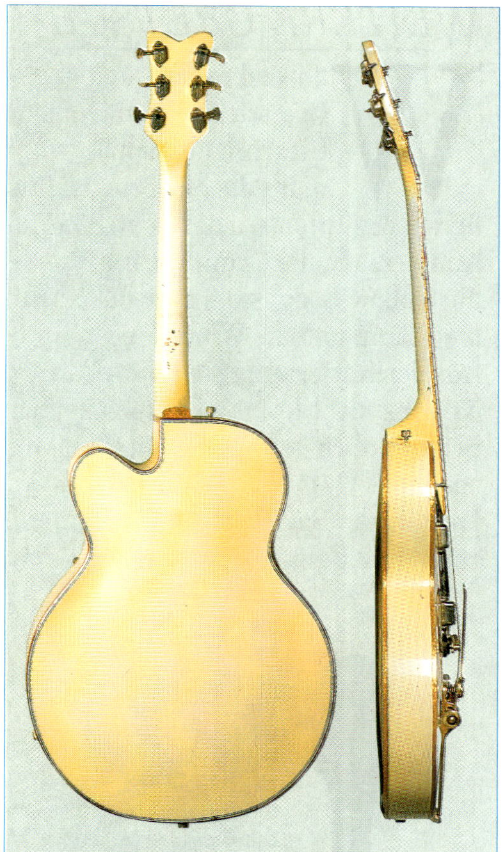

Boden und Seite Unübersehbar sind die glitzernden Details an diesem Modell: Gold-Binding und goldene Verbindungsplatte.

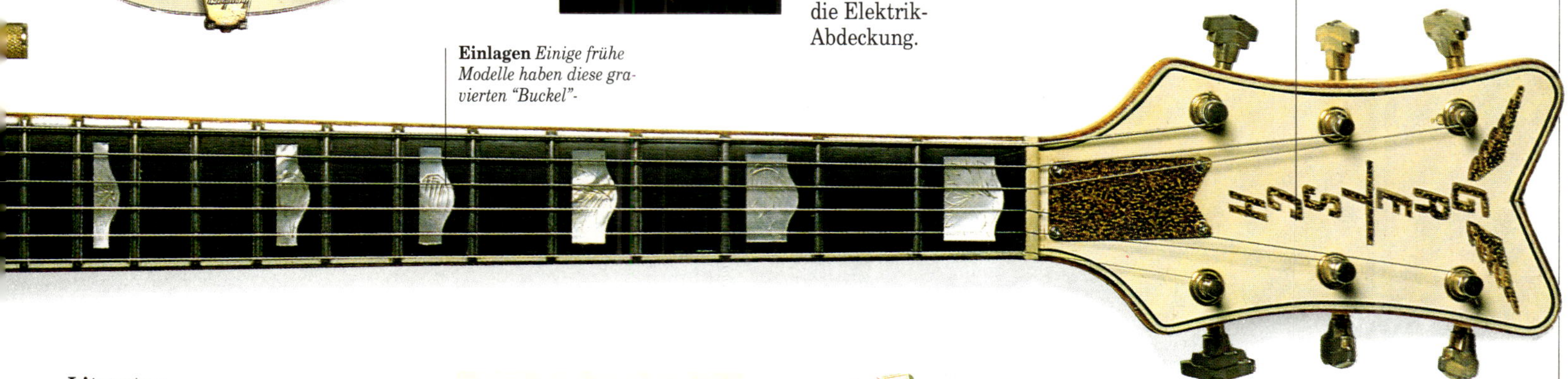

Logo *Dieses frühe Design wurde bis 1958 verwendet.*

Einlagen *Einige frühe Modelle haben diese gravierten "Buckel".*

6136 White Falcon (oben)
Dieses prunkvollste aller Gretsch-Modelle wurde 1957 oder 1958 gebaut. Die Gitarre gehört David Gilmour. Später hinzugefügt wurde der Gibson-Steg, das Regler-Layout wurde schon bei den früheren DeArmond-Pickups verwendet. 1959 erschien eine Stereo-Version.

Literatur
Die frühen amerikanischen Prospekte spiegeln die Pionierzeit der elektrischen Gitarre wider. Gretsch-Broschüren sind ein klassisches Beispiel dafür. Gretschs Werbeslogan der 50er und 60er Jahre hieß "The Great Gretsch Sound", er fehlte in keinem Prospekt.

WEITERE GRETSCH-MODELLE

Während er 50er und 60er Jahre brachte Gretsch etwa ein Dutzend Hohlkorpus-Gitarren auf den Markt. Sieben davon, die man "die modernen Gretsch" nennen könnte, finden das Interesse der heutigen Musiker: die Double Anniversary, die Country Club, die Country Gentleman, die Hollow Body (sie wurde die Nashville), die Tennessean, die Viking und die White Falcon.

Aus der Entfernung sind diese Modelle für einen Gretsch-Neuling nicht leicht zu unterscheiden. Sie wirken wie eine Serie ähnlich gestalteter Gitarren, mit großem Korpus, ein oder zwei Cutaways, zwei Pickups, Vibrato und Reglern. Hier lernen Sie sechs Modelle näher kennen. Einzelheiten zur White Falcon finden Sie auf Seite 144-145.

1959 6122 Country Gentleman (rechts)
Diese klassische dunkelbraune Gitarre stammt aus der ersten Produktionsserie des Modells. Mit Einzel-Cutaway wurde die Country Gent nur in den ersten Jahren hergestellt. Die FilterTron-Pickups werden von zwei Lautstärkereglern sowie einem Master-Lautstärkeregler gesteuert. Außerdem hat die Gitarre zwei Schalter für Pickups und Ton. Ab 1971 erscheint das Modell unter der Nummer 7670.

Headstock *Bei manchen Gretsch-Modellen befinden sich auf diese kleinen Metallplatte Modellname und Seriennummer.*

F-Löcher *Bis 1970 waren die "F-Löcher" bei der Country Gent aufgemalt.*

1958 6119 Tennessean
Die Tennessean erschien 1962 zunächst mit einem Pickup, ab 1963 mit zwei Pickups. Es war ein beliebtes Instrument einer relativ preiswerten Serie und blieb nahezu unverändert, obwohl es eine neue Modellnummer erhielt (7655 von 1971-1980). Das abgebildete Modell hat echte F-Löcher, einen Lautstärkeregler am Cutaway und einen Ton-Schalter.

Einlagen *G-brand-Modelle haben meist diese Cowboy-Motive.*

Schalter *Wahlweise für Hals-, Steg- oder beide Pickups.*

F-Löcher *Ab 1963 waren die "F-Löcher" nur noch Dekoration. Sie wurden aufgemalt.*

Regler *Hauptregler für Lautstärke*

Pickups *Dynasonic Pickups von DeArmond.*

Finish *Das leuchtende Orange nannte Gretsch "Amber red".*

Regler *Zwei Lautstärkeregler sowie ein Tonregler*

G-brand *Als Symbol für Countrymusik hatten die ersten Hollow-Body-Modelle an Headstock und Griffbretteinlagen Western-Motive. Auf dem Korpus war ein großes "G" für Gretsch "eingebrannt".*

1956 6120 Hollow Body (recht)
Die unter der Modellnummer 6120 weithin bekannte Gitarre war 1955 das erste Modell der Chet-Atkins-Serie. Ab 1963 erhielt es den Doppel-Cutaway, 1967 wurde es in Nashville umbenannt und erhielt ab 1971 die Nummer 7660. Frühe Instrumente haben ein "Brandzeichen".

1965 6192 Country Club
Dieses Modell ist leicht an der vergoldeten Hardware zu erkennen. Es kam 1955 auf den Markt, mit Sunburst-Finish (6192), Natur-Finish (6193) und in "cadillac green" (6196). Modelle der 70er Jahre hatten Sunburst- (7575) oder Natur-Finish (7576). Zeitweilig wurde eine Stereo-Version angeboten. Die Produktion wurde 1981 eingestellt.

Standby *Schalter zum Ein- und Ausschalten*

1964 6118 Double Anniversary
Das Modell mit zwei Pickups kam 1959 auf den Markt (die Single Anniversary hat einen Pickup). Es war als 6117 mit Sunburst-Finish erhältlich oder als 6118 in "two-tone smoke green", wie hier abgebildet. In den 70er Jahren erschien es unter der Modellnummer 7560.

Headstock mit verchromtem Namenschild

Steg *Der Space-Control-Steg der 60er Jahre.*

7585 Viking
Die Viking erschien 1965. Übertroffen wurde sie nur von der White Falcon. Auffallend sind der gebogene Vibrato-Hebel und die "Floating Bridge" für mehr Sustain (zwischen Steg-Pickup und Steg). Die Viking wurde bis 1975 hergestellt.

Einlagen *Für Gretsch typisch sind die Halbkreismarkierer, auch als "Daumennägel" bekannt.*

"T-Zone" *Oberhalb des 15. Bunds sind die Bünde abgeschrägt, eine Idee, die Gretsch schnell wieder fallenließ.*

Chet-Atkins-Serien
Chester Burton Atkins wurde 1924 in Tennessee geboren. Der Gitarrist hatte sich der Countrymusik verschrieben. In den 50er Jahren leisteter er als Solo-E-Gitarrist Pionierarbeit und wurde 14 Jahre lang im Magazin CASHBOX zum Besten Instrumentalisten gewählt.
Als Produzent arbeitete Chet an Elvis Presleys RCA-Proben mit. Ihm wird teilweise die Entwicklung des sogenannten Nashville Sound der 60er Jahre zugeschrieben. 1973 wurde er in die Country Music Hall of Fame aufgenommen. Chet Atkins brachte viele Solo-Alben heraus, außerdem spielte er mit Les Paul. Einige frühe Aufnahmen erschienen als Single (*Boo Boo Stick Beat,* 1959).
Der Gitarrist Jimmie Webster, er arbeitete mit Gretsch zusammen, überredete Atkins Anfang der 50er Jahre, von D'Angelico zu Gretsch zu wechseln. Auf Websters Vorschlag hin entwarf Atkins für Gretsch eine Gitarre, die Chet Atkins Hollow Body 6120 (links). Sie erschien 1955, mit Metallsteg und -sattel und einem Bigsby-Vibrato. Die Country Gentleman und die Tennessean folgten. Atkins arbeitete mit Gretsch zusammen, bis er in den 80er Jahren zu Gibson wechselte, der dann eine Chet-Atkins-E-Gitarre mit Nylonsaiten herausbrachte und 1987 eine eigene Country Gent.

Dynasonic *(Solid Body 6121, 50er Jahre)*

FilterTron *(White Penguin, späte 50er Jahre)*

HiLoTron *(Double Anniversary 6117, späte 60er Jahre)*

SuperTron *(Astro Jet, Mitte der 60er Jahre)*

Welches Baujahr?
Wer das Baujahr einer Gretsch-Gitarre bestimmen möchte, sollte auf Enttäuschungen gefaßt sein. Die Seriennummern geben kaum Aufschluß. Informationen über bestimmte Zeiträume lassen sich aus Hardware und anderen Merkmalen gewinnen. Der DeArmond - Dynasonic-Pickup mit einreihigen Polen gleich neben den Einstellschrauben wurde bis in die 50er Jahre benutzt. Der FilterTron-Humbucker (zweireihig) ersetzte ihn und wird in verschiedenen Varianten bis heute benutzt. Anfang der 60er Jahre kam der HiLoTron (einreihig mit Schraubpolen) hinzu. Der SuperTron, ohne Pole, erschien Ende der 60er Jahre.

RICKENBACKER

Mit ihrer schnittigen Form unterschieden sich Rickenbackers berühmteste Hohlkorpus-E-Gitarren erheblich von Konkurrenzmodellen der späten 50er Jahre. Die klassischen Modelle mit zwei Pickups sind die 330 und die 360 (12-Saiten-Modell s. S. 118). Die 360 ist eine Luxus-Version mit dreieckigen Griffbretteinlagen und Binding am Hals (manchmal auch am Korpus). Viele Rickys haben sich in Klang und Aussehen kaum verändert, was einen Teil ihrer heutigen Beliebtheit ausmacht. Modelle von 1961 bis 1986 sind mit Seriennummern mit Prefix am Buchsensockel versehen. Der erste Buchstabe gibt das Baujahr an, von A (1961) bis Z (1986).

1989 381 V69
Das Modell erschien 1984 im Rahmen der Vintage-Serie. Es hatte den tiefen Korpus mit gefräster Decke der Original 381. Eine Aktiv-Version der V69 hatte ein von John Kay (von der Gruppe Steppenwolf) signiertes Pickguard.

1967 335
Die Modelle mit der Endziffer 5 sind mit Vibrato ausgestattet: Dies ist also eine 330 mit Vibrato.

Saitenhalter *Diese Form mit dem "R" für Rickenbacker wird seit Beginn der 60er Jahre benutzt.*

Schalloch
Rickenbackers unverwechselbarer "Schlitz".

Bünde *Bei dieser seltenen 330-Variante sind die Bünde abgeschägt. Eine weitere Besonderheit: das Ebenholzgriffbrett (sonst wurd Palisander benutzt).*

Pickguard *Im klassischen split-level-Stil, mit je zwei Lautstärke- und Tonreglern, Pickup-Mix und Schalter.*

Rick-O-Sound
Dieser Stereo-Effekt entsteht, indem die Pickup-Signale getrennt und an zwei Verstärker weitergegeben werden. Links ist der Stereo-Ausgang für den "Rick-O-Sound"-Effekt, rechts ein normaler ("Standard") Mono-Ausgang.

1971 331 (rechts)
Die bizarre und kurzlebige "Light-Show"-Gitarre basiert auf dem Design der 330. Ihre Decke besteht aus durchsichtigem Plastik. Im Innern befinden sich bunte Glühbirnen, die bei bestimmten Frequenzen aufleuchten. Das abgebildete Instrument stammt aus Rickernbackers eigener Sammlung. Es ist handverdrahtet, die Glühbirnen sind zweireihig angeordnet. Bei späteren Modellen wurde eine Leiterplatte benutzt, die helleren Glühbirnen verteilten sich im gesamten Korpus. Ein zusätzliches Kabel führte vom Ausgang zum Blinkgeber. Das Modell wurde in geringer Stückzahl auch mit drei Pickups gebaut, als 12-Saiten- und als Baß-Version.

John Lennon (ganz rechts)
In den 60er Jahren spielte Lennon eine 325, was in dieser Anzeige werbewirksam verwertet wird.

1964 Model 1996
Die Gitarre mit Kurzmensur ist die UK-"1969"-Version der 325, die nach ihrem berühmtesten Spieler auch "Die John Lennon" genannt wird. Eine 1990er Neuauflage der 325JL ist mit Porträt und Autogramm von John Lennon auf dem Pickguard versehen.

Rickenbacker in Großbritannien
In den 60er Jahren wurde ein kleines Sortiment von Rickys nach Großbritannien exportiert. Der UK-Agent verlangte ein spezielles Design: ein "ordentliches" F-Loch, schlichte, schwarze Knöpfe, Mono-Schaltung und Vibrato. Die UK-Modelle erhielten spezielle Nummern. 1996, 1997 und 1998 entsprachen den Modellen 325,335 und 345.

Einlagen *Die 330/335 und 340/345 hatten Punktmarkierer. Dreiecke wurde bei der 360/365 und 370/375 benutzt.*

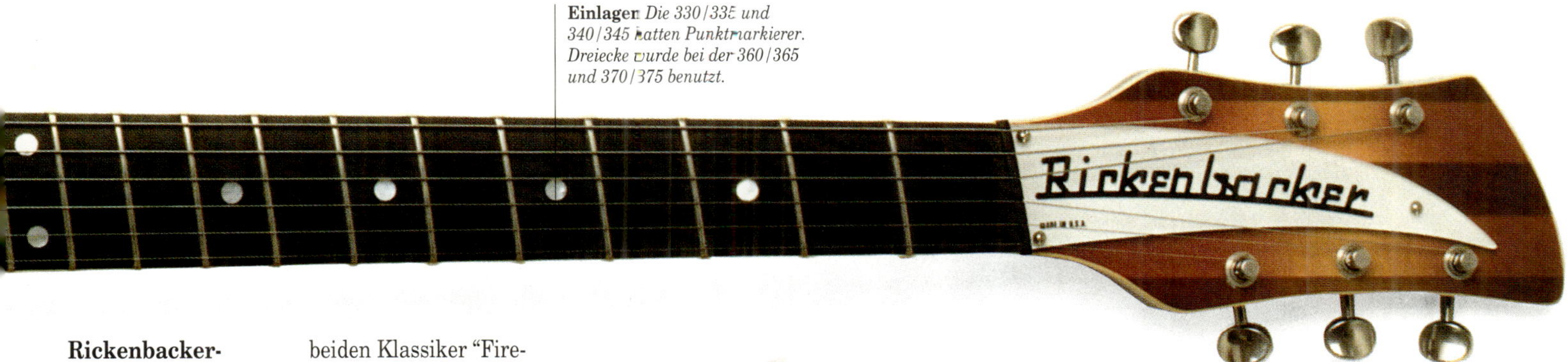

Rickenbacker-Prospekte (rechts)
Der Katalog aus den 80er Jahren zeigt die damals angebotenen Finishes, darunter die beiden Klassiker "Fireglo" (rot) und "Jet-glo" (schwarz). Daneben eine Broschüre von 1968 im Stil der Psychodelic Art in Schwarzweiß.

1968 330SF (oben links)
Dieses Modell ist, selbst für Rickenbacker, äußerst ausgefallen. Sattel, Bünde, Pickups und Steg sind abgeschrägt, "um dem natürlichen Griffwinkel exakt zu entsprechen". John Hall, der die Firma heute leitet, erinnert sich, daß dieses Experiment praktisch kein Echo fand, und so kehrte die Firma zu den weniger kostspieligen, geraden Bünden zurück.

1959 360F
F-Modelle (F steht für full body) wurden von 1959 bis Anfang der 70er Jahre hergestellt. Sie hatten einen Rund-Cutaway und einen relativ dicken Korpus. Die üblichen Varianten wurden angeboten: Punkt- oder Dreieckeinlagen, zwei oder drei Pickups, mit oder ohne Vibrato.

AMERIKANISCHE HERSTELLER

In den USA standen kleinere Hersteller von Elektrik-Akustikgitarren immer im Schatten der großen Firmen Gibson, Gretsch, Guild, Rickenbacker und Epiphone (sie alle werden in den vorhergehenden Kapiteln vorgestellt). Nur einer der großen Hersteller, nämlich Fender, hatte mit Elektrik-Akustikgitarren keinen Erfolg. Kleine Firmen konzentrierten sich bald ausschließlich auf die Herstellung von Solid-Body-E-Gitarren und überließen die Elektrik-Akustikgitarren den Spezialisten.

Einige Firmen, darunter Harmony und Kay,produzierten in den 50er und 60er Jahren große Serien für Einzelhandels- und Versandfirmen, die selbst nicht über Produktionsmöglichkeiten verfügten, aber dennoch Gitarren unter eigenem Markennamen vertreiben wollten. Sowohl Harmony als auch Kay brachten darüber hinaus Gitarren mit eigenem Logo auf den Markt.

1962 Kay Jazz II K775
Das Modell ähnelt einer Gitarre, die Eric Clapton Anfang der 60er Jahre spielte, damals bei der Gruppe The Roosters. Kay, 1931 in Chicago gegründet, war ein preisbewußter Hersteller, der viele Gitarren für Einzelhändler und Versandfirmen baute. Die US-Produktion wurde Ende der 60er Jahre eingestellt.

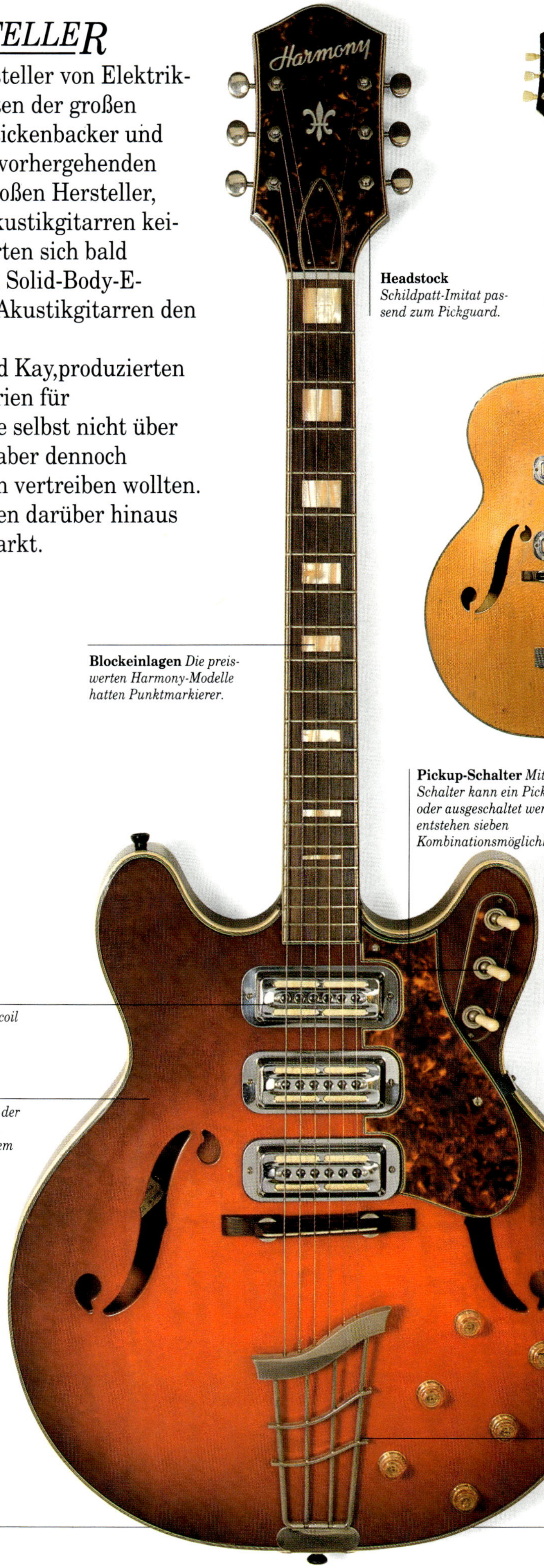

Headstock *Schildpatt-Imitat passend zum Pickguard.*

Blockeinlagen *Die preiswerten Harmony-Modelle hatten Punktmarkierer.*

Pickup-Schalter *Mit jedem Schalter kann ein Pickup ein- oder ausgeschaltet werden. So entstehen sieben Kombinationsmöglichkeiten.*

Pickups *Die single-coil Pickups stellte De Armond her.*

Korpus *Die Modelle der H-Serie hatten einen Ahornkorpus mit rotem Finish (H77) oder Mahagoni-Sunburst (H75).*

Regler *Jeder Pickup ist mit Lautstärke- und Tonreglern versehen.*

Saitenhalter *Auch mit Bigsby-Vibrato erhältlich.*

1964 Harmony H77 (rechts)
Harmony, 1892 in Chicago gegründet, war einmal der größte amerikanische Gitarrenhersteller. Die USA-Produktion wurde 1975 eingestellt. Diese H77 mit drei Pickups und Cherry-Sunburst-Finish war Harmonys Spitzen-Modell (produziert von 1960 bis 1970).

Harmony H71 Meteor
Das Modell zählte zu Harmonys beliebtesten Thinline-Hohlkorpus-Gitarren der 60er Jahre. Bei der abgebildeten H71 mit Natur-Finish fehlt, wie bei vielen, das Pickguard. Die H70 war die entsprechende Sunburst-Version. Typisch für Harmony ist der im Verhältnis zur übrigen Gitarre sehr große Headstock.

Harmony-Katalog
Das Cover des Prospekts von 1963 zeigt eine H77 sowie eine Sovereign Akustik und einen H22-Elektrik-Baß.

Harvey Thomas
Elektrik-Akustikgitarren tendieren zu traditionellem Design, was den Wünschen ihrer konservativen Spieler entspricht. Diese Harvey Thomas bildet eine seltene Ausnahme. Als eine der größten dieser Bauart wurde sie Anfang der 60er Jahre in Washington hergestellt. Thomas war für seine Extravaganz bekannt. In einem seiner Kataloge posierte er in einem Gorilla-Kostüm.

Einlagen *Ähnliche Einlagen wurden bei einer National-Solid-Serie verwendet.*

Pickup *Der schräg eingesetzte Pickup ist mit einer ungewöhnlich geformten Plastikkappe versehen.*

Korpus *Decke und Boden aus geschichtetem Riegelahorn, Seiten aus Massivahorn.*

Paramount
Der Markenname wurde in den 30er und 40er Jahren von der New Yorker Firma Lange und von Gretsch & Brenner benutzt. Paramount-Gitarren wurden von verschiedenen Herstellern gebaut. Dieses Ememplar scheint aus der Kay-Produktion zu stammen. Abgesehen vom Headstock-Logo ist es mit dem Kay-Modell K155 aus den frühen 40er Jahren identisch.

1990 Heritage H535
Die Heritage Company wurde 1985 von ehemaligen Gibson-Mitarbeitern gegründet, die in einem Gibson-Gebäude in Kalamazoo ihre eigenen Elektrik-Akustik- sowie Solid-Modelle nach dem Vorbild von Gibson-Modellen herstellten. Manche Modelle erhielten sogar den Namen Parsons Street, das ist die Adresse in Kalamazoo. Das abgebildete Modell ist deutlich an Gibsons ES335 angelehnt.

Pickguard *Es ist passend zum Korpus ebenfalls aus Ahorn.*

Amerikanische Archtops und Thinlines
Neben den hier ausgewählten Modellen gab es eine breite Auswahl dieses Gitarren-Typs auch von anderen amerikanischen Herstellern. Archtop-E-Gitarren wurden in den 30er Jahren von National und Vega angeboten, außerdem von Vivi-Tone, gegründet vom ehemaligen Gibson-Designer Lloyd Loar. Er baute eigenwillige Gitarren, manche hatten die F-Löcher auf der Rückseite.
Der eigentliche Durchbruch gelang den elektrischen Archtop- und Thinline-Modellen in den 50er und 60er Jahren. Mosrite brachte eine Reihe von F-Loch-Modellen heraus, etliche Modelle, darunter eine Version mit dem ausgefallenen "long-horn"-Body, erschienen unter dem Markennamen Coral, der von Danelectro benutzt wurde.
Harmony baute Elektrik-Akustikgitarren für Fremdfirmen wie Regal und Silvertone. Neben den unten abgebildeten Modellen brachte Fender die LTD und die Montego heraus. Auch Martin produzierte in den 70er Jahren einige F-Loch-Thinlines, ebenso wie Ovation.

Fender Starcaster (unten)
1976 versuchte Fender noch einmal, eine Thinline-Elektrik auf den Markt zu bringen. Doch die Starcaster konnte gegen die Konkurrenz von Gibson nicht bestehen und wurde 1979 aus dem Programm genommen.

Kopf *Eine Variante des normalen Fender-Headstock mit Konstraststreifen.*

F-Loch *Die Coronado II-Modelle hatten F-Löcher mit Binding.*

Pickups *Die Coronado gab es mit einem Pickup (Modell I) oder zwei (Modell II).*

Finish *Diesen Wildwood-Effekt erzielte man durch Einfärbung des Buchenholzes während des Wachstums.*

1968 Fender Coronado Wildwood II (links)
Dies war Fenders erste Thinline-Elektrik-Gitarre. Sie kam 1966 auf den Markt, mit einfachem oder Sunburst-Finish sowie mit dem grauen Antigua- oder diesem Wildwood-Finish.

EUROPÄISCHE HERSTELLER

Größtenteils ließen sich die europäischen Hersteller bei ihren Elektrik-Akustikgitarren von den Gitarren aus den USA beeinflussen, denn die meisten Erfindungen und Verbesserungen an diesen Instrumenten kamen von dort.

In einem Punkt unterschieden sich die europäischen Archtop-Elektrikgitarren jedoch von ihren amerikanischen Vorbildern: Sie wurden aus einheimischen Hölzern wie schottische Kiefer oder Platane gebaut. Ein erfolgreicher Hersteller ist die deutsche Firma Höfner, bekannt für Instumente der gehobenen Preisklasse. Die Firma wurde 1887 von Karl Höfner gegründet. Mit dem Gitarrenbau begann Höfner 1925. Nach dem 2. Weltkrieg flüchtete die Familie nach Westdeutschland und gründete 1951 in Bubenreuth eine neue Fabrik. Ihre ersten Archtop-Elektrikgitarren erschienen in den 50er Jahren. Die Firma besteht bis heute fort.

Knight Imperial (links)
Das Modell des Briten Dick Knight erschien Ende der 80er Jahre, mit den typischen fleur-de-lys Headstock-Einlagen und gefrästen (nicht verleimten) Balken.

Grimshaw Plectric Deluxe Electracoustic (rechts)
Ein Modell des Briten Emil Grimshaw aus den späten 50er Jahren. Es hat 24 Bünde, einen Fichte/Platane-Korpus und einen zusätzlichen Griffbrett-Pickup.

Grimshaw-Katalog
Der Prospekt zeigt eine Thinline-Elektrik-Gitarre und eine ähnliche Baßgitarre aus den 60er Jahren.

Headstock *In die schwarze Plastikbeschichtung ist der Modellname eingearbeitet.*

Hals *Er besteht aus über 35 verleimten Birkenholzstreifen, eine in den 60er Jahren in Deutschland übliche Methode.*

Hopf Saturn 63
Mitte der 60er Jahre erschien dieses Instrument der deutschen Firma Hopf, das sich deutlich vom konventionellen Styling abhebt. Offenbar hielt der Hamburger Star Club es für geeignet, die damalige deutsche Beatszene zu repräsentieren, denn er benutzte es für viele Plakate und Anzeigen.

Schallöcher *Sie sind ungewöhnlich geformt und mit einer Metalleinfassung versehen.*

Korpus *Auffallend ist der eingelassene Rundstab aus Metall.*

Reglerplatte *Statt der üblichen 6-mm-Klinkenbuchse wurde eine dreipolige DIN-Buchse verwendet.*

Vibrato *Dieses System ist mit Doppelfedern versehen, die den Saitenanker bewegen.*

Andere europäische Hersteller

Viele europäische Firmen versuchten, sich mit Elektrik-Akustikgitarren auf dem Markt durchzusetzen. In Deutschland waren es Framus, Hoyer, Klira und Roger. In Schweden brachte Hagstrom erfolgreich die Viking heraus. Sogar Elvis Presley benutzte sie. Für Italien seien Eko, Galanti und Welson genannt.

In Großbritannien boten nur Burns und Wilson in den 60er Jahren einige Modelle an. Heute werden solche Instrumente noch von kleinen Werkstätten, z.B. bei Chris Eccleshall, Gordon Smith und M.J. Vanden, gebaut.

1959 Hofner President (links)
Dies war ein Export-Modell für Großbritannien (Ende der 50er bis Mitte der 70er Jahre).

1959 Hofner Commettee (rechts)
Ein Team von sechs Gitarristen entwarf dieses Modell: Ike Isaacs, Bert Weedon, Roy Plummer, Jack Llewellyn, Freddie Philips und Frank Deniz.

Pickups *Diese schmalen, schwarzen Pickups wurden von 1957 bis 1960 verwendet.*

Pickguard *Um die Kieferndecke besser wirken zu lassen, benutzte Höfner Zelluloid-Pickguards.*

Kopf *Dieses Design nannte Höfner "frondose" (blattähnlich).*

Griffbrett *Ebenholz mit Perlmutteinlagen.*

Pickups *Dieses "Rauten"-Logo wurde von 1961 bis 1963 verwendet.*

Saitenhalter *Die Hardware der Golden Hofner war vergoldet und mit einem Relief versehen.*

Regler *Höfners klassische "flick-action console".*

Hofner Club 50 (rechts)
Höfners Club-Modelle ohne F-Löcher erschienen Ende der 50er Jahre als kleinere Version seiner großen Elektrik-Akustikgitarren.
Diese Club 50 ist eine Sonderausgabe von 1961.

Regler *Der Schalter und die Extra-Knöpfe bedienen ein batteriebetriebenes Tremolo-System.*

1961 Hofner Golden Hofner (links)
Dieses Top-Modell aus Höfners Elektrik-Sortiment wurde zwischen 1959 und 1962 gebaut. Es gehört zu einer für Selmer London produzierten Export-Serie und wurde von Höfner als "masterpiece of guitar perfection" beschrieben.

Rückansicht
Der Boden der Golden Hofner ist mit Ahornfurnier versehen. Bemerkenswert ist die Einlegearbeit mit liebevollen Details. Nur wenige Hersteller schenken der Rückseite ihrer Gitarren so viel Aufmerksamkeit.

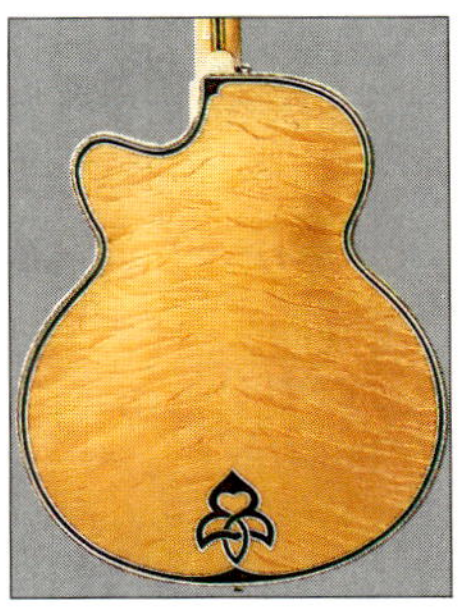

Bert Weedon Der britische Gitarrist ist mit einer Golden Hofner von 1959 zu sehen.

HERSTELLER AUS FERNOST

Ende der 60er und Anfang der 70er Jahre war Japan der führende Gitarrenproduzent in Fernost. Während dieser Zeit kopierten die japanischen Hersteller hauptsächlich Gitarren der bekanntesten amerikanischen Marken. Diese Instrumente wurden erheblich billiger angeboten als die Original-Gitarren, allerdings waren sie oft auch von deutlich schlechterer Qualität.
In den 70er und 80er Jahren brachten die Hersteller aus Fernost - inzwischen gehörten auch Korea und Taiwan dazu - Solid-Body-E-Gitarren mit eigenem Design auf den Markt, amerikanische Einflüsse wurden geringer. Bei Elektrik-Akustikgitarren (sowohl bei Archtop- als auch Thinline-Modellen) gelangen den Herstellern aus Fernost keine eigenen Entwürfe.
Dafür sind zwei Faktoren verantwortlich: zum einen ist es schwierig (und relativ kostspielig), ein eigenes Design für solche Instrumente zu entwickeln, zum andern richten sich die Instrumente an den konservativen Kundenkreis der Jazzgitarristen. Diese Kombination führt immer wieder zu einem traditionellen Design.

1989 Washburn J10
Diese Archtop-Elektrik, mit deutlichen Gibson-Merkmalen, ist Washburns Spitzen-Modell der Elektrik-Akustik-Serie. Der Name Washburn wurde im 19. Jahrhundert für Akustikgitarren aus Chicago verwendet. Seit den 70er Jahren ist es der Markenname für in den USA entworfene und in Japan (inzwischen auch in Korea) produzierte Instrumente.

Einlagen *Perlmuttintarsien auf Ebenholz.*

Korpus *Decke aus Fichte, Boden und Seiten sind aus Ahorn.*

Saitenhalter *Dieses T-förmige Design findet sich auch bei Gibsons ES175.*

Steg *Er ist höhenverstellbar.*

Saitenhalter *Mit diesen Schrauben werden die beiden Spannblöcke eingestellt.*

Regler *Volume und Tone für jeden Pickup.*

Pickguard *Hier sind die Pickups befestigt, die über der Gitarrenoberfläche "schweben".*

Korpus *Die Decke besteht aus Fichte.*

1989 Antonia Rockstar EG1935
Antonia ist der Markenname einer britischen Importfirma. Ende der 70er Jahre erschien der Name hauptsächlich auf Gitarren des Herstellers Fuji Gen-Gakki, der auch Ibanez-Gitarren produzierte. Dieses Instrument entstand jedoch in Korea. Es erinnert stark an die Gibson 335, obwohl Antonia auf die "double sustain blocks" im Innern des Korpus hinweist. Das Modell ist mit und ohne vernickelte Pickup-Kappen erhältlich.

Korpus *Die "geflammte" Ahorndecke dieser EG1935-Version der gehobenen Preisklasse ist mit ansprechendem Finish versehen.*

1989 Aria TA60
TA bezeichnet die Titan-Artist-Serie, die 1981 erschien. Das Instrument ist deutlich von Gibson beeinflußt. Auch der Hinweis am Headstock "original custom body" täuscht nicht darüber hinweg. Das Pink-Finish dieser qualitativ hochwertigen Gitarren ist allerdings für diesen Gitarren-Typ ungewöhnlich.

Griffbrett *Die TA60 hat ein Palisandergriffbrett mit schmalen Blockmarkierern.*

Hardware *Steg, Pickups und Mechaniken der TA60 sind vergoldet.*

Aria-Katalog
Der Jazzgitarrist Herb Ellis wurde jahrelang mit Gibson-Gitarren, besonders mit der ES175, in Verbindung gebracht. 1979 stellte er sich als Werbeträger für die Aria PE175 zur Verfügung.

1990 Yamaha SA1100
Dieses Modell stammt aus der dritten Generation der SA-Serie (Semi-Akustik) von Yamaha. Es erschien 1977 und entspricht offensichtlich Gibsons beliebter ES335. Die Vorliebe für das "blonde"-Finish Ende der 70er Jahre erklärt Yamahas Natur-

Griffbrett *Ein Ebenholzgriffbrett mit Blockeinlagen.*

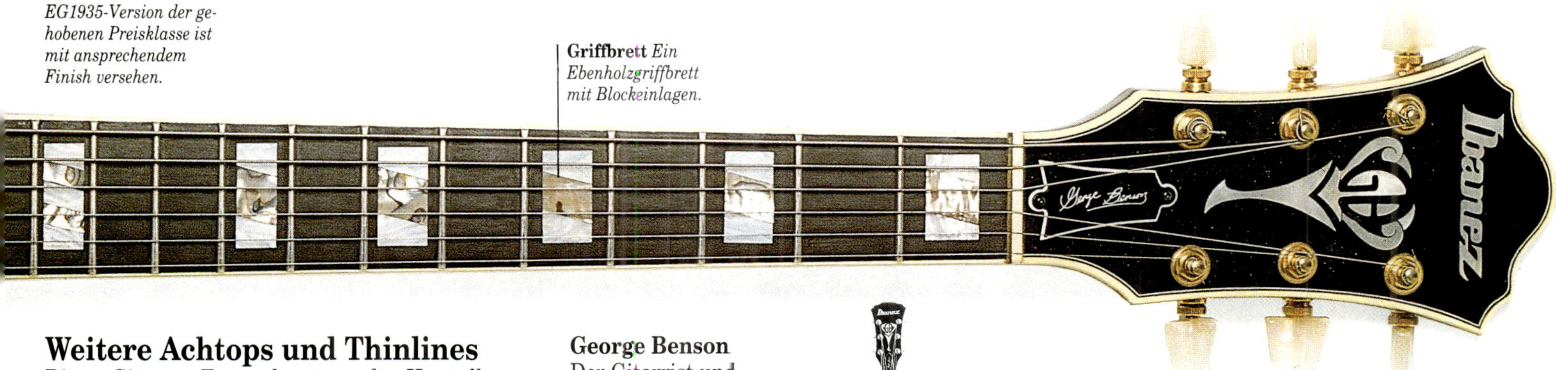

Weitere Achtops und Thinlines

Dieser Gitarren-Typ verlangt von den Herstellern größere Investionen, verglichen mit den Aufwendungen für Solid-Body-E-Gitarren, hauptsächlich wegen des größeren Zeitaufwands bei der Produktion. Deswegen haben sich Hersteller aus Fernost, deren Ziel eine kostengünstige Produktion ist, auf die Herstellung von Solid-Gitarren konzentriert.
Trotzdem gibt es auch in Fernost eine beachtliche Anzahl von Firmen, die Elektrik-Akustikgitarren, im wesentlichen Thinline-Modelle, herstellen. Unter den vielen japanischen Marken tauchen Namen auf wie Tokai, Teisco, Maya, Fresher, Kimbara, Kasuga, Columbus, Cimar, Excetro und Audition.

George Benson
Der Gitarrist und Sänger ließ sich von Wes Montgomery und Tal Farlow inspirieren. 1965 gründete er seine erste Jazzgruppe. Er wandte sich später einem populären Stil zu und hatte mit *Breezin* 1976 einen großen Hit.

1978 Ibanez George Benson GB10 (oben links)
Dieses in Japan produzierte und von George Benson als Werbeträger signierte Ibanez-Modell erschien 1977. Beachten Sie die Einlage am 21. Bund. In Größe und Form ähnelt die Gitarre der Gibson ES175. Sie hat eine Fichtendecke, Boden und Seiten sind aus Ahorn. Das größere George-Benson-Modell, die GB20, mit nur einem Pickup, unterschied sich außerdem durch das Pickguard, auf dem die Regler montiert waren. 1990 kam eine Anniversary-Version der Ibanez George Benson heraus.

“Manche Hersteller
bieten Bässe
ohne Headstock an,
sie fügen Saiten hinzu
oder erfinden
neue Elektroniken,
trotzdem bleibt
die einfache Konstruktion
das wesentliche Merkmal
der Baßgitarre.”

BASS-GITARREN

1990 WARWICK STREAMER LIMITED EDITION, Bass Centre London.

ANATOMIE DER BASSGITARRE

Einfachheit heißt das Schlüsselwort für das Design der elektrischen Baßgitarre. Als Erfinder des Instruments vertreibt die amerikanische Firma Fender ihre Precision-Bässe seit 1951 (das hier gezeigte Modell wurde in Japan hergestellt). Sie entsprechen im Stil der Fender-Telecaster-E-Gitarre, die ein Jahr zuvor auf den Markt kam. Kennzeichnend ist die einfache verschraubte Konstruktion, die den Gitarrenbau zur Serienfertigung führte.
Die meisten Hersteller sehen in Fenders Design eine fehlerfreie Konstruktion, so daß die Precision- und die Jazz-Bässe von Fender als Vorlage für die seit 1951 hergestellten Konkurrenzmodelle dienten.
Die größte Anfechtung erlebte der Fender-Stil, als Ned Steinberger aus New York Anfang der 80er Jahre eine Baßgitarre ohne Headstock und nahezu ohne Body entwarf. Er verwendete dabei synthetisches Material. Seither ist Steinbergers Design bei einigen Baßgitarren zu entdecken, die ohne Headstock, aber mit konventionellem Body konstruiert sind.

Neuerungen

Die heutigen Bassisten identifizieren sich mit ihrem Instrument. Niemand wird mehr behaupten, Musiker entschieden sich für die Baßgitarre, weil sie ein 6saitiges Instrument nicht beherrschen. Entsprechend umfangreich ist das Angebot an Baßgitarren. Einige bieten neue Elektroniken, andere eine Kombination aus Tropenholz und Plastik. Dennoch leben Fenders Erfindungen fort, in seinen eigenen Instrumenten ebenso wie in denen anderer Hersteller.

Rund gewickelte Saiten *Die von Rotosound entwickelten Saiten sind heute Standard. Sie erzeugen einen klareren Klang als die flach gewickelten.*

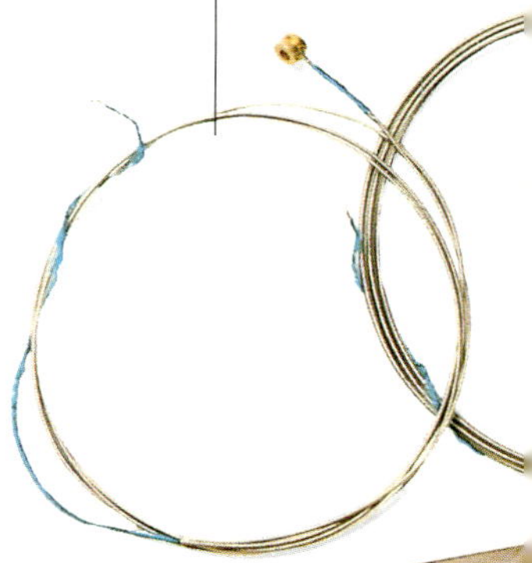

Mensur *Die Länge beträgt vom Steg bis zum Sattel 85 cm. Außerdem gibt es Kurz- (75 cm) und Medium-Versionen (80 cm), die das Spiel erleichtern.*

Konturierter Body *Die leichte Konturierung der Vorder- und Rückseite*

Durchgehender Hals
Eine Alternative zum verschraubten Hals ist der durchgehende Hals, der durch den gesamten Body läuft.

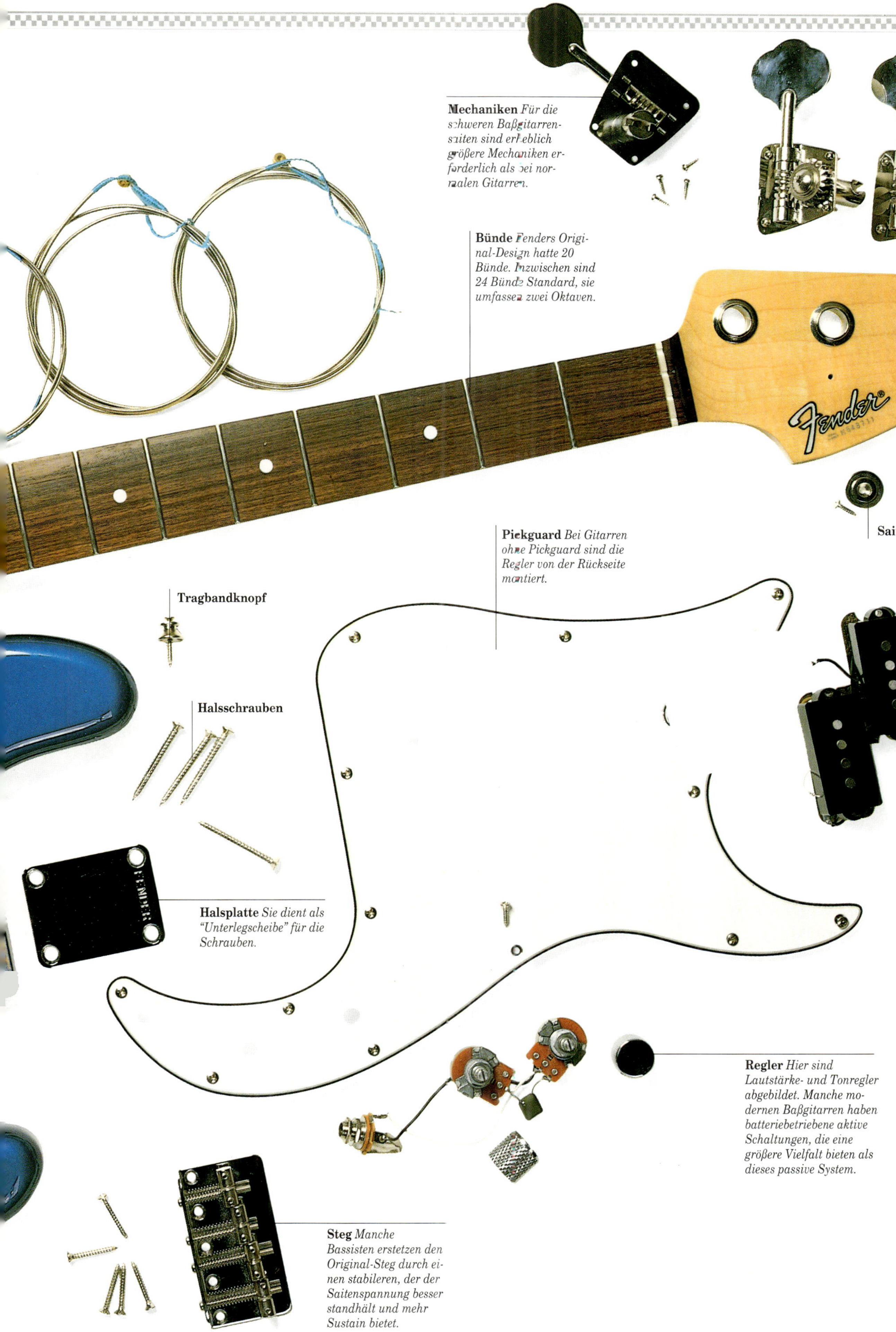

Mechaniken *Für die schweren Baßgitarrensaiten sind erheblich größere Mechaniken erforderlich als bei normalen Gitarren.*

Bünde *Fenders Original-Design hatte 20 Bünde. Inzwischen sind 24 Bünde Standard, sie umfassen zwei Oktaven.*

Saitenniederhalt

Pickguard *Bei Gitarren ohne Pickguard sind die Regler von der Rückseite montiert.*

Tragbandknopf

Halsschrauben

Pickups *Je eine Hälfte dieses klassischen "split" single-coil Precision-Pickups nimmt zwei Saiten auf. Die spätere Jazz Bass war mit schmalen, langen Single-Coils ausgestattet.*

Halsplatte *Sie dient als "Unterlegscheibe" für die Schrauben.*

Regler *Hier sind Lautstärke- und Tonregler abgebildet. Manche modernen Baßgitarren haben batteriebetriebene aktive Schaltungen, die eine größere Vielfalt bieten als dieses passive System.*

Steg *Manche Bassisten erstetzen den Original-Steg durch einen stabileren, der der Saitenspannung besser standhält und mehr Sustain bietet.*

Headless Bass
Diese Konstruktion verzichtet auf den Headstock.

FENDER PRECISION

1950 brachten Leo Fender und seine Mitarbeiter als erste eine Solid-Body-E-Gitarre auf den Markt (S. 62-63 und 68-69). Doch damit nicht genug. Ein Jahr später erschien Leo Fender mit einer neuen aufregenden Idee auf dem Markt, der elektrischen Baßgitarre.
Der Fender Precision erschien 1951. Bassisten waren an den Akustik-Doppelbaß gewöhnt, ein sperriges, unhandliches und darüber hinaus kaum hörbares Instrument, das von Fender "Hundehütte" genannt wurde. Er setzte darauf, daß die Bassisten ein lauteres, handlicheres Instrument mit präziser Stimmung begrüßen würden, und er hatte recht. Seine mit Bünden bestückte, elektrische Baßgitarre, sie erhielt den treffenden Namen Precision Bass, wurde ein Erfolg.
Anfänglich waren es in der Mehrzahl Country-and-Western-Musiker, die Fenders Precision spielten. Auch Monk Montgomery von der Lionel Hampton Band benutzte das Instrument, das sich in den 50ern ganz allmählich durchzusetzen begann. Anfang der 60er Jahre hatte sich die Baßgitarre bereits ihren Platz in der modernen Musikszene erobert.

Rück- und Seitenansicht
Bei den ersten Precision-Bässen wurden Kluson-Mechaniken benutzt, die wie Doppel-Baß-Mechaniken funktionierten: Die Saiten wurden gespannt, indem der Spieler den Wirbel zu sich drehte. Sie wurden bald durch die üblichen Mechaniken ersetzt.

Body *Der Body dieses frühen Precision ist nicht konturiert. Dies wurde erst ab 1954 üblich.*

Chrom-Abdeckungen
Bis in die 80er Jahre wurden Fender-Bässe mit aufgeschraubten Metall-Abdeckungen über Steg und Pickup versehen. Sie sollten dem Spieler als Ablage für die Hand dienen. Bei vielen Instrumenten finden sich heute nur noch die Schraublöcher, denn die "Stützen" wurden häufig entfernt, da sie beim Spiel hinderlich waren.

Steg-Abdeckung *Normalerweise wurde sie umgekehrt montiert.*

Regler *Auf einer Chromplatte sind Lautstärke- und Tonregler montiert.*

Pickup *Unter dieser Abdeckung befand sich beim frühen Precision ein vierpoliger Pickup.*

Pickguard *Die schwarze Platte bedeckte einen großen Teil des Body.*

Signed Precision Auf dem Headstock dieses Fender Precision befindet sich ein Autogramm von Leo Fender. Die Baß-Gitarre wurde 1962 gebaut, signiert hat Fender sie 1980 für den britischen Bassisten Dave Pegg, der die G&L-Fabrik während seiner Tournee mit Jethro Tull besichtigte. Pegg spielte außerdem mit Fairport Convention

Neuauflagen von Klassikern

Die frühe Geschichte der Fender Company wurde von Erfindungen geprägt, die Maßstäbe setzten. Es ist bemerkenswert, daß Fender gleich mit dem ersten Entwurf seiner elektrischen Instrumente diesen immensen Erfolg hatte, es bedeutet aber gleichzeitig, daß die Originalversionen immer wieder neu aufgelegt wurden und auch von der Konkurrenz kopiert wurden. Nur selten ging Fender auf aktuelle Trends ein, wie zum Beispiel 1980 mit dem Precision Bass Special. Dieser war mit aktiver Schaltung ausgestattet.

1957 Precision Zu dieser Zeit erhielt der Precision das Aussehen, das er über 30 Jahre lang beibehalten sollte: breiterer Headstock, ein neues Pickguard mit Reglern und Buchse, vier Stegsättel und einen zweiteiligen Pickup.

Split -Pickup Der "P"-Baß-Pickup wurde 1957 eingeführt.

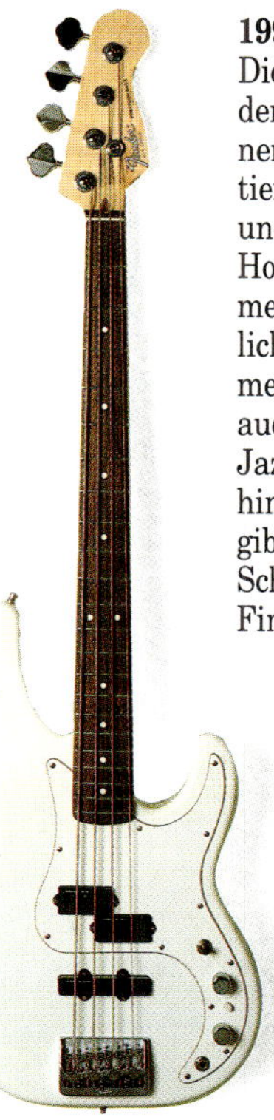

1990 Precision Plus Dieser radikal veränderte Precision hat einen neuen Body mit tieferen Cutaways und längerem linken Horn. Zwei Bünde kamen zu den ursprünglich 20 hinzu. Wie die meisten Firmen fügte auch Fender einen Jazz-Pickup am Steg hinzu. Entsprechend gibt es einen Pickup-Schalter und den Fine-Tuning-Steg.

Body *Für diese Baß-gitarre werden verschiedene Finishes angeboten: arctic white, gunmetal blue, root beer metallic und black pearl burst.*

1952 Precision (unten links) Der Precision erschien 1951 als genial einfaches Instrument. Die Saiten waren in EADG gestimmt, jeweils eine Oktave tiefer als die vier unteren Saiten einer 6saitigen Gitarre. Der Brettbody des Originals hatte das Natur-Finish "blonde". Die 20 Bünde waren direkt in den aufgeschraubten, massiven Ahornhals eingesetzt.

Saitenniederhalter *Er soll für korrekte Saitenspannung am Sattel sorgen.*

1955 Precision Ab 1954 wurde der Precision auch in zweifarbigem Sunburst-Finish angeboten. Gleichzeitig erhielt er ein weißes Pickguard, und die Bodykanten wurden etwas weicher konturiert, wie bei der Strat.

FENDER JAZZ BASS

Da Fenders Precision Bass nur ganz allmählich die Musiker überzeugte, brachte die Firma erst 1960 ein zweites Baß-Modell im Gitarrenstil auf den Markt, den Jazz Bass. Das Instrument bot eine größere Klangvielfalt, der Hals war schmaler gestaltet. Der Jazz Bass wurde bald in vielen Musikrichtungen benutzt, besonders beliebt war er bei Jazzmusikern, wie Jaco Pastorius (rechts) und Marcus Miller, der durch seine Zusammenarbeit mit Miles Davis in den 80er Jahren bekannt wurde. Seit den 60er Jahren ist Fender wohl für jeden Bassisten ein Begriff. Diese Popularität ist auf die Modelle Precision Bass und Jazz Bass zurückzuführen. Aber auch zahlreiche andere Fender-Baß-Modelle erschienen auf dem Markt. Der Coronado (1966-70), mit Hohlkorpus, blieb, wie auch die übrigen Fender-E-Gitarren mit Hohlkorpus, erfolglos. Mit dem Mustang (1966-82) brachte Fender einen Baß heraus, der auch mit Kurzmensur erhältlich war. Der Telecaster Bass (1968-79) war eine Neuauflage des Precision, mit dem Musicmaster Bass (1972-82) bot Fender ein Modell des unteren Preisniveaus an. Der HM Bass (1989) schließlich könnte als Jazz Bass mit drei Pickups bezeichnet werden.

Jaco Pastorius
Pastorius, der mit der Gruppe Weather Report spielte, hat viel zur Popularität der bundlosen elektrischen Baßgitarre beigetragen.

1990 Fretless Jazz Bass (links)
Jaco Pastorius mußte die Bünde bei seinem Jazz Bass noch selbst entfernen, inzwischen bieten viele Hersteller ihre normalen Modelle auch in einer bundlosen Version an. Dieses Fender-Modell wurde in Japan produziert.

Pickups *Zwei single-coil Pickups mit je acht Polen*

Saitendämpfer *Wie an den Schraublöchern ersichtlich, wurde der Saitendämpfer entfernt.*

Regler *Der innere Knopf regelt die Lautstärke, der äußere Ring den Ton. Dieses System wurde 1961 aufgegeben.*

1961 Jazz Bass
1960 brachte Fender den Jazz Bass als zweites Baß-Modell heraus. Die Bodyform entspricht Fenders Jazzmaster (S. 76). Von dem Precision Bass unterscheidet sich dieses Modell durch den Hals, der sich zum Sattel hin stark verjüngt. Außerdem ist es mit zwei separaten Pickups ausgestattet, die einen tieferen Klang erzeugen.

1963 "Paisley" Telecaster Bass
Der Telecaster Bass erschien 1968 als Neuauflage des ersten Precision-Bass-Modells. Ende der 60er Jahre kamen einige wenige Modelle im Blue-Flower-Finish oder im Pink-Paisley-Finish (oben) auf den Markt.

1972 Telecaster Bass
1972 wurde der singlecoil durch einen Humbucking-Pickup ersetzt. Das Pickguard erhielt ein neues Design und schloß nun die Regler ein. Das Modell wurde bis 1979 produziert.

1968 Mustang Bass
Diesen Baß entwarf Leo Fender während seiner Beratertätigkeit für CBS. Mit 75 cm war die Mensur kürzer als bei anderen Fender-Modellen, die 85 cm aufwiesen. Der Mustang Bass wurde bis 1981 produziert.

Mechaniken *Die Kluson-Mechaniken gehörten jahrelang zur Standardausstattung.*

Markierer *Bis 1966 wurden Punktmarkierer verwendet.*

Griffbrett *Der Ahornhals war serienmäßig mit einem Palisandergriffbrett versehen.*

Jazz Bass
Die "Doppel"-Regler wurden 1961 durch drei Einzelregler ersetzt: je Pickup ein Lautstärkeregler und ein gemeisamer Tonregler. Ab 1966 wurde das Griffbrett mit Blockeinlagen und Binding versehen.

RICKENBACKER

1957, sechs Jahre nach der Erfindung der elektrischen Baßgitarre, brachte Rickenbacker sein erstes Modell auf den Markt. Die kalifornische Firma bot den Bassisten mit dem 4000-Modell ein ebenso charakteristisches Instrument wie zuvor den Gitarristen mit den unverwechselbaren 6saitigen E-Gitarren. Der 4000 wies eine ganz neue Bodyform auf mit einem langen linken Horn. Ein harmonisch geschwungener Headstock vollendet den Ricky-Baß-Stil, den die Firma seither mit nur wenigen Variationen beibehalten hat.
Das 4000-Modell mit Einzel-Pickup und zwei Reglern wurde bis 1984 produziert. Weitaus populärer jedoch wurde das 4001-Modell mit zwei Pickups, das 1961 erschien und viele Folgeserien nach sich zog, wie das aktuelle Modell 4003. Britische Musiker - Paul McCartney in den 60er und Chris Squire in den 70er Jahren - trugen zur wachsenden Beliebtheit der Rickenbacker-Instrumente bei. Die Firma stellte besondere Export-Versionen her, um den britischen Markt zu erobern.

Rück- und Seitenansicht
Der durchgehende Hals war keine neue Idee (S. 60), dennoch wurde er durch Rickenbacker Ende der 50er Jahre populär. Man sieht ihn bei der Rückansicht schwach durchscheinen.

Rush
Der Bassist der kanadischen Gruppe, Geddy Lee, ist hier bei einem Konzert mit der 4080 abgebildet, Rickenbackers Doppelhals-Baß-Gitarre. Es war Rickenbackers erste seriengefertigte Doppelhalsgitarre (mit 6saitigem und 4saitigem Hals). Sie erschien 1975.

Durchgehender Hals *Der Mahagonihals läuft durch den gesamten Body.*

Pickup *Dieser "Hufeisen"-Pickup mit geteilter Abdeckung wurde bis 1970 verwendet.*

Regler *Ein Pickup-Schalter und je Pickup ein Lautstärke- und ein Tonregler*

Body *Ahorn-"Flügel" sind am durchgehenden Mahagonihals angeleimt.*

Dämpfer *Mit dieser Vorrichtung kann der Klang gedämpft werden*

1964 4001S (oben)
Dieses Modell brachte Rickenbacker viel Ruhm ein, als es in den 60er Jahren von Paul MacCartney gespielt wurde und in den 70er Jahren von Chris Squire von der Gruppe Yes. Es war ein spezielles Export-Modell und unterschied sich von dem 4001 durch die Punktmarkierer sowie das fehlende Binding.

1978 4005
Rickenbackers erster Baß mit Hohlkorpus entsprach dem Design der nicht-massiven E-Gitarren (S. 148). Die Export-Version aus den späten 60er Jahren erhielt die Bezeichnung 3261.

Saitenhalter *Nur die 4005-Bässe waren mit dem "R" für Rickenbacker versehen.*

Kataloge
Der US-Prospekt von 1968 zeigt die Baß-Serien 4000, 4001 und 4005, daneben werden die technischen Daten aufgelistet. Der UK-Prospekt (oben) wurde 1964 von dem Importeur Rose-Morris & Co herausgegeben. Er zeigt auch das Baß-Modell 1999 (zweite von rechts), die Export-Version der 4001S.

Einlagen *Diese Dreieckeinlagen wurden bei den 4003S-Modellen durch Punktmarkierer ersetzt.*

1990 4003 (oben)
Das Modell erschien 1979 und ersetzte 1986 den 4001. Wie auch der 4001 ist es mit Binding und dreieckigen Bundmarkierern versehen.

Headstock *Bemerkenswert, wie harmonisch die Bodyform sich hier wiederholt.*

Griffbrett *Punktmarkierer auf einem 20bündigen Palisandergriffbrett.*

Body *4001-Modelle sind hier eingefaßt.*

Pickup Die einteilige Abdeckung wurde in den 70er Jahren eingeführt.

Griffbrett *Der 4001 hat Dreieckmarkierer.*

1973 4001
Dieses Modell mit zwei Pickups brachte Rickenbacker 1961 heraus, vier Jahre nach seinem ersten Baß, dem 4000-Modell. Eine luxuriösere Version in begrenzter Auflage erschien 1981 mit dem 4002.

GIBSON

Mit Baßgitarren hatte Gibson nie den großen Erfolg wie mit anderen Gitarrentypen. In den 50er und 60er Jahren war Fender unbestreitbar der führende Hersteller von Baßgitarren. Musiker konnten sich mit Gibson-Modellen weniger anfreunden, denn Gibson hatte eine Kombination aus Humbucking-Pickups und Kurzmensur konstruiert. Den so erzeugten Klang fanden viele Bassisten zu dick und zu verschwommen.
Andere Musiker machten aus dieser scheinbaren Schwäche eine Tugend, wie Jack Bruce von der Gruppe Cream, der in den 60er Jahren den vollen Klang des Gibson EB3 musikalisch umsetzte. Die Kurzmensur war wegen ihrer einfachen Handhabung vielen Musikern willkommen, die Baß und Gitarre spielten. Mitte der 70er und in den 80er Jahren brachte Gibson Modelle mit modernerem Design heraus. Ende der 80er Jahre kaufte die Firma die im Bereich der Baßgitarren innovativen Firmen Steinberger und Tobias auf. Einige eigene Modelle stellt Gibson weiterhin her.

Les Paul Triumph Bass
Dieses Modell ersetzte den Les Paul Professional Bass (1970-71), dessen Regler von einer schmaleren Platte getrennt montiert waren. Der Triumph kam 1971 auf den Markt. Die große Reglerplatte bot volume und tone, phase, tone und high/low impedance-Schalter. Das Modell wurde bis 1979 produziert.

Pickups *Dieses Modell IV hat zwei Pickups, Modell II hatte einen. Die Fingerstützen fehlen.*

Konstuktion *Wie bei den frühen Firebird-Gitarren wurde auch die erste Serie der Thunderbird-Bässe mit einem erweiterten, durchgehenden Hals konstruiert. Zu beiden Seiten angeleimte "Flügel" vervollständigen den Body.*

Regler *Volume für jeden Pickup und ein Tonregler. Die Knöpfe sind nicht original.*

Gibson-Katalog
Der Prospekt von 1972 (ganz rechts) enthält Einzelheiten über die Solid-EB-Baß-Serien. Im Katalog von 1983 ist der Victory Bass abgebildet, der zwei Jahre zuvor auf dem Markt erschien.

Weitere Gibson-Bässe
In den 60er Jahren brachte Gibson einen 6saitigen Baß heraus, den EB6 (Solid-Body oder mit Hohlkorpus). Viele Gibson-Baß-Gitarren waren 4-saitige Versionen von Gitarren-Modellen, wie die Signature semi von 1973, RD-Bässe von 1977 oder der Victoria Bass von 1981. Neue Entwürfe erschienen in den 70er Jahren; Grabber, Ripper und G3 hießen die neuen Baß-Modelle. Ende der 80er Jahre kam das Mini-Body-Modell 20/20 heraus, entworfen von Ned Steinberger.

1971 EB3
Gibsons drittes Baß-Modell erschien 1961, ein Solid-Body im SG-Stil, die luxuriösere Ausgabe der EB0, mit separaten Lautstärke- und Tonreglern für die beiden Pickups. Der zusätzliche Steg-Pickup sorgte für einen helleren Klang. Außerdem war das EB3-Modell mit einem 4stufigen Drehschalter für vorab eingestellte Tonvarianten ausgestattet. Das Modell blieb bis Ende der 70er Jahre im Programm.

Headstock *Dieser offene Headstock war bis Anfang der 70er Jahre üblich. Danach kehrte man zum massiven Headstock zurück.*

Mensur
Ein besonderes Merkmal der EB-Bässe ist die Kurzmensur (76 cm). Manche Bassisten bevorzugen sie wegen ihrer leichteren Spielbarkeit, der Ton wird jedoch weniger scharf. In der 70er Jahren erschien eine "L"-Version der EB-Bässe, mit einer Mensurlänge von 88 cm.

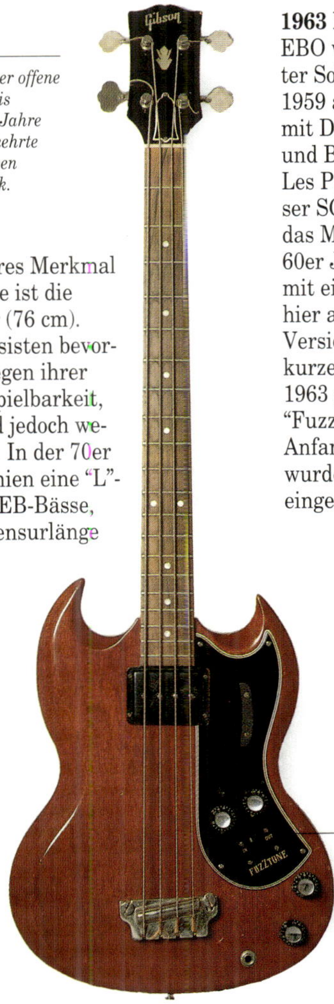

1963 EBOF
EBO war Gibsons zweiter Solid-Baß. Er kam 1959 auf den Markt, mit Doppel-Cutaway und Brettbody, wie die Les Paul Junior. In dieser SG-Form erschien das Modell Anfang der 60er Jahre weiterhin mit einem Pickup. Die hier abgebildete EBOF-Version wurde für einen kurzen Zeitraum um 1963 gebaut, neu ist der "Fuzztone"-Verzerrer. Anfang der 70er Jahre wurde die Produktion eingestellt.

Fuzztone *Mit diesem Schalter wird der Verzerrer zugeschaltet, der über die Knöpfe regelbar ist.*

Headstock *Die "Banjo"-Mechaniken sind rückseitig bedienbar.*

1956 EB1
Der Electric Bass, oder EB1, war Gibsons erste Baßgitarre. Seiner Bodyform verdankt er den Spitznamen "violin bass" (siehe auch Hofner, S. 170). Das Instrument hatte sogar einen Fußbolzen, um auch aufrecht gespielt werden zu können. Produziert wurde es von 1953 bis 1958, eine Neuauflage erschien 1969.

Body *Er besteht aus massivem Mahagoni; das F-Loch ist aufgemalt.*

Regler *Lautstärke- und Tonregler für den großen Humbucking-Pickup.*

Hals *Anders als die meisten damaligen Gibson-Bässe erschien der Thunderbird mit langer Mensur.*

Headstock *Reverse-body Thunderbirds (einschließlich der Neuauflagen von 1976 und 1988) haben diesen nach oben zeigenden Headstock. Der Headstock der non-reverse Thunderbirds ähnelt eher dem Fender-Stil.*

1964 Thunderbird IV
Das abgebildete Instrument gehört John Entwistle (The Who). Von 1972 bis 1976 spielte er es auf der Bühne und im Studio. Als Baß-Version der Firebird brachte Gibson dieses Modell 1963 heraus. Der Reverse-Body-Stil wurde bis 1965 beibehalten. Von 1965 bis 1969 erschien das Modell mit non-reverse Body.

Body *Das rote Cherry-Finish wurde ab 1965 angeboten. EB2-Modelle erschienen außerdem in Sunburst, Natur, Nußbaum und Dunkelrot.*

1967 EB2
Als erste Semi-Solid-Body erschienen 1958 dieser Baß und das Gitarren-Modell ES335. Ein massiver Holzblock in Kombination mit einem hohlen Korpus sollte Rückkopplungen verhindern. Der EB2 wurde 1961 aus dem Programm genommen. 1965 tauchte das Modell wieder auf, diesmal mit einem oder zwei Pickups.

AMERIKANISCHE HERSTELLER

Es ist keine Überraschung, daß die Baßgitarre in den USA große Popularität erlangte, denn hier wurde sie schließlich erfunden. Bereits der erste Entwurf Anfang der 50er Jahre, der Fender Precision Bass, wurde ein Erfolg. Auch Verbesserungen und Neuerungen, die in den nachfolgenden Jahrzehnten erschienen, kamen meist aus den USA.
Fender selbst brachte zum Beispiel den Music Man StingRay Bass auf den Markt, ein beliebtes Instrument, daß Bassisten von der Nützlichkeit und Effektivität der aktiven Elektronik überzeugte: Ein kleiner, batteriebetriebener Vorverstärker in der Gitarre sorgt für eine größere Bandbreite an Tonvariationen.
Schon vorher hatte Alembic solche Schaltungen angeboten, jedoch nur bei sehr teuren Instrumenten, die in geringer Auflage produziert wurden. Mitte der 70er Jahre spezialisierte sich die Alembic Company ausschließlich auf die Herstellung von Baßgitarren. Zur gleichen Zeit entstanden neue musikalische Richtungen, die die Baßgitarre von ihrem Dasein als Begleitinstrument befreiten und ihr eine neue, eigenständige Rolle übertrugen.

1990 Jackson Bass
Bekannt geworden ist Jackson durch die "Superstrat"-Gitarre. Daneben bietet die Firma auch Baßgitarren an, mit massivem Ahornmittelblock und Pappelseiten. Dieses Custom-Shop-Modell mit Graphik-Finish hat ein Ebenholzgriffbrett mit "Flossen"-Einlagen, Hals und Kopf sind mit Binding versehen.

Finish *Dieses Raumschiff-Design ist eine typische Jackson-Graphik.*

1990 M V Pedulla MVP4
Die Pedulla Company wurde Ende der 70er Jahre von Michael Vincent Pedulla und seinem Bruder Ted in Massachusetts gegründet. Nachdem sie zunächst Akustik- und E-Gitarren herstellten, gelang ihnen ein erfolgreiches Baß-Design, so daß sie sich auf Baßgitarren spezialisierten. Die langen Hörner sind wie die Bartolini Pickups typische Merkmale. Bei diesem Custom-Modell wurde ansprechendes Riegelahorn verwendet.

1990 Zon Legacy Elite (links)
Die kalifornische Firma ist nach ihrem Gründer Joseph M. Zon benannt und auf die Herstellung von Baßgitarren mit Graphit-Hals spezialisiert. Merkmale der Legacy Elite sind Bartolini-Humbucker, eine eigenwillige Bodyform und, wie bei vielen modernen Bässen, Schaller-Hardware aus Deutschland.

Einlagen *Die ovalen Bundmarkierer sind typisch für Alembic.*

1989 Alembic Mark King Signature
Alembic war die erste Firma, die sich auf Baßgitarren spezialisierte. In den 70er Jahren erschienen Modelle aus Tropenholz mit aktiver Elektronik, Messing-Hardware und Carbon-Hals. Die Firma wurde in den 60er Jahren von Ron Wickersham in Kalifornien gegründet. Er arbeitete mit Grateful Dead zusammen.
Dieses Mark-King-Modell, im typischen Ambelic-Design, erschien 1989.

Body *Er wurde aus "Cocobolo" gefertigt, einem Tropenbaum, der hauptsächlich in Nicaragua und Costa Rica vorkommt.*

Durchgehender Hals *Alembic gehörte zu den ersten, die dieses Design benutzten.*

Regler *Ein Lautstärke-, zwei Tonregler sowie Pickup-Balance. Außerdem zwei Schalter für Tonvariationen.*

Headstock *Beim Music-Man-Logo bilden zwei Gitarristen ein großes "M".*

1970 Musik Man StingRay Bass
Nachdem Fender seine Firma 1965 an CBS verkauft hatte, entwarf er Instrumente für Music Man. Ein frühes Produkt war der StingRay Bass, der viel zur Popularität der akiven Elektroniken beitrug und Leo Fenders guten Ruf unter den Bassisten bestätigte. Music Man wurde 1984 von der Ernie Ball Company aufgekauft. Der StingRay Bass blieb im Programm.

Body *Natur, Sunburst, Nußbaum, schwarzes und weißes Finish wurden angeboten.*

Pickguard *Diese elegante Form ist ein Markenzeichen der StingRay.*

Pickup *Der StingRay Bass hat einen großen Humbucker. Das Music-Man-Modell Sabre erschien mit zwei Pickups.*

Ampeg-Bässe
Ampeg ist bekannt für seine Verstärker, im besonderen für Röhren-Baßverstärker. Weniger bekannt sind seine Baßgitarren. Die Produktion begann Anfang der 60er Jahre mit einem elektrischen Standbaß. Mitte der 60er Jahre stellte die Firma einige seltsame Baßgitarren-Modelle her, darunter 1965 der AUB1, einer der ersten bundlosen Bässe. Von 1969 bis 1971 arbeitete Ampeg mit dem Designer Dan Armstrong zusammen, um durchsichtige Gitarren und Bässe aus Plexiglas zu entwickeln.

Griffbrett *Es hat 24 Bünde, was zum damaligen Zeitpunkt sehr ungewöhnlich war.*

Body *Einige wenige Modelle erschienen auch in schwarzem Plastik.*

Pickguard *Es besteht aus einer Formica-Kunststoffplatte.*

Pickup *Das Gummigehäuse ist bei diesem Modell teilweise weggebrochen.*

1970 Ampeg Dan Armstrong (links)
Dan Armstrong entwarf diesen Baß und die entsprechende 6-saitige E-Gitarre. Er benutzte für den Body Lucite, Klarplastik, um die Sustain-Eigenschaften zu verbessern. An der visuellen Wirkung dieser kurzlebigen Gitarren (1970-71) gibt es keinen Zweifel. 1990 brachte Armstrong noch einmal ein Design heraus, diesmal für Westone, einer Firma aus Fernost.

1969 Ampeg Bass
1965 erschienen Ampegs ausgefallene Baßgitarren mit "Schnecken"-Kopf. Einige frühe Modelle waren mit Steg-Transducern versehen, später (1968-69) ging man zu konventionellen Pickups über. Der abgebildete Ampeg-Baß wurde wahrscheinlich leicht verändert.

Bundloser Hals *Die Ampec-Bässe gehörten zu den ersten bundlosen Modellen.*

F-Löcher *Der Body ist an diesen Stellen durchgehend ausgefräst.*

Spector
Der Prospekt des New Yorker Baß-Herstellers Spector zeigt seine NS-Serie.

Weitere amerikanische Baß-Hersteller

Wir haben Ihnen hier Gitarren von bekannteren Baß-Herstellern vorgestellt. Darüber hinaus gibt es in den USA noch viele weitere Firmen, die sich auf die Baß-Herstellung spezialisiert haben, denn, wie Alembic als erster erkannt hat, haben Bassisten andere Ansprüche als Gitarristen. Einige dieser Hersteller sind in größeren Firmen aufgegangen, wie zum Beispiel Spector. Die Firma wurde in den 70er Jahren von Stuart Spector gegründet. Später wurden die Instrumente von Kramer vertrieben. Die Firma Tobias, gegründet 1978 von Mike Tobias, wurde 1990 von Gibson aufgekauft.
Die großen US-Gitarrenfirmen bieten ihre 6saitigen Gitarren in der Regel auch als Baß-Version an. Rühmliche Ausnahmen stellen G&L dar, denn Leo Fender entwirft immer noch Baßgitarren mit neuem Design, und Peavey, der Ende der 80er Jahre versuchte, Bassisten dafür zu interessieren, neue Modelle zu signieren.

Europäische Hersteller

Einige europäische Hersteller folgten dem amerikanischen Beispiel der Firma Alembic und spezialisierten sich auf die Produktion von Baßgitarren. Dabei betrachten sie die Baßgitarre als ein eigenständiges Instrument und nicht bloß als die 4saitige Version einer 6saitigen E-Gitarre.

Der englische Hersteller Wal zum Beispiel entwarf den Custom-Baß. Die Konstruktion hat mit einer Gitarre wenig Gemeinsamkeiten. Pete Stevens und Ian Waller, beides Mitarbeiter von Wal, entschieden sich dafür, einen Baß als einen Baß zu entwickeln, und nicht, wie sie einmal sagten, “das zu tun, was die meisten Hersteller tun: ein 6saitiges Instrument bauen, einen langen Hals hinzufügen und es dann Baß nennen.”

Diese Auffassung spiegelt Leo Fenders Ideen wider, der die Baßgitarre erfand, um ein neues, eigenständiges Instrument zu schaffen. Natürlich ähneln die Elektrik-Bässe in ihrem Design grundsätzlich einer 6saitigen Gitarre, doch im Detail unterscheiden sich die beiden Instrumente ganz erheblich voneinander. Das wissen die besten Baß-Hersteller seit langem.

1968 Vox Stinger IV
Dieses italienische Vox-Modell löste das britische Original, den Wyman Bass, ab. Constellation IV war die Version mit aktiver Elektronik. Auffällig sind der schmale Hals und der breite Kopf.

1989 Jaydee Mark King
Der UK-Hersteller John Diggins benannte dieses Modell nach dem Level-42-Bassisten Mark King. Die Pickup-Kappen sind aus Holz. Für den Studiogebrauch wurde eine dreipolige Buchse hinzugefügt.

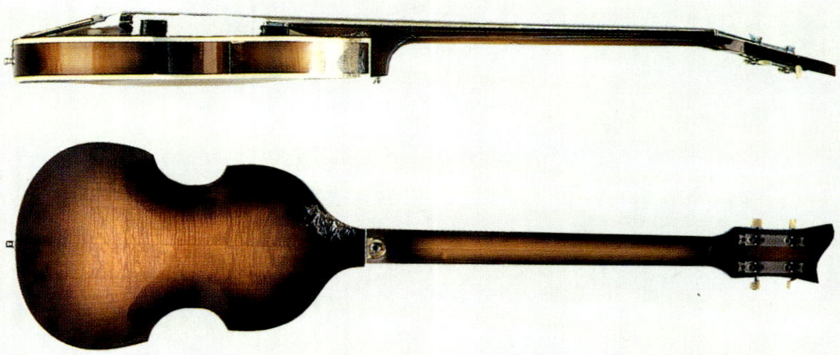

Rück- und Seitenansicht
Bemerkenswert sind das gefällig gemaserte Holz, der Tragbandknopf am Halsende und die 2L/2R-Mechaniken. Seitlich sieht man die Beatles Programmliste.

Paul McCartney

Der Bassist der Beatles kaufte seinen ersten Hofner “Violin Bass” in Hamburg. Die beiden Pickups waren dicht nebeneinander montiert, das Hofner-Logo lief in Längsrichtung über den Headstock. Das Instrument war bei vielen Live-Auftritten der Beatles zu sehen. Den unten abgebildeten Baß übergab Höfner 1963 Paul McCartney während der Royal Variety Show in London. Paul benutzte den Baß auch im Studio, wo er später mit Rickerbackers 4001-Baß konkurrierte. In dem Beatles-Film *Let It Be* benutzt er während des “roof-top concert” den Hofner-Baß. Auch für seine Welttournee 1990 benutzte Paul das Instrument wieder.

Griffbrett *Ab 1965 wechselte Höfner zum Griffbrett mit Binding.*

1962 Hofner 500/1 (oben rechts)
Auf dem Baß von Paul McCartney klebt immer noch die Programmliste von 1966. Dieses deutsche Baß-Modell erschien 1956 und ist bis heute in Produktion. Seine Glanzzeiten erlebte es in den 60er Jahren.

1989 Warwick Thumb Bass (unten)
1982 gründete Hans Peter Wilfer die Firma Warwick in Deutschland. Der Thumb Bass (1985 erschienen) zeigt Warwicks typische Bodyform. Für Hals und Body wurde Bubinga verwendet, für Griffbrett und Halsstreifen Wenge. Weitere Modelle: Streamer (1984), Buzzard (1986) und Dolphin (1989).

1990 Wal Custom
Der Engländer Ian Waller arbeitete Mitte der 70er Jahre mit Pete Stevens zusammen, um die Wal Custom mit dem ungewöhnlichen Leder-Pickguard zu entwerfen. 1978 gründeten sie die Firma Electric Wood. Das gegenwärtige Custom-Modell erschien 1980. Hier ein neueres, bundloses Exemplar.

1963 Burns Bison Bass
Die große Bison (1962-64) war das erlesenste Baß-Modell der britischen Firma Burns. Es hat einen Platanenbody, niederohmige Schaltung und drei Pickups. Schwarz war das Standard-Finish.

Beatles Liste
Diese Liste für einen Auftritt 1966 klebt heute noch auf dem unten abgebildeten Baß.

Framus-Katalog
Der Prospekt von 1966 zeigt die Framus Star-Bässe.

Weitere europäische Baßgitarren

Bill Wyman, Bassist der Rolling Stones, stellte in den 60er Jahren seinen Namen verschiedenen Firmen zur Verfügung, so auch der deutschen Firma Framus für den Star Bass. In Großbritannien erschien der Vox Wyman Bass. Britische Baß-Hersteller verzeichnen seit einiger Zeit Erfolge. Hayman baute in den 70er Jahren begehrte Bässe; aus dem 4040-Modell ging der Shergold Marathon Baß hervor. In den 80er Jahren wurden kleine Hersteller wie Overwater, Nightingale und Goodfellow bekannt. 1990 schließlich brachte Status, bekannt für Bässe ohne Headstock (S. 175), den ersten Baß mit Headstock, das Matrix-Modell, heraus.

Pickups *Diese Pickups mit Metallkappen wurden von 1961-64 verwendet.*

Korpus *Der Korpus dieser "Violin Bass" (Modell 500/1) ist hohl, obwohl er keine Schallöcher aufweist.*

Regler *Zwei Lautstärkeregler und drei Schieberegler für verschiedene Tonvariationen.*

HERSTELLER AUS FERNOST

Ende der 60er, Anfang der 70er Jahre wurden in Japan viele Firmen gegründet, die amerikanische Gitarren und auch Baßgitarren kopierten. Die ersten Instrumente waren minderwertig, so daß der abfällige Begriff "japanische Kopie" entstand.
Die meisten japanischen Hersteller wählten für ihre Kopien die erfolgreichsten US-Modelle. Fenders Precision- und Jazz-Bässe wurden bei weitem am häufigsten kopiert.
Im gleichen Maße, wie sich ihre Produkte allmählich verbesserten, verbesserte sich der Ruf der japanischen Hersteller. Mitte der 70er Jahre begannen sie bereits, eigene Entwürfe zu entwickeln, wenn auch immer noch angelehnt an das amerikanische Baß-Design. Aria zum Beispiel trug Ende der 70er Jahre viel zur Popularität von Baß-Modellen mit durchgehendem Hals bei, ein Design, das von US-Baß-Spezialisten wie Alembic eingeführt worden war.
In den 80er Jahren verlagerten sowohl US-Firmen als auch japanische Hersteller ihre Produktion in andere fernöstliche Länder, hauptsächlich, um ihre Lohnkosten zu senken. Heute beherrschen Bässe aus Fernost den Markt der unteren und mittleren Preisklassen, und sie stellen auch eine ernsthafte Konkurrenz bei Produkten der gehobenen Preisklasse dar.

1989 Charvel 1B Bass
Seit Mitte der 80er Jahre verwendet die US-Firma Jackson den Namen Charvel als Markennamen für in Japan produzierte Gitarren. Dieses einfache, solide Baß-Modell hat einen Split-Pickup. Der spitze Headstock ist ein Design, das bei fast allen Jackson-Gitarren auftaucht.

1990 Ibanez
Das japanische Instrument ist ein Baß der Marke Soundgear - Ibanez benutzt diesen Namen für Bässe der gehobenen Preisklasse. Typisch für Ibanez' Qualitätsmodelle der späten 80er Jahre sind der stark konturierte Body, das Metallic-Finish sowie ein Griffbrett aus Ebenholz.

Headstock *Mit Farbfinish passend zum Body.*

1990 Aria MAB40
Dieser Baß gehört zu Arias Magna-Serien, die in Korea produziert werden. Er weist die in den letzten Jahren vielleicht populärste Pickup-Kombination auf: ein Split-Pickup am Hals, vergleichbar mit Fenders Precision-Typ, und am Steg ein Pickup wie beim Fender Jazz Bass.

Holz *Der Ahornhals mit Palisandergriffbrett ist mit einem Body aus Erle verschraubt.*

Griffbrett *Palisandergriffbrett mit Punktmarkierern und 24 Bünden.*

Pickup *Der Humbucking-Pickup wurde von Aria selbst entworfen.*

Aria SB1000 (links)
Der SB1000-Baß ist ein dauerhaft erfolgreiches Aria-Modell. Typisch für das Design der späten 70er Jahre ist der sichtbar gebliebene durchgehende Hals. Aria wird von der japanischen Firma Arai als Markenname benutzt. Bis 1987 wurden die meisten Gitarren in Japan (Matsumoku) gebaut. Heute verteilt sich die Produktion auf Japan und Korea.

Body *Der durchgehende Hals besteht aus schichtverleimtem Ahorn und Nußbaum, der übrige Body aus dem Tropenholz "Sen".*

Regler *Aktive Schaltung mit zwei Lautstärke- und einem Tonregler.*

Yamaha-Katalog
Diese Katalogseite (1983) stellt Yamahas BB2000-Baß vor. Oben auf der Seite ist der durchgehende Hals abgebildet.

1987 Yamaha BB5000
Der Baß gehört zu Yamahas BB-Serien, die Mitte und Ende der 80er Jahre in Taiwan produziert wurden. Der 5000 trug viel zur Popularität der 5-saitigen Bässe bei. Wie auch beim Music-Man-Baß (S. 177) ist die 5. Mechanik auf der gegenüberliegenden Seite angeordnet. Die ansprechende Aufmachung und die vergoldete Hardware stehen im Gegensatz zu den einfachen passiven Reglern.

1990 Yamaha TRB5P (rechts)
Vergleicht man dieses Instrument mit dem 5-saitigen Baß links, so wird man auf die Veränderungen im Design aufmerksam. Der Hals ist breiter geworden, die Hörner sind, einem modernen Trend folgend, mit Hohlkehlen versehen. Dieses Modell erschien auch als 4- und 6saitiger Baß. Wie alle aktuellen Yamaha-Modelle sind sie in Taiwan produziert

Trussrod-Abdeckung *Hier ist die Modellnummer aufgedruckt. 1A bedeutet aktiv, 1 steht für die normale passive Ausführung.*

Hals *Das Palisandergriffbrett hat einfache Punktmarkierer und 22 Bünde.*

1986 Westone Thunder 1A Bass
Die japanische Firma Matsumoku stellt seit den 60er Jahren Gitarren her. Die Instrumente erscheinen unter bekannten Markennamen wie Aria, Epiphone und Vantage. Ihr Thunder Bass war ein einfaches, sehr erfolgreiches Modell der Mittelklasse. Abgebildet ist eine aktive Version. 1987 stellte Matsumoku die Produktion in Japan ein. Der Name Westone tauchte in Korea wieder auf.

Body *Für deckende Farben wurde Ahorn benutzt, für Natur-Finish ein Laminat aus Esche, Ahorn und Nußbaum.*

Regler *Ein Lautstärke- und zwei Tonregler, jeweils für aktive und passive Schaltung.*

Steg *Das einfache Modell ist längen- und höhenverstellbar.*

Weitere Bässe aus Fernost

Gitarren aus Fernost erscheinen mit den verschiedensten Firmen-Logos am Headstock. Die fernöstlichen Hersteller produzieren Gitarren und Bässe für Kunden in aller Welt. Es ist fast selbstverständlich, daß diese Kunden ihr eigenes Logo auf den Instrumenten verlangen.
Bedenkt man diesen Aspekt, so wird deutlich, daß Baßgitarren aus Fernost praktisch überall anzutreffen sind. Sie kommen hauptsächlich aus Japan und Korea, zu einem geringeren Teil auch aus Taiwan (hier ist Yamaha der größte Hersteller).
Die japanischen Bässe sind die teuersten. Die meisten Firmen, die ursprünglich in Japan produzierten, haben sich inzwischen nach billigeren Herstellungsländern umgesehen. Die Marken ESP, Fernandes und Tokai allerdings wurden 1990 noch in Japan gebaut.
Als weitaus produktivstes Land, hinsichtlich Gitarren- und Baßproduktion, hat sich Korea erwiesen. Zu den Namen, die auf koreanischen Instrumenten erscheinen, gehören Washburn (seit Ende der 80er Jahre), Squier (seit 1987), Epiphone (seit 1986), Hohner, Charvette, Cort, Starforce, Marlin, Hondo, Columbus, Tanglewood und Fenix.

Washburn-Katalog
Diese Broschüre von 1980 zeigt zwei Versionen der Washburn Stage B20-II.

HEADLESS-BÄSSE

Anfang der 80er Jahre erschien der Steinberger Bass mit vollständig verändertem Design. Er unterschied sich ganz erheblich von konventionellen Baßgitarren, sowohl im Material als auch im Aussehen. Das kleine Instrument ohne Headstock war aus einem Material hergestellt, das allgemein als Graphit bekannt ist. Dabei handelt es sich um ein glasfaser- und karbonverstärktes Epoxydharz. Bei Instrumenten wie dem Status Bass sind die Kohlenstoffasern im Harz deutlich sichtbar. Dieses Material besitzt die doppelte Dichte und zehnfache Steifigkeit von Holz, es ist fester und leichter als Stahl. Dadurch entsteht ein klarer, brillanter Ton. Jegliche "dead-spots", Unreinheiten im Ton, werden eliminiert. Gestimmt werden diese Bässe über Stimmgewinde, die am Body montiert sind.
Der kleine Body, den Steinberger konstruierte, konnte sich nicht durchsetzen, der Gedanke, neue Materialien und einen Hals ohne Headstock zu verwenden, wurde jedoch von vielen aufgegriffen, so daß Ned Steinberger zum zweiten wichtigen Namen in der Geschichte der Baßgitarre wurde, nach Leo Fender.

Stimmklemme *Diese Klemme läßt sich "wegschnippen". Das tiefe E wird so in ein tiefes D gestimmt.*

1989 Kubicki Factor
Dieser Baß erschien 1985. Der "Headstock" ist mit einem ungewöhnlichen Klemmhebel versehen, so daß für die tiefste Saite zwei zusätzliche Bünde zur Verfügung stehen. Die Stimmvorrichtung befindet sich am Steg. Das Instrument ist mit drei Reglern ausgestattet: 6-stufiger Klangregler, volume/pickup-pan kombiniert, bass/treble kombiniert. Kubicki wurde in den 80er Jahren von Fender aufgekauft.

Tuner *Vier Fein-Gewinde-Stimmschrauben.*

Schwenkhebel *Mit diesem Hebel kann der Baß in jeder Position gehalten werden.*

Material *Hals und Body sind in einem Stück aus verstärktem Epoxydharz gegossen.*

Regler *Lautstärkeregler für jeden Pickup, ein Tonregler.*

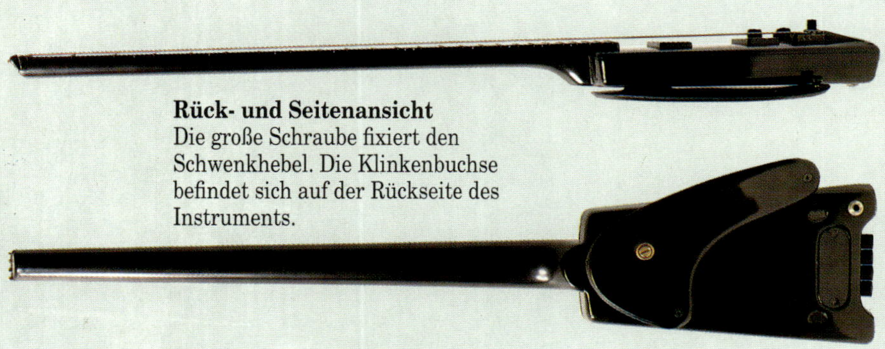

Rück- und Seitenansicht
Die große Schraube fixiert den Schwenkhebel. Die Klinkenbuchse befindet sich auf der Rückseite des Instruments.

Ned Steinberger

Ned Steinberger arbeitete Ende der 70er Jahre als Ingenieur bei Spector, einem New Yorker Baßhersteller. Nach dreijährigen Experimenten hatte er schließich 1980 seinen Steinberger Bass entwickelt. Steinberger ging davon aus, daß der Hals das wesentliche Element des Elektrik-Basses ist und daß der Headstock für unerwünschte Veränderungen im Klang verantwortlich ist. Außerdem nahm er an, daß für Klangreinheit und Sustain die Festigkeit des Materials ausschlaggebend ist. Deswegen verwendete er für seinen Baß verstärktes Epoxydharz.
Ende der 80er Jahre kaufte Gibson Steinbergers Firma auf und führt sie seitdem als unabhängige Firma weiter.

1985 Westone Rail
Dieser eigenartige japanische Baß ohne Headstock hat einen neuen, verschiebbaren Pickup. Das Body-Mittelstück, auf dem der Pickup montiert ist, läuft auf zwei Chrom-Schienen. Mit einer Schraube wird es in der gewünschten Position arretiert. Body und aufgeschraubter Hals bestehen aus Holz. Der Baß hat keine aktiven Pickups.

Pickup *Er kann auf den Schienen verschoben werden und erzeugt so verschiedene Klangfärbungen.*

1990 Hohner Jack Bass
Dieses Modell wurde in den USA entworfen und in Korea gebaut. Es kam Ende der 80er Jahre auf den Markt. Die Ähnlichkeit mit dem britischen Status-Design ist unübersehbar. Es besteht aus Ahorn und ist mit Steinberger-Hardware aus Lizenzherstellung ausgestattet sowie EMG-Select-Pickups.

Steinberger XM2
Mitte der 80er Jahre wandte sich Steinberger von seinem Mini-Body ab und konstruierte Modelle wie die XM2, mit relativ konventionellem Body. Auch das Material ist keinesweg ausgefallen: Der Body der XM2 besteht aus Ahorn.

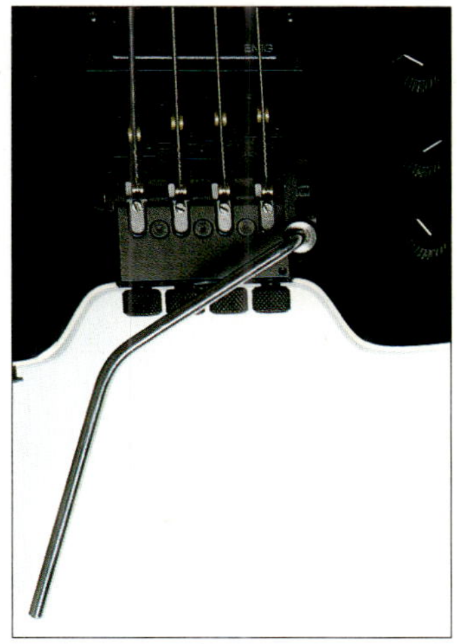

Steinberger TransTrem (oben)
Dieser drehbare Spezialsteg ist mit einem Sperriegel versehen. Bewegt man den Hebel, wird die Position des Stegs in einem bestimmten Winkel verändert. Entsprechend ändert sich die Saitenstimmung.

Klemme *Die Saiten sind direkt über dem Sattel festgeklemmt.*

Griffbrett *Es besteht aus Phenol und ist mit 24 Metallbünden versehen.*

1983 Steinberger Bass
Diese radikal veränderte Baßgitarre kam 1982 auf den Markt. Sie hat keinen Headstock. Die Tuner befinden sich am Body. Die Pickups haben einen eingebauten Vorverstärker. Das Instrument besteht fast ausschließlich aus Graphit und wiegt 3,6 kg, das sind 450 g weniger als ein Fender Precision Bass. Viele Hersteller ließen sich von diesem "kopflosen" Baß inspirieren.

Holz *Bei den Series II-Bässen wurde das attraktiv gemaserte Tropenholz Cocobolo benutzt.*

Durchgehender Hals *Der Mittelblock besteht aus karbonverstärktem Kunstharz.*

1990 Status Series II
Status-Bässe waren die ersten britischen Gitarren, die aus Graphit hergestellt wurden. Bob Green brachte die Series II-Bässe 1983 heraus, dabei kombinierte er Graphit mit Holz. Der Erfolg führte zu weiteren Modellen: 2000, ein Graphitmodell; und 4000, ein Modell mit Kunstharz-Body.

MULTISAITIGE BÄSSE

Der 5saitige Baß ist inzwischen ein etabliertes Instrument. Wegen der großen Nachfrage bietet ein amerikanischer Baßhersteller bereits 60 Prozent seine Bässe als 5saitige Version an.
Fender bot schon in den 60er Jahren mit den Modellen Bass V und Bass VI Instrumente mit zusätzlichen Saiten an. Doch Erfolg war solchen "multisaitigen" Bässen erst Anfang der 80er Jahre beschieden, als Bassisten sich gezwungen sahen, bei ihren Auftritten den tiefen Baß-Synthesizersound von Aufnahmen zu reproduzieren. Anders als Fenders Bass V mit zusätzlicher hoher C-Saite, erschienen die 5saitigen Bässe der 80er Jahre mit einer zusätzlichen tiefen B-Saite, eben für die besonders tiefen Töne. Bei den ersten Modellen wurden nun fünf Saiten auf dem gleichen Raum untergebracht wie zuvor vier Saiten. Bei späteren Modellen wurde der Hals verbreitert, um die Spieltechnik für die rechte Hand zu vereinfachen.
Auch der 6saitige Baß hat sich radikal von Fenders erstem Design abgewandt. Diese und ähnliche Instrumente der 60er Jahre - sie werden hier vorgestellt - waren eigentlich Gitarren, die eine Oktave tiefer gestimmt wurden. Modelle, die in den 80er Jahren entwickelt wurden, boten eine zusätzliche hohe Saite (meist in C gestimmt) und die tiefe B-Saite eines 5saitigen Modells. Um diesen sechs Saiten Platz zu bieten, wurden Instumente mit extrem breitem Hals konstruiert.

Mechaniken *Um acht Mechaniken unterzubringen, wurden verschiedene Wirbelgrößen verwendet.*

Hals *Die Mensur beträgt 80 cm.*

Griffbrett *Ebenholz mit Abalone-Einlagen.*

Body *Mohagonikern mit Eschendecke und -boden.*

1979 Ibanez MC 980
Bei diesem 8saitigen Baß wurden vier Doppelsaiten verwendet. Die zweite Saite ist eine Oktave tiefer gestimmt. Mit Plektron gespielt, wird so ein voller Klang erzeugt. 8saitige Modelle sieht man selten, obwohl sie auch von Hagstrom und Rickenbacker hergestellt wurden. Ibanez bot Ende der 70er Jahre neben der MC 980 noch ein weiteres 8saitiges Modell an.

Regler *Volume, Tone, active on/off, active Treble/Bass, Pickup-Schalter.*

Steg *Ein Spezial-Messingsteg mit acht Sätteln.*

Body *Die "Flügel" bestehen aus einem Mahagonikern mit aufgeleimtem Tropenholz wie Shedua oder Koa.*

Durchgehender Hals *Fünfschichtiges Laminat aus Ahorn und Palisander.*

Regler *Volume, active Tone, pickup-Balance.*

1989 Ken Smith BT Custom Five
Ken Smith produziert seit 1981 in New York. Mit seinen Instrumenten hat er viel zur Popularität der 5- und 6saitigen Bässe beigetragen. Er brachte zwei Serien heraus: die BT-Serie und die preiswertere Burner, beide Modelle als 4-, 5- und 6saitige Version.

1962 Fender Bass VI
Nur die allerersten 6-saitigen Fender-Bässe hatten diesen Pickup und drei Wahlschalter. Die 1963er Version mit Jaguar-Pickups und vier Schaltern wurde bis 1975 produziert.

1980 Shergold Modulator Six-string Bass
Auch dieses britische Modell war, wie der Fender-Baß, eine Gitarre, die eine Oktave tiefer gestimmt war. Der Body war mit einer Nut versehen, die verschiedene Module aufnehmen konnte.

1989 Tune Six-string Bass
Dieses japanische Modell ist ein Repräsentant der modernen 6saitigen Baßgitarre. Einem normal gestimmten Baß sind eine hohe und eine tiefe Saite hinzugefügt. Die Saiten verteilen sich über einen breiten Hals.

1961 Hofner-Model 500/10
Dies ist ein typischer Vertreter der ersten Generation von 6saitigen Bässen. Die Saiten haben wenig Platz und sind eine Oktave tiefer als eine Gitarre gestimmt. Dieser deutsche Elektrik-Akustikbaß war eine 6saitige Version des normalen Elektrik-Akustikbaß Model 500/5, der einige Jahre zuvor erschien.

Finish *Beide Höfner-Baßmodelle erschienen in braunem Sunburst-Finish und in Natur.*

Pickups *Höfner-Bässe aus dieser Periode haben zwei dicht nebeneinander montierte Pickups.*

Pickguard *Einige Modelle aus dieser Periode sind mit durchsichtigem Plastik-Pickguard versehen.*

Regler *Höfners typische "Flick-action"-Anordnung der 60er Jahre. Ein Poti-Knopf fehlt.*

Mehr als vier Saiten

Für die Idee der 6saitigen Baßgitarre traten vor allem kleine New Yorker Hersteller wie Carl Thompson, Ken Smith und Vinnie Fodera ein. Der Bassist Anthony Jackson, er spielte mit Paul Simon und anderen, gehörte zu den ersten, die die Bedeutung der multisaitigen Baßgitarre erkannten. 1974 baute Carl Thompson für ihn den ersten 6saitigen Baß. Vinnie Fodera, der Anfang der 80er Jahre bei Ken Smith arbeitete, baute ebenfalls für Jackson einen 6saitigen Baß. 1983 gründete er seine eigene Firma, die Jacksons "Contrabass" vertreibt. Ab 1985 boten die meisten Hersteller ihre normalen Bässe auch als 5-, manchmal sogar als 6saitige Version an.

1970 Fender Bass V (oben)
Anders als die frühen 6saitigen Bässe hat dieses 5saitige Modell (erschienen 1965) einen normalen Saitenabstand. Die zusätzliche Saite war ein hohes C, die meisten modernen 5saitigen Bässe dagegen bieten das tiefe B.

Schraublöcher *Hier und am Steg wurden Abdeckungen entfernt.*

Griffbrett *Ebenholz mit Perlmutteinlagen.*

Sattel *Dieser Messingsattel ist zwischen den Saitenschlitzen ausgekehlt.*

1989 Ernie Ball Music Man StingRay 5 (links)
Dieser 5saitige, bundlose Baß besticht durch seine Einfachheit.

Griffbrett *Es besteht aus Palisander; meist wird das härtere Ebenholz verwendet.*

AUSGEFALLENE BASSGITARREN

Es gab Zeiten, da war eine Baßgitarre ein einfaches, unkompliziertes Instrument, das seinen Zweck erfüllte, nicht mehr und nicht weniger. Während der vergangenen 20 Jahre haben Bassisten ihre Techniken weiterentwickelt, so daß der Baßgitarre in der modernen Musik eine weitaus wichtigere Rolle zukommt. Entsprechend mußten sich die Hersteller bemühen, die gestiegenen Ansprüche der Bassisten an ihr Instrument zu erfüllen. Einige Hersteller nahmen sehr weitreichende Veränderungen vor. Wir zeigen Ihnen hier eine Auswahl solcher Instrumente, die keineswegs alle erfolgreich waren. Es gibt auch Hersteller, die Baßgitarren als Akustikinstrument anbieten, was der Rolle der modernen Baßgitarre kaum gerecht wird. Andere versuchen, den Baß mit Computer-Aufnahmesystemen der 90er Jahre zu verbinden. Ganz mutige betreten mit ihren Konstruktionen sogar völliges Neuland.

1990 Washburn AB40
Das japanische Modell kam 1989 auf den Markt. Es hat einen Akustikkorpus und ist mit einem piezoelektrischen Pickup am Steg versehen. Washburn gehörte zu den ersten, die einen Baß als Äquvalent zur Thinline-Elektro-Akustikgitarre (S. 46) herausbrachten. Mit der AB20 wurde eine preiswertere koreanische Version angeboten.

Griffbrett *Das Palisandergriffbrett wurde dunkel gebeizt, so daß es wie Ebenholz wirkt.*

Decke *Die Decke besteht aus Fichte, Boden und Seiten sind aus Ahorn.*

Schallöcher *Washburn beschreibt sie als akustisch angeordnete Schallschlitze, die den Ton verstärken und so einen warmen "Holz"-Klang erzeugen.*

Regler *Volume, active Treble und Bass.*

Steg *Jeder Sattel ist mit einem Piezo-Pickup versehen.*

1978 Zemaitis Bass (rechts)
Tony Zemaitis baut seit 1965 Gitarren in England. Diesen Akustikbaß baute er 1978 für David Gilmour von Pink Floyd.

Zemaitis ist für Akustikgitarren bekannt sowie für seine eigenwilligen Solids mit Metalldecke, die auch Ron Wood von den Rolling Stones benutzte.

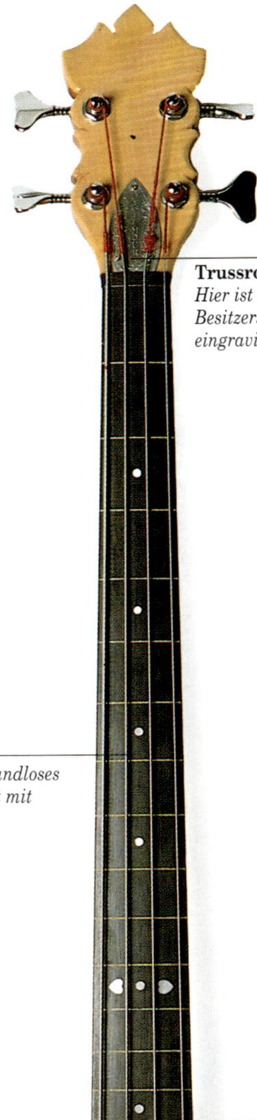

Trussrod-Abdeckung *Hier ist der Name des Besitzers, David Gilmour, eingraviert.*

Griffbrett *Ein bundloses Ebenholzgriffbrett mit Bundmarkierern.*

Korpus *Fichtendecke, Boden und Seiten aus Ahorn.*

Etikett *Durch das "Herz"-Schalloch erkannt man das von Zemaitis signierte und datierte Etikett.*

Steg *Saitenhalter und Steg bestehen aus Ebenholz.*

Eko BA4NPE
Das Schalloch dieser Akustik-Baßgitarre des italienischen Herstellers Eko zeigt Merkmale der Maccaferri-Gitarren der 30er Jahre (S. 42). Das Modell kam Ende der 70er Jahre mit Bünden und als bundlose Version auf den Markt (N=bundlos). Der Steg ist mit piezoelektrischen Pickups (PE) versehen, so daß das Instrument sowohl als Akustikbaß als auch mit Verstärker gespielt werden kann.

Decke *Die Decke besteht aus Fichte, Boden und Seiten sind aus Mahagoni.*

Verstrebung *Die verbesserte Halsstabilität sichert reinere Synth-Signale.*

Pickups *Zwei Jazz-Pickups sowie ein "Hex"-Synth-Pickup.*

Regler *Ein spezieller Knopf regelt die Balance zwischen Synthersizer- und normalem Baßklang.*

1985 Roland G77 Bass Synthesizer (oben)
Rolands zweiter Synthesizer-Baß kam 1985 auf den Markt. Im Aussehen glich er der Gitarren-Version 707 (S. 184). Zur Ausstattung gehörte ein separates Synth-Controlboard.

1982 Roland-Katalog
Der Prospekt zeigt Rolands ersten Synthesizer-Baß (1980-84). Der Baß "Controller" (G33 oder 88) speiste das GR33B Control-Gerät (unten rechts).

1989 Wal MIDI Bass (unten)
Der britische Baßhersteller Wal stattete dieses Instrument mit einem australischen MIDI-Baß-System aus. Bundkontakte und ein Spezialsteg gaben Informationen an ein Control-Gerät weiter, so daß der Baß die Töne eines externen Synthesizers "spielen" konnte.

Pickups *Sie erzeugen einen normalen Baßklang.*

Wal-Griffbrett
Die Bünde sind vierteilig. Jeder Saitenkontakt wird von den Teilbereichen einzeln registriert.

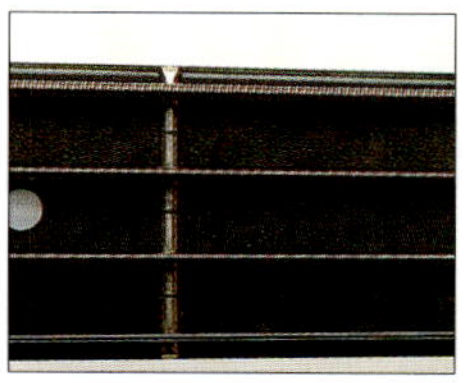

1984 Vigier Nautilus Arpege Bass (unten)
Dieser französische Baß bot ein neues System. 19 verschiedene Regelmöglichkeiten konnten gespeichert und über einige wenige Schalter abgerufen werden. Die Idee setzte sich nicht durch, denn eine solch komplexe Ausstattung wird von Bassisten nicht benötigt.

Durchgehender Hals *Er ist zum Ende hin ungewöhnlich verbreitert.*

Regler *Sie bieten vielfältige Tonvariationen sowie storage/recall-Möglichkeiten.*

Vigier-Controls
Das rote "Fenster" zwischen den Reglern zeigt dem Spieler die abgespeicherte Preset-Auswahl (1-19) an.

1990 Ashbory Bass
Dieses britische Modell hat einen kleinen Body und Saiten aus gehärtetem Silicon. Der Piezo-Pickup bietet verschiedene Klangvariationen, von der gelungenen Imitation eines Doppel-Basses bis hin zum Sound eines Elektrik-Basses.

Hals *Die Ashbory hat eine Mensur von 53 cm und ein bundloses Griffbrett.*

Saiten *Sie bestehen aus gehärtetem, talkbeschichtetem Silicon.*

Regler *Volume, Bass, Treble; Aktiv/Passiv-Schalter.*

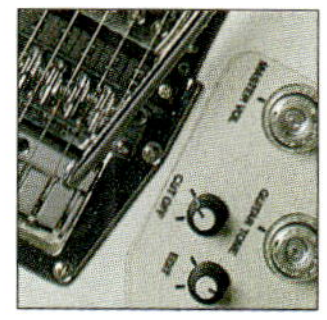

*"Die Kombination
von Gitarre und Synthesizer
ermöglicht eine detaillierte Übersetzung
der Spieltechnik
in elektronische Impulse,
die ein Synth
schnell und exakt erkennt."*

SYNTHESIZER-GITARRE

1989 CASIO PG300 GUITAR SYNTH, Sensible Music.

SPECIAL EFFECTS

Special-Effect-Zusatzausstattungen für Gitarren sind seit den 60er Jahren erhältlich, zum Beispiel als Fußpedale für Tone-boosts, Verzerrer, "wah-wah" und so weiter. Manche Hersteller bauten diese Effekt-Geräte gleich in die Gitarre ein. Umfangreich ausgestattete Gitarren dieser Art können als Vorläufer der Synthesizer-Gitarre angesehen werden. Um für die Extra-Elektroniken Platz zu schaffen, mußte immer mehr Holz vom Body entfernt werden, was die Sustain-Eigenschaften dieser Gitarren beeinträchtigte. Die zusätzlichen Schaltungen erzeugten nun zwar den modischen Sound, jedoch auf Kosten des soliden Gitarrenklangs.
So fortschrittlich die hier gezeigten Instrumente zu ihrer Zeit auch gewesen sein mögen, sie blieben alle erfolglos und lieferten die besten Argumente für die Theorie, daß elektronische Effekte außerhalb der Gitarre erzeugt werden sollten.

Rück- und Seitenansicht Die Abdeckung wurde entfernt, um zu zeigen, wieviel Platz die Elektronik einnahm. Die Godwin entstand kurz vor der extremen Miniaturisierung der elektronischen Elemente. Entsprechend breit und tief ist ihr Body.

Pickups *Zwei single-coil Pickups erzeugen den normalen Gitarrenklang, unabhängig vom Orgelteil.*

Regler *13 Knöpfe und 19 Schalter, für eine Gitarre mit Sicherheit Rekordzahlen.*

Headstock *Kays rautenförmige Einlagen erinnern an Gibson.*

Regler *Drei Knöpfe und fünf Schalter regeln die Effekte, die an Verstärker oder Kopfhörer weitergegeben werden.*

Kay LP Synth
Das Design dieser preiswerten Gitarre, Anfang der 80er Jahre in Korea hergestellt, ist entfernt an die Gibson Les Paul Recording angelehnt. Sie ist jedoch mit vier eingebauten, batteriebetriebenen Effekten ausgestattet: tremolo, distortion, repeat und "whirlwind".

Guyatone "Rhythm Guitar"
Diese japanische Gitarre erschien Anfang der 70er Jahre. Eingebaut war eine Drum-Machine, die fünf Rhythmusvarianten wiedergab, regelbar über einen Drehschalter und "Start"-Schalter. Die schwarzen Knöpfe regelten Lautstärke und Tempo.

Korpus *Die Violin Guitar hat einen Hohlkorpus ohne F-Löcher.*

Hofner 459/VTZ "Violin Guitar"
Mitte der 60er Jahre brachte die deutsche Firma eine Gitarren-Version des bekannteren 500/1 "Violin Bass" heraus. Die hier abgebildete aktive Version bietet Regler für treble und distortion boosts sowie einen Hauptwahlschalter.

Headstock *Nur das Grundmodell erschien mit dem Markennamen Danelectro am Headstock.*

Elektrik-Sitars
Rockmusiker ließen sich Ende der 60er Jahre stark von der indischen Musik beeinflussen. Den Gitarristen gefiel der Klang der Sitar, doch die wenigsten beherrschten dieses Instrument. Schließlich entwickelte die amerikanische Firma Danelectro Instrumente, die sich wie Gitarren spielen ließen, aber den Klang einer Sitar erzeugten. Dies geschah mittels eines Spezialstegs, den der bekannte US-Gitarrist Vinnie Bell entwarf. Abgebildet sind beide Danelectro-Modelle, die Coral Sitar mit Resonanzsaiten (links) und das preiswertere Grundmodell Danelectro Sitar.

Bünde *Sie bestehen aus sechs Einzelteilen, die individuell auf Saitenkontakt reagieren.*

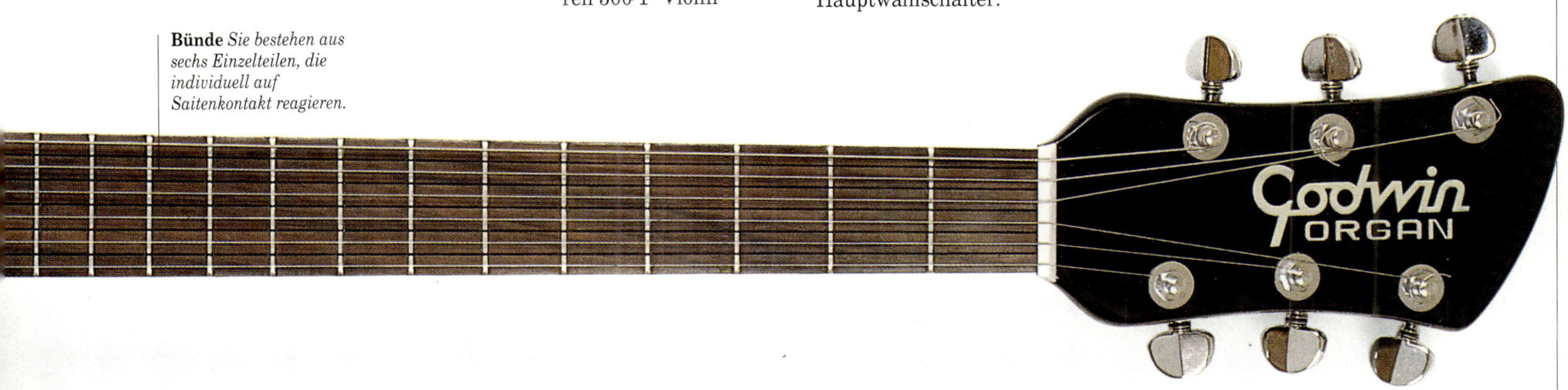

Vox Guitar Organ
Die britische Firma Vox brachte 1966 die erste kommerzielle Orgel-Gitarre auf den Markt. Es war eine Kombination aus der Vox-Continental-Orgel und der Vox-Phantom-Solid-Gitarre. Sie arbeitete wie die spätere Godwin über Netzstrom.

Godwin Guitar Organ (oben links)
Jahrelang arbeiteten Hersteller an der Entwicklung einer Gitarre, die wie eine Orgel klingt. Dieses italienische Modell von 1976 benutzt das Vox-System: Die Bünde sind mit einem Orgeltongenerator verkabelt. Berühren die Saiten die Bünde, entsteht über eine Schaltung der entsprechende Orgelton. Die Godwin ist mit einer Reihe von Knöpfen und Schaltern für Orgeltöne und elektronische Effekte versehen. Diese extrem schwere Gitarre ist durchaus geeignet, eine Kirchenorgel zu imitieren.

ROLANDS SYNTHESIZER-GITARREN

Als Ende der 70er Jahre Keyboard-Synthesizer erschienen, sahen manche Hersteller auch die Möglichkeit, Gitarren mit dieser Technologie auszustatten. Einen Keyboard-Sound mit der Gitarre zu erzeugen ist in der Tat die Weiterentwicklung der Orgel-Gitarre. Die ersten Orgel-Gitarren (S. 182) waren unzuverlässig und außerdem sehr schwer, weil sich die gesamte Elektronik in der Gitarre befand. Die Synthesizer-Elektronik dagegen wurde immer kleiner und zuverlässiger. Roland, 1974 gegründet, ist ein führender japanischer Synthesizer-Hersteller. Die Firma begann ihre Experimente mit Synthesizer-Gitarren schon früh und entwickelte ein Konzept, das eine Gitarre (sie nennen sie “Controller”) und eine separate Synthesizer-Box vorsieht. Zwischen 1977 und 1985 erschien eine Serie dieses zweiteiligen Modells. Roland ließ die Gitarren bei Fuji Gen-Gakki bauen, einer Firma, die für ihre Ibanez- und Greco-Instrumente bekannt ist. Offenbar war Roland von der Idee fest überzeugt. Acht Jahre lang arbeitete die Firma an der Entwicklung der Synthesizer-Gitarre und versuchte, einen Markt für die Instrumente zu schaffen. Ernsthafte Konkurrenz hat sie auf diesem Gebiet nie bekommen.

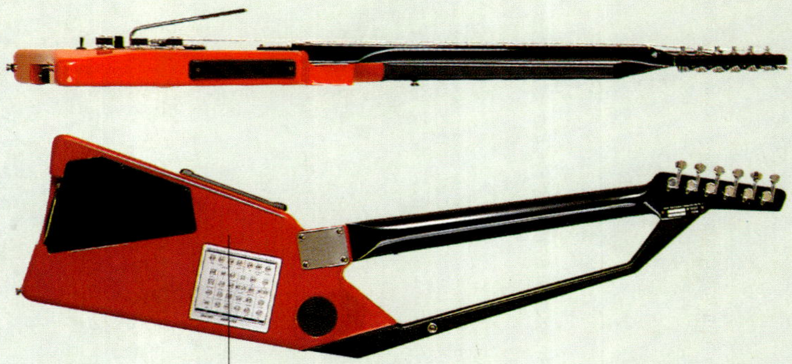

Plan *Bei Neuschöpfungen von Klängen ließen sich die Synthesizer-Bauteile mit Hilfe dieses “Montageplans” identifizieren.*

Rück- und Seitenansicht
Man erkennt den aufgeschraubten Hals der G707 sowie die Abdeckplatten für Regler und Schalter. In der Seitenansicht wird das Gummipolster für die Knieablage sichtbar.

Roland G707 Guitar (oben)
Dies war Rolands dritte und letzte Generation von Synthesizer-Gitarren. 1984 kostete das Instrument 2.200 Pfund bzw. 3.150 Dollar. Bei Gitarristen war es nicht zuletzt wegen des Preises und der ungewöhnlichen Form wenig beliebt. Nach einem Jahr wurde die Produktion eingestellt.

Hex-Pickup *Dieses Spezialbauteil sendet Signale an den Synthesizer. Es enthält für jede Saite einen separaten Pickup.*

Regler *Mit dem Mode-Schalter läßt sich Gitarren- oder Synth-Klang wählen oder eine Mischung, die über den Balance-Knopf geregelt wird. Die drei kleinen Knöpfe regeln den Synth: zwei Tonregler, ein Regler für elektronischen Vibrato-Effekt.*

Body *Neben dem original Silber-Finish wurde das Instrument in Rot und Schwarz angeboten.*

Roland GR700 Synthesizer
Zu der 707-Gitarre gehört diese Fußtastatur, die die Synthesizer-Schaltung enthält. Über die nummerierten Fußtasten kann ein vorprogrammierter Sound gewählt werden.

Roland G303 Guitar (oben)
Rolands zweite Synthesizer-Serie (1980-85) wurde mit verschiedenen Gitarren geliefert. Die 202 und 505 erschienen im Fender-Stil. Die 303 und 808 ähnelten eher den Gibson-Gitarren. Die Regler unterschieden sich nicht von der späteren 707 (unten), abgesehen von einem Schalter für die Spulenanzapfung, mit der diese 303 ausgestattet war.

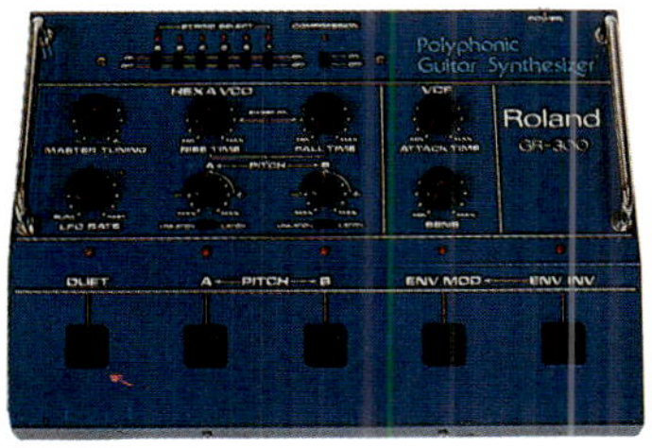

Roland GR300 Synthesizer (rechts)
Diese "Blue box"-Pedaleinheit ist der Synth-Klangumwandler. Er bietet weder programmierte Klänge noch Speichermöglichkeiten. Die GR100 "yellow box" war eine einfachere und preiswertere Version.

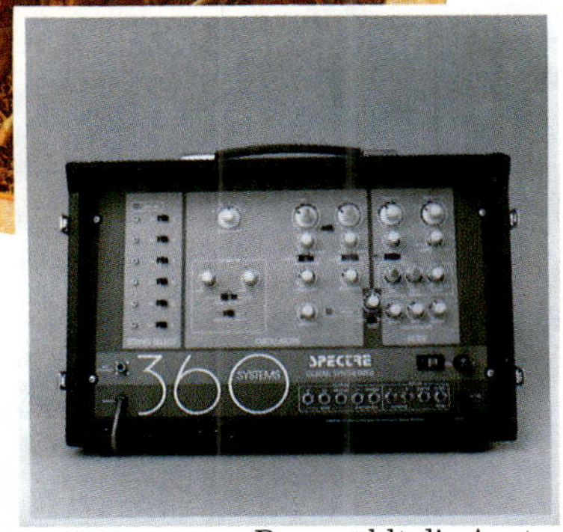

Weitere Synthesizer-Gitarren
Ende der 70er Jahre erschienen viele kurzlebige Modelle, meist von amerikanischen Herstellern. Dazu zählt die Avatar des Keyboard-Herstellers ARP aus Massachusetts (Farbprospekt oben) ebenso wie die 360 Systems aus Kalifornien.

Stabilisator *Diese Verstrebung stabilisiert den Hals, damit die Synthesizer-Signale nicht verfälscht werden.*

Headstock Die Anordnung der Mechanik wird von der Verstrebung bestimmt.

Roland-Gitarren

Mit den Synthesizer-Gitarren gelang Roland bei weitem nicht der gewünschte Erfolg. Nicht zuletzt scheiterte ein nennenswerter Absatz an der Tatsache, daß Gitarristen Rolands Synthesizer mit den dazugehörigen Gitarren erwerben mußten. Den kostspieligen Luxus, eine zusätzliche Gitarre zu kaufen, nur um mit dem neuen Synthesizer-Sound zu experimentieren, wollte oder konnte sich nicht jeder leisten.
Wer einen Roland-Synthesizer benutzen wollte, mußte zunächst die Synthesizer-"Fachsprache" erlernen. Roland schien davon auszugehen, daß Gitarristen über Nacht Synthesizer-Experten werden konnten. Die meisten Gitarristen allerdings mögen die Dinge einfach und direkt und fühlen sich von solchen komplexen Instrumenten oft abgeschreckt. Rolands Gitarren hatten einen hohen Qualitätsstandard, doch das allein genügte nicht, um Gitarristen von ihren geliebten Fender- und Gibson-Modellen wegzulocken. Das merkwürdige Styling legt die Vermutung nahe, daß Roland eher neue Absatzmärkte schaffen wollte, als den bestehenden Markt zu bedienen.

Roland GS500 Guitar/GR500 Synthesizer
Dieses Pionier-Modell (1977-80) von Roland bietet zahlreiche Synthesizer-Regler, darunter auch "poly-ensemble" für orchestralen Sound. Das große Control-Gerät (rechts) ist dem Design der Roland Keyboard-Synthesizer angeglichen.

SYNTH- UND MIDI-GITARREN

Mitte der 80er Jahre engagierten sich etliche britische und japanische Firmen auf dem Gebiet der Synthesizer-Gitarren. Während Roland, der Erfinder dieses Instruments, sich von seinem ursprünglichen System abwandte und separate Zusatzgeräte mit Hex-Pickup anbot, die für jede E-Gitarre geeignet waren, übernahmen die meisten anderen Firmen Rolands Originalsystem der Spezial-Gitarre. Manche Hersteller konstruierten sogar Synthesizer-Gitarren, bei denen die gesamte Schaltanlage in die Gitarre eingebaut war.

Die Einführung des MIDI-Systems - Musical Instrument Digital Interface - brachte schließlich 1983 ein stark erweitertes Sound-Potential für Synth-Gitarristen. MIDI ist ein Kommunikationssystem, auf das sich alle großen Hersteller geeinigt haben, so daß Synthesizer nun auch untereinander kombiniert werden konnten. MIDI-Gitarren können dementsprechend an jeden MIDI-Synthesizer angeschossen werden. Theoretisch sind alle MIDI-Marken untereinander austauschbar.

Rück- und Seitenansicht Die Platten auf der Rückseite der Gitarre verdecken die Schaltungen. Die "Card"-Platte kann geöffnet werden, um eine ROM-Karte für zusätzliche Klangvariationen einzuführen.

Synthesizer Schalttafel *Im Fenster-Display leuchten die Programmnummern auf, die mit den schwarzen Tasten gewählt werden. Die blauen Tasten transponieren den Klang eine Oktave höher oder tiefer. Das Instrument hat ein eingebautes Stimmgerät.*

Vibrato *Eine japanische Lizenz des Floyd-Rose-Vibrato.*

Casio DG20 Digital Guitar
Casio brachte die DG20 und die DG10 1987 als Instrumente der unteren Preisklasse auf den Markt. Die DG20 hatte Plastiksaiten. Synth und Lautsprecher waren eingebaut. Rhythm unit, drum pads und MIDI-output sind weitere Merkmale.

Casio MG500 MIDI Guitar (oben)
Dieses Modell erschien 1987, neben der 510 im Fender-Stil. Es war eine E-Gitarre, die über MIDI einen externen Synthesizer speiste. Casio ließ das Modell bei Fuji Gen-Gakki bauen.

Synthaxe
Dies ist ein britischer Versuch, die Spielweise der Gitarristen zu verändern. Die Abstände zwischen den Bünden sind gleich. "Griff"- und "Anschlag"-Saiten sind getrennt. Aussehen und Preis (komplett ca. 9.000 Pfund) hält viele Gitarristen davon ab, diesen MIDI-Controller zu kaufen.

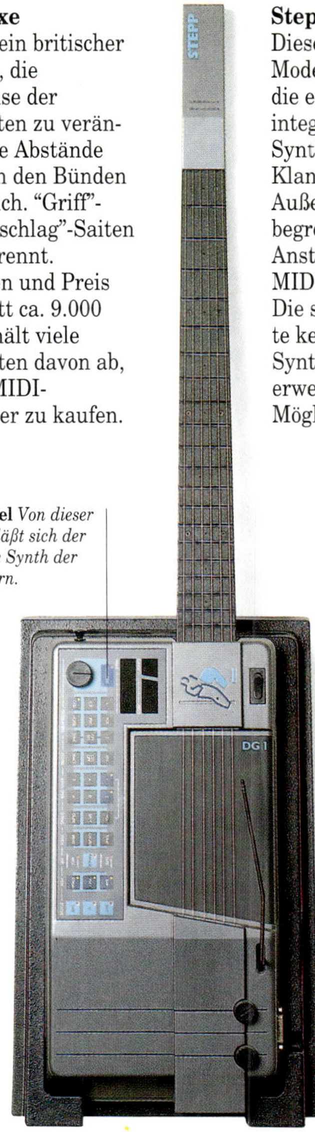

Schalttafel *Von dieser Tafel aus läßt sich der eingebaute Synth der DG1 steuern.*

Stepp DG1
Dieses britische Modell (1986-88) war die erste Gitarre mit integriertem Synthesizer für eigene Klangerzeugung. Außerdem war eine begrenzte Ansteuerung externer MIDI-Synths möglich. Die spätere DGX hatte keinen eingebauten Synth mehr und bot erweiterte MIDI-Möglichkeiten.

Gitarristenmeinungen

Trotz der großen Fortschritte bei der synthetischen Klangerzeugung, verhalten sich Gitarristen der neuen Technologie gegenüber vorsichtig. Teilweise sind die Hi-tech-Hersteller selbst dafür verantwortlich, denn sie bieten nicht das, was Gitarrenspieler wirklich wollen. Es hat sich bisher als wenig erfolgreich erwiesen, eine Gitarre mit Computer-Technologie auszustatten. Nur wenige Gitarristen scheinen bereit, die Kompromisse zu akzepieren, die diese Methode in sich birgt.
Die Mehrzahl der Gitarristen möchten einfache Instrumente, während Hersteller ihre Modelle immer komplizierter bauen. Solange weder Hersteller noch Gitarristen ihre Haltung ändern, wird sich wohl keine erfolgreiche Verbindung von Gitarre und Synthesizer entwickeln.

Griffbrett *Es besteht aus hochwertigem Ebenholz.*

Casio PG380 Guitar Synth (oben)
Die Firma Casio erschien 1980 mit Keyboard-Instrumenten auf dem Markt. 1988 brachte sie eine Qualitäts-E-Gitarre mit eingebautem Synthesizer heraus. Das Instrument war mit MIDI-output versehen, so daß es auch über externe Synthesizer gespielt werden konnte.

Yamaha G10 MIDI Controller
Dieses Modell brachte die japanische Firma Yamaha 1988 auf den Markt. Die G10 hat ein "ultrasonic fingerboard tracking system" und muß über einen MIDI-converter an einen externen Synthesizer angschlossen werden.

REGISTER

OWNERS

We are very grateful to the following individuals, companies, and institutions who allowed us to photograph their guitars. They are listed according to the alphabetic order of the code used to identify their guitars in the Photographic Index below.

AH Alan Hayward; **AI** Adrian Ingram; **AL** Adrian Lovegrove; **AM** Andrew Manson; **AN** Andy's (Andy Preston); **AR** Alan Rogan; **ARI** Aria UK (John Joyce); **AS** Ashmolean Museum (Vera Magyar); **BA** Barnes & Mullins Ltd (Bruce Perrin); **BAS** Bass Centre, London (Barry Moorhouse & staff); **BC** Brian Cohen; **BG** Barrie Glendenning; **BM** Bill Marsh; **BP** Bill Puplett; **BR** Bryant's Music (Gaic Belli); **BU** Buzz Music (Buzz Peters); **BW** Bruce Welch; **CA** Casio UK (Sue Stanton, John Wright); **CB** Clive Brown; **CD** Chris Dair; **CE** Chris Eccleshall; **CH** Chandler Guitars; **CHA** Chappell of Bond Street (Phil Thompson); **CK** Clive Kristen; **CM** Charles Measures; **CO** The Cocteau Twins; **COU** Country Music Hall of Fame (Chris Skinker); **DB** Dave Brewis; **DC** Don Clayton; **DCR** David Crozier; **DG** David Gilmour; **DGR** Dave Gregory; **DP** Dave Pegg; **ED** Edinburgh University Collection (Arnold Myers); **FA** Frank Allen; **FC** FCN Music Ltd (James Coppock, Andie Brook-Mellor); **FE** Fender A&R London (Tom Nolan); **GG** Gerald Garcia; **GH** George Harrison; **GI** Gibson London Showroom (Jamie Crompton, Anneka Creüter, Robert Usher); **GJ** Gerard Johnson; **GK** Gerry Kelly; **GM** Graeme Matheson; **GU** Guitar Gallery UK (Charles Measures, Doug Chandler); **GW** Gary Winterflood; **HO** Hogan Music (Gerry Hogan); **HOH** Hohner Ltd (Martin Brassell); **HOR** Horniman Museum (Frances Palmer, Margaret Birley); **HT** Henry Thomas; **IA** Ian Anderson; **JA** Jeff Allen; **JD** Jerry Donahue; **JE** John Entwistle; **JM** Juan Martin; **JMI** John Mills; **JO** John Hornby Skewes & Co Ltd (Dennis Drumm); **JS** John Smith; **JT** John Tuck; **JTE** Juan Teijeiro; **JU** Juan Teijeiro Music; **KH** Keith Henderson; **MA** Macari's (Nigel May); **MD** Malcolm Draper; **ME** Metropolitan Museum of Art (Laurence Lidin, Marcie Karp); **MF** Mo Foster; **MG** Michael Gee; **MM** Michael Messer; **MU** Music Ground (Rick Harrison, Stuart Palmer & staff); **MW** Malcolm Weller; **OC** Ollie Crooke; **PB** Pete Banacin; **PC** anonymous private collector; **PD** Paul Day; **PK** Pete Kent; **PM** Phil Manzanera; **PMC** Paul McCartney; **PMI** Paul Midgeley; **PP** Per Peterson; **RC** Richard Chapman; **RCL** Rod Clements; **RE** Reflections Marketing (Mal Chapman); **RG** Rory Gallagher; **RIC** Rickenbacker International Corp (John C Holl USA, Trevor Smith, Linda Garson UK); **RO** Rockbottom (Neville Crozier); **ROS** Rose-Morris & Co Ltd (Mark Smith); **ROSE** Rosetti Ltd (Christine Kieffer, Doug Ellis); **RR** Ray Rover; **RS** Robert Spencer; **RU** Raymond Ursell; **SC** Simon Carlton; **SE** Sensible Music; **SH** Steve Howe; **SL** Steve Lewis; **SN** Simon Nicol; **SO** Sotheby's London (Adam Watson); **SRO** Stuart Ross; **TB** Tony Bacon; **TF** Tim Fleming; **TG** Tony Gad; **TP** Tim Phillips, **VS** Vince Smith; **WA** Washburn UK (Gavin Mortimer); **YA** Yamaha-Kemble Music UK (Martyn Booth, Mike Clement); **YS** Yoshi Serizawa.

PHOTOGRAPHIC INDEX

Our three main photographers were Matthew Chattle, Garth Blore and Paul Goff. Additional pictures were taken by Jeffrey Veitch, Richard Conner, Shoichiro Kataoka and Chris Taylor. All but 12 of the guitars in this book were photographed in the UK.

Page number is followed by a key, m: = main guitar, bx: = in box, t-b: = top to bottom, l-r: = left to right, and b: = below main guitar. Owner's initials are in capitals (for example AH – see key above). Illustrations of players, makers, etc, are listed after the guitars, ill:, followed by the supplier. Catalogues reproduced are from the collections of Paul Day, Bill Puplett and Tony Bacon, and are not individually noted. Title page: 1979 Gibson Kalamazoo Award, courtesy Bill Marsh.

12 l-r: ED; ED; RS. ill: G Morlaye *Quatriesme Livre* 1552, facsimile by Editions Chanterelles (1980). **13** bx: AS; AS. l-r: HOR; AS; AS. **14** l-r: RS; AS. **15** l-r: RS; AS; RS. **18** m: AM. **20** m: BC. l-r: HOR; SH. **21** t-b: BC; MW. **22** m: BC/SO. bx: ME. ill: Ibbs & Tillet. **23** l-r: JM; MW; JTE; BC. b: MW. **24** l-r: JU; YS; JMI. **25** l-r: GG; RU. SH. ill: RU. **26** m: IA. ills: C F Martin & Co. **27** all IA. **28** m: IA. **29** t-b: SH; SH; GU. bx: IA. **30** m: COU. **31** all AH. **32** t-b: BM; BM; PC. **33** l-r: BM; AI; DB. b: AL; AL. **34** l-r SH; BM; AL. **35** l-r: BM; BM. bx t-b: AL; AL; MU. **36** m: PC. ill: Gibson Guitar Corp. **37** l-r: RC; BM; PC; PC. b: BM; BM. **38** m: COU; **39** l-r: AL; GH; CM; DG. b: PC. **40** l-r: RCL; MU; SH. **41** l-r: MU; MU; MU; MU. bx t-b: SH; DG. +GM. **42** l-r: VS; MU; BG. **43** t-b: MU; CK; AM; DP. +RC. **44** t-b: RCS; DG; TF. **45** t-b: YA; WA; ROS. **46** l-r: HOH; BR. t-b: CO; GI. **47** l-r: GI; BA; WA; FD. **48** m: PC. bx r: MU. +CB. **49** l-r: PD; PD; MM; GM. bx r: MU. **50** m: HO. **51** t-b: DG; DG; PC; PC; SH. **54** both RIC; ill: RIC. **55** ill: RIC. **56** m: AI. **57** t-b: GJ. ill; CBS Records. **58** t-b: AL; BG; COU. **60** m: COU. **62** m: DG. ill: *The Guitar Book, Revised*, Tom Wheeler, Harper & Row. **66** m: FE. ills: Gibson Guitar Corp. **67** bx: GW. **68** m: DG. **69** all DG. **70** l-r: AR; DB; FE; PMI. **71** l-r: RO; MU; PM; PMI. +JD. **72** m: GW. bx: GW. ill: Dave Peabody. **73** l-r: KH; DGR; GW; DCR; SL; FE. **74** l-r: FE; PMI; PMI; DG **75** l-r: PD; RG; FE; BW. bx t-b: RC; GW **76** m: DG. **77** l-r: CO; MU; PD; CO. bx t-b: PD; PD. **78** m: PD. **79** t-b: PD: BU; PMI. ill: Ernie Ball Inc. **80** m: JS. **81** t-b: MU; ROSE; PC; GJ. bx: GW. **82** t-b: GJ; GW; GW. **83** l-r: GW; ROSE. b: GW. **84** m: SRO. bx t-b: MU; DB; ROSE. **85** l-r: CB; CB; SC; RC. bx: SH. **86** m: GJ. **87** bx t-b: PM; DGR. l-r: GU; GU. b: RO. **88** l-r; GI; CB; CB. **89** t-b: PD; PD; PD; CD. **90** l-r: PD; PD; DGR. **91** l-r: PD; PD; RIC. t-b: DG; MU. **92** l-r: CH; MD; PD. **93-4** all PD. **95** l-r: DC; MU. t-b: DG; PD; PD. **96** m: JO. bx: RO. **97** t-b: PD: JO; WA. **98-108** all PD. **109** all PD except Tokai: SC. **110** all PD except Jackson: JO. **111** all PD except SG2000S: YA. **112** l-r: HOH; YA; YA. **113** all PD except Encore: JO. ill: WEA Records. **114** all PD. **115** l-r: PD: MA; PD: FE. b: PD. **116** all PD. **117** all PD except Corn Flakes: SN. **118** t-b: RO; GH. **119** l-r: CO; rest PD. **120** t-b: MF; MD. ill: Kaman Music Corp. **121** t-b: PD; FE. **122** t-b: PM; rest PD. **123** all PD. **126-7** m: CE. ills: RIC. **128** m: SRO. **129** l-r: BG; GU. b: RC. **130** t-b: GU; GU; BM. **131** t-b: PC; JS. **132** l-r: BM: SRO. **133** l-r: PC; SH. **134** m: GU. **135** l-r: DB; GU. **136** m: PK. **137** l-r: PC; GU. b: GJ. **138** m: GW. **139** l-r: SRO; GW; FA. b: RO. **140** t-b: AL; AR. **141** t-b: GU; GW. **142** l-r: AL; GU; DB. **143** l-r: SH; AL; FA; AI. **144** m: DG. ill: BMG Records. **145** PD. **146** l-r: PC; PK; PC. **147** l-r: DGR; GK; AN. **148** t-b: PMI; MJ; PP. **149** l-r: RIC; DGR. b: RIC. **150** l-r RO; PD; RCL. **151** l-r: PD; AL; CHA. t-b: TP; GM. **152** l-r: AL; AL; PD. **153** l-r: RO; RO; BP; PD. ill: Ian Purser. **154** t-b: WA; TB. **155** l-r: MU; ARI; YA. **158** m: FE. bx: BAS. **159** bx: BAS. **160** m: DG. **161** l-r: DP; CO; FE. b: BAS. **162** t-b: FE; DG. ill: CBS Records. **163** t-b: BAS; TB; PD; MU. **164** m: DB. ill: Polygram. **165** t-b: RIC; RIC; FA. **166** m: JE. bx: BAS. **167** l-r: BU; RO; FA. b: RO. **168** l-r: BAS; BAS; BAS; JO. **169** l-r: SE; BAS; RCL. **170** l-r: RO; BAS. b: BAS. **171** m: PMC. l-r: PD; BAS. **172** l-r: BAS; FC; BAS; ARI. **173** l-r: BAS; YA; BAS. **174** t-b: FE; PB. **175** l-r: PD; HOH; BAS. b: BAS. **176** t-b: CO; HT. **177** l-r: CO; PD; BAS; CO. t-b: BAS; BAS. **178** l-r: WA; DG; SE. **179** t-b: TG; OC; BAS; BAS. **182** m: PD. **183** t-b: all PD. bx l-r: DG; PD. **184-5** all PD. **186** m: PD. **187** t-b: PD; PD; YA. l-r: RE, RE.

We would also like to thank the following: Ian Allen (The Bass Place); Kent Armstrong; Martin Barre; David Bergstrom (Kaman Music Corp); Nick Boyles (Big M Productions); Peter Browning (Spanish Guitar Centre); Chris Burder; Martin Chuzzlewick; Cheryl Clark (G&L Guitars); B. J. Cole; Max Comrie; Andy Cooper, Paul Gilby (computer advice); Gary Cooper; Mike Cooper (Scott Cooper); Richard Downs (Larrivee Guitars); Donald Gallagher; Pete Gleadall; Rob Green, Steve Lovett (Status Graphite); Clive Gregson; Vincent Hastwell; James Hunter (Dick Institute); Fiona Hurry (McCartney World Tour 90); Sheila Jones, Kate Taylor (MPL); Scott Jennings (Guitar Gallery USA); Henry Juszkiewicz, John Hawkins, Robi Johns (Gibson Guitar Corp); Stephen Kaufman (IMC); Max Kay; Dixie Kidd (Dixie's Music); Joseph Lauricella (Fodera Guitars); Adrian Legg; Cliff Little; Emil Lobo; Mike Longworth, Dick Boak (C. F. Martin & Co Inc); Ivor Mairants; Hugh Manson; Neville Marten (Guitarist); John Martin (Eleventh Hour Management); Chris May (Overwater Guitar Co); Ted Muir; Tony Muschamp; David Newton; Marc Noel-Johnson (Music Village); Denis O'Brien (EuroAtlantic); Les Paul; John Pearse; Michael Pedulla (M V. Pedulla Guitars); Nick Peraticos; Marco Pironi; Bob Pridden; Peter Pulham (Music World); Tony Quinn (Eligible Music); Patty Rich (Taylor Guitars); Santa Cruz Guitars; Miki Slingsby; Dan Smith, John Maher, Jack Shelton (Fender Musical Instruments); Kate Smith (Handmade Films); Nigel Spennywyn (Peter Cook Music); Sue Stanton (Stanton-Alexander PR); Ned Steinberger (Steinberger Sound); Pete Stevens (Electric Wood); Maurice Summerfield; Dave Sumner; Phil Taylor; Alan Townsend (Roland UK); Nigel "don't even look at them" Tufnell; Martin Turner; Robert Usher; Jerry Uwins; Woody Wahlen (Warwick Bass Guitars); Adrian Walker, Paul Colbert, and all staff (Making Music); Guy Wallace (Ernie Ball Inc); Elizabeth Waters (NAMM); Elizabeth Wells (Royal College of Music); James Werner; Tom Wheeler (Guitar Player); Marty Wilde: John Williams; Kenny Wylie (Salamander Music): Phil York (Dreadnought Guitar Co); James Yorke (Victoria & Albert Museum); Tony Zemaitis; Joseph M. Zon (Zon Guitars).

BIBLIOGRAPHY

The following books were used during research:

Ken Achard *The Fender Guitar* (Musical New Services, 1977); *The History and Development of the American Guitar* (Musical New Services, 1979). **Tony Bacon (Ed)** *Rock Hardware* (Blandford, 1981). **Tony Bacon, Laurence Canty** *What Bass* (Track Record, 1990). **Tony Bacon, Paul Day** *The Guru's Guitar Guide* (Track Record, 1990). **Alexander Bellow** *The Illustrated History of the Guitar* (Colombo, 1970). **Julius Bellson** *The Gibson Story* (Gibson, 1973). **Clifford Bevan (Ed)** *Musical Instrument Collections in the British Isles* (Piccolo Press, 1990). **Ian Bishop** *The Gibson Guitar from 1950* (Musical New Services, 1977); *The Gibson Guitar from 1950 Vol. 2* (Musical New Services, 1979). **David D. Boyden** *The Hill Collection of Musical Instruments in the Ashmolean Museum* (Ashmolean/W. E. Hill, 1969). **Donald Brosnac (Ed)** *Guitars made by the Fender Company* (Bold Strummer, 1983/6). **John Bulli** *Gibson SG* (Bold Strummer, 1989). **Ian Darr, Digby Fairweather, Brian Priestley** *Jazz: The Essential Companion* (Paladin Grafton, 1987). **Paul Colbert (Ed)** *What Guitar* (Track Record, 1990). **Dave Crocker, John Brinkmann, Larry Briggs** *Guitars, Guitars, Guitars – a pictorial reference manual* (All American Music, 1988). **Paul Day** *The Burns Book* (PP, 1979). **Fred Dellar, Alan Cackett, Roy Thompson** *Illustrated Encyclopedia of Country Music* (Salamander, 1986). **Ralph Denyer** *The Guitar Handbook* (Dorling Kindersley, 1982). **Andrew Duchossoir** *The Fender Stratocaster* (Mediapresse, 1988); *Gibson Electrics Vol. 1* (Mediapresse, 1981); *Guitar Identification: Fender, Gibson, Gretsch, Martin* (Mediapresse, 1983). **Tom Evans, Mary Anne Evans** *Guitars: from the Renaissance to Rock* (Oxford University Press, 1977). **Susan Caust Farrell** *Directory of Contemporary American Musical Instrument Makers* (University of Missouri Press, 1981). **David George** *The Flamenco Guitar* (Society of Spanish Studies, 1969). **Frederic V. Grunfeld** *The Art and Times of the Guitar* (Da Capo, 1974). **Guitar Player** *Rock Guitarists* (Guitar Player Books, 1975); *The Guitar Player Book* (Grove Press, 1983). **Guitar World** *1990-91 Guitar Buyer's Guide* (Harris, 1990). **Phil Hardy, Dave Laing** *The Faber Companion to 20th-Century Popular Music* (Faber & Faber, 1990). **Franz Jahnel** *Manual of Guitar Technology – the History and Technology of Plucked String Instruments*, English translation J. C. Harvey (Verlag das Musikinstrument, 1981). **George S. Kanahele** *Hawaiian Music and Musicians: an illustrated history* (University Press of Hawaii, 1979). **Rich Kienzle** *Great Guitarists* (Facts On File, 1985). **Allan Kozinn, Pete Welding, Dan Forte, Gene Santoro** *The Guitar – the History, the Music, the Players* (Columbus, 1984). **Mike Longworth** *Martin Guitars – a history* (Four Maples Press, 1988). **Norman Mongan** *The History of the Guitar in Jazz* (Oak, 1983). **Wendy Munro** *Chambers Pocket Guide to Language of Music* (Chambers, 1987); *Chambers Pocket Guide to Music Forms and Styles* (Chambers, 1987). **Arnold Myers** *Historic Musical Instruments in the Edinburgh University Collection: Volume 1, Illustrations* (Edinburgh University 1990). **Tony Palmer** *Julian Bream: a Life on the Road* (Macdonald 1982). **José L. Romanillos** *Antonio de Torres, Guitar Maker – his life and work* (Nadder, 1987). **Norbert Schnepel, Helmuth Lemme** *Electric Guitars made in Germany*, English translation J. P. Klink (Musik-Verlag Schnepel-Lemme, 1988). **Andrés Segovia** *An Autobiography of the Years 1893-1920* (Marion Boyars, 1977). **A. P. Sharpe** *The Story of the Spanish Guitar* (Clifford Essex, 1968). **Richard Smith** *The Complete History of Rickenbacker Guitars* (Centerstream, 1987). **Stanley Sadie (Ed)** *The New Grove Dictionary of Musical Instruments* three volumes (Macmillan, 1984). **Maurice Summerfield** *The Classical Guitar* (Ashley Mark, 1982), *The Jazz Guitar* (Ashley Mark, 1978). **Akira Tsumura** *Guitars – The Tsumura Collection* (Kodansha, 1987). **Harvey Turnbull** *The Guitar: from the Renaissance to the Present Day* (Batsford, 1974). **James Tyler** *The Early Guitar* (Oxford University Press, 1980). **Tom Wheeler** *American Guitars* (Harper & Row, 1982); *The Guitar Book* (Macdonald & Jane's, 1974).

The following magazines were used during research:

*Beat Instrumental** (UK); *Classical Guitar* (UK); *Guitar International* (UK); *Guitar Player* (USA); *Guitar World* (USA); *Guitarist* (UK); *Making Music* (UK); *One Two Testing** (UK); *Sound International** (UK).
(*no longer published)